U0284473

智能通信与对抗丛书

# 智能优化算法及其在信息通信技术中的应用

高洪元　张世铂　刁　鸣　著

科　学　出　版　社

北　京

# 内 容 简 介

本书共分 12 章,主要内容既包括量子萤火虫算法、量子教与学算法、文化烟花算法、免疫量子算法、量子蜂群优化算法、文化细菌觅食算法、文化杂草算法、文化鸽群算法、量子猫群算法、多峰量子布谷鸟搜索算法、量子蛙跳算法、量子和声算法、多目标膜量子蜂群算法和混沌量子粒子群算法等群智能优化新算法,还包括基于智能优化算法的天线阵稀疏、方向图综合、数字滤波器设计、数字水印、图像分割、中继选择、频谱分配、频谱感知、多用户检测、特殊阵列测向、MIMO 雷达测向和决策引擎等信息通信技术中的热点和难点问题。

本书可使读者在了解和学习文化智能计算、量子智能计算和信息通信技术的研究成果的同时,在智能计算和信息通信技术两个方向的研究受到启发,可以作为计算机科学、信息与通信工程、人工智能和控制工程等相关领域的教材和科研用书。

**图书在版编目(CIP)数据**

---

智能优化算法及其在信息通信技术中的应用 / 高洪元,张世铂,刁鸣 著. —北京:科学出版社,2019.8
(智能通信与对抗丛书)
ISBN 978 - 7 - 03 - 061950 - 1

Ⅰ. ①智… Ⅱ. ①高…②张…③刁… Ⅲ. ①最优化
算法-应用-通信技术 Ⅳ. ①TN91

中国版本图书馆 CIP 数据核字(2019)第 154921 号

---

责任编辑:许 健 王 威 / 责任校对:谭宏宇
责任印制:黄晓鸣 / 封面设计:殷 靓

**科学出版社** 出版
北京东黄城根北街 16 号
邮政编码:100717
http://www.sciencep.com

**南京展望文化发展有限公司排版**
**广东虎彩云印刷有限公司印刷**
科学出版社发行 各地新华书店经销

*

2019 年 8 月第 一 版 开本:B5(720×1000)
2022 年 4 月第五次印刷 印张:14
字数:275 000

**定价:90.00 元**
(如有印装质量问题,我社负责调换)

# 前　　言

在信息技术飞速发展的今天,信号处理和无线通信等信息处理技术是当今科学技术发展最活跃的领域,信息通信技术的系统资源和系统性能都难以匹配实际需求的快速增长,成为制约信息通信技术持续发展的主要因素。因此,本书根据智能计算的新进展,在量子优化、文化算法和群智能等优化算法的基础上进行学科交叉,介绍了智能优化算法在天线阵稀疏、方向图综合、数字滤波器设计、数字水印、图像分割、中继选择、频谱分配、频谱感知、多用户检测、特殊阵列测向、MIMO 雷达测向和决策引擎等具有重要的理论价值和现实意义的关键技术。基于智能优化新算法的信号处理和无线通信等关键技术是当前的研究热点,在工业和国防科技领域具有广阔的应用前景。希望本书的出版,能对智能计算和信息通信技术的发展起到推进作用。

本书阐述了作者及其团队在智能优化算法领域的研究成果及其在信息通信技术中的应用,阐明了在信息通信技术中使用智能优化新算法解决工程难题的可行性、有效性以及对后续科研思路的启发。智能优化算法及其在信息通信技术中的应用是智能计算与信息通信技术领域结合的一个前沿和富有挑战性的研究方向,它以智能优化理论为基础,侧重于介绍如何设计目标函数去解决信息通信技术中的技术难题,如何根据工程问题设计智能优化新算法去有效可靠地解决工程优化问题。本书在介绍智能优化相关理论的基础上,阐述了智能优化算法的一些新进展:量子智能计算和文化智能计算,主要包括:量子萤火虫算法、量子教与学算法、文化烟花算法、免疫量子算法、量子蜂群算法、文化细菌觅食算法、文化杂草算法、文化鸽群算法、量子猫群算法、多峰量子布谷鸟算法、量子蛙跳算法、量子和声算法、多目标膜量子蜂群算法和混沌量子粒子群算法,并给出了量子智能计算和文化智能计算在信息通信技术中的具体应用,解决了数字滤波器设计、数字水印、图像分割、天线阵稀疏与综合、中继选择、多用户检测、频谱分配、决策引擎、频谱感知、特殊阵列测向和 MIMO 雷达测向等信息通信技术中的热点和难点问题。本书介绍了智能优化新算法和信息通信领域的关键技术,给出了一些信息通信技术和智能计算领域的热点和关键问题,做到理论和具体应用的有机结合。

本书介绍了基于量子智能计算和文化智能计算的信号处理技术和通信技术,内容上既包括其基本理论的详细介绍,又包括其在实际问题上的具体应用,可使读者循序渐进地掌握量子智能算法和文化智能算法的精髓及其在信息通信处理技术中的应用技巧。本书内容安排尽可能适合高等学校计算机科学、信息与通信工程、人工智能和控制工程等相关专业硕士生以及博士生的实际研究和教学要求，做到深入浅出、重点突出，读者可以在相对较短的时间内入门并深入进去。本书可使读者在了解和学习智能计算算法、信号处理和通信技术的同时，可以在智能优化算法和信息通信技术两个方向得到启发。

本书的第 4 章和第 8 章的前半部分内容由刁鸣撰写，第 7 章的内容和第 12 章部分内容由张世铂撰写，其他章节内容由高洪元撰写。感谢研究生杜亚男、陈梦晗、苏雨萌、池鹏飞、侯阳阳、马雨微、臧国建、张晓桐和刘子奇在文献和文稿整理方面所付出的工作和努力。本书获得国家自然科学基金（61571149）、中央高校基本科研业务费（HEUCFP201772、HEUCFP201808）、中国博士后科学基金特别资助（2015T80325）、中国博士后科学基金一等资助（2013M530148）、黑龙江省博士后基金（LBH Z13054）等项目的资助，一并表示感谢。

由于智能计算和信息通信技术发展迅猛、应用广泛，再加上作者的水平有限，书中难免存在不足之处，敬请读者批评指正！

著 者

2019 年 3 月

# 目　　录

# 第1章 绪 论

## 1.1 智能优化算法简介

随着科学技术的快速发展,信息处理和无线通信的理论研究和应用探索都得到了科研人员的广泛关注。在信息处理和无线通信飞速发展的今天,系统资源和系统性能都难以匹配实际需求的快速增长,成为制约无线通信和信息处理技术持续发展的主要因素。研究通信系统和信息处理的关键技术对合理分配信息通信系统资源、确定系统参数和满足系统多目标要求具有深远的意义[1]。因此,根据智能计算的最新进展,在智能计算理论的基础上进行学科交叉,介绍智能计算理论及其在信号处理、信息处理和通信技术中的应用,具有重要的理论价值和现实意义。基于智能优化算法的通信和信息处理关键技术是当前信息通信领域的一个研究热点,在工业和国防科技领域具有广阔的应用前景,对其进行深入的研究必将对智能计算、信号处理和通信技术的继续发展起到推进作用。

随着科学研究的不断深入和各研究领域的交叉融合,很多科学问题和技术难题变得越来越难解决,单单使用某一领域的传统方法难以有效处理,这在信息和通信学科尤为突出。在面对一些复杂的科学问题,当传统的方法变得性能恶化甚至无能为力时,一些研究人员从自然界的运行规律中受到启发,设计出一些仿生拟物的智能化方法,去获得解决问题的新思路和新方法。在科学研究和理论发展的迫切需求下,智能计算的新理论及其在工程问题中的应用研究得到人们的青睐并迅速推广。

近几十年,一些科学家不断从自然界和人类社会运行规则中受到启发,设计了一些随机数学方法,促进了一些启发式算法的涌现,如模拟优胜劣汰自然法则的遗传算法、模拟人类大脑智能的神经网络和模拟动物群体行为的群智能算法[2-3]。研究人员从物理现象和生物行为中筹划出随机数学模型,去解决科学研究和理论计算中的难题。科技的迅速发展促进了物理、数学、信息和生物科学的快速发展,研究人员对数学与启发式智能之间联系的认识不断深入,越来越多的研究人员通过对自然规则和生物群体社会行为的模拟得到解决复杂问题的新算法[4-5]。这些受自然界法则和生物系统启发所产生的新算法都可以统称为智能计算(intelligence computing, IC),又称为智能优化算法,如演化算法、免疫算法、量子优化算法、DNA计算、文化算法、群体智能和膜优化等。智能优化算法是一种包含多种学科融合发展起来的综合计算科学[6],可以从中看到心理学、数学、物理学、电子学、生理学、神经网络、计算机、通信、社会学和信息学等诸多学科的影子,但却和这些学科有着本质的不同。因此,如何针对信息和通信科学发展过程中所遇到的技术难题,设计智能优化新理论,有效解决工程难题,为理论研究和工程应用提供新思路和新方法,促进智能计算理论及信息和通信工程技术的发展,有着重要的理论价值和现实意义。

很多信息处理和通信技术问题都可以通过数学建模转化为多种类型的极值优化问题,如根据目标函数的个数可分为单目标优化问题和多目标优化问题,根据是否有约束可分为有约束优化问题和无约束优化问题。通过适当的数学建模,信息和通信技术领域的技术难题都可以使用智能优化算法进行解决,特别对于那些不可微不可导的高维求解问题尤为有效。因此,改进和设计新的智能优化算法并将其应用于信息通信技术难题中,对降低通信系统的建设成本以及推进未来移动通信系统的发展均具有积极的意义。对信息通信系统以及智能优化算法的实时性和鲁棒性的极致追求是不断超越的完善过程,尽管现在国内外对智能优化算法及其在信息通信技术中应用的理论和方法的研究不断深入,但是由于信息和通信技术的迅猛发展对新的智能优化方法需求日益迫切且要求越来越高,这促使研究人员不断探索新的理论,为信息和通信工程的持续发展提供新思路和新方法。

## 1.2  优化问题描述

### 1.2.1  优化问题的基本要素和分类

优化问题一般由目标函数、未知变量和约束条件三个基本要素构成,下面对这三个要素进行简单的介绍。

1)目标函数:用函数表示待求解的优化问题,一般是极大值或极小值函数的形式。

2)未知变量:是目标函数中待求解的未知变量,其取值变化会导致目标函数值变化,求解优化问题的目标值的优化过程也是一个找到接近或满足目标函数极大化或极小化所对应最优变量值的过程。

3)约束条件:就是在求解目标函数极大值或极小值所对应的未知变量时,需要限制未知变量取值以满足约束的需要。很多优化问题一般都要给出边界约束,同时必须给出待求解变量的定义域区间。

因此,优化问题的求解过程可以描述为:所有待求变量在满足约束条件下的可行区域,通过特定的求解方法获得待求变量的具体值,以获得目标函数的最优值。对于极大值优化,目标函数的最大值是最优值;对于极小值优化,目标函数的最小值是最优值。求解优化问题的程序化方法一般称作优化算法,利用优化算法可以在可行解集空间获得满足约束条件的极大值或极小值的最优解。

根据目标函数、未知变量和约束条件三个基本要素特点,介绍优化问题最常见的三种分类方法。

1）从优化问题需要计算的目标函数的个数可进行分类：单目标优化问题和多目标优化问题。若待优化问题中仅需计算一个目标函数就是单目标优化问题，若需联合优化计算两个及以上的目标函数的优化问题称作多目标优化问题。

2）从未知变量数值类型进行分类：连续优化问题和离散优化问题。若待求解变量在定义域取值是连续型随机变量就称为连续优化问题，若待求解变量在定义域取值是离散型随机变量就称为离散优化问题。

3）从有无约束条件可把优化问题分类：无约束优化问题和有约束优化问题。

## 1.2.2　多目标优化问题模型

单目标优化问题相对来说是一种简单的优化问题，接下来以极小值优化为例介绍多目标优化问题（极大值优化问题有相似的形式）。单目标优化问题可以看作多目标优化问题的特例。

一个具有 $n$ 个决策变量、$m$ 个目标函数的多目标优化问题可表述为

$$\min\{\boldsymbol{y} = \boldsymbol{F}(\boldsymbol{x}) = [f_1(\boldsymbol{x}), f_2(\boldsymbol{x}), \cdots, f_m(\boldsymbol{x})]\}$$

$$\text{s. t. :} \ g_i(\boldsymbol{x}) \leqslant 0, \ i = 1, 2, \cdots, q; \ h_j(\boldsymbol{x}) = 0, \ j = 1, 2, \cdots, p;$$

$$\boldsymbol{x} = [x_1, x_2, \cdots, x_n] \in \boldsymbol{X} \subset \boldsymbol{R}^n, \boldsymbol{y} = [y_1, y_2, \cdots, y_m] \in \boldsymbol{Y} \subset \boldsymbol{R}^m \quad (1.1)$$

式中，$\boldsymbol{x} = [x_1, x_2, \cdots, x_n] \in \boldsymbol{X} \subset \boldsymbol{R}^n$ 称为决策向量，$\boldsymbol{X}$ 是 $n$ 维的决策空间；$\boldsymbol{y} = [y_1, y_2, \cdots, y_m] = [f_1(\boldsymbol{x}), f_2(\boldsymbol{x}), \cdots, f_m(\boldsymbol{x})] \in \boldsymbol{Y} \subset \boldsymbol{R}^m$ 称为 $m$ 个目标构成的矢量目标函数，$\boldsymbol{Y}$ 是 $m$ 维的目标空间；目标函数矢量 $\boldsymbol{F}$ 定义了映射函数和同时需要优化的 $m$ 个目标；$g_i(\boldsymbol{x}) \leqslant 0(i = 1, 2, \cdots, q)$ 定义了 $q$ 个不等式约束；$h_j(\boldsymbol{x}) = 0(j = 1, 2, \cdots, p)$ 定义了 $p$ 个等式约束。与单目标优化问题的本质区别在于，多目标优化问题的解不是唯一的，而是存在一个最优解集合，集合中的元素称为 Pareto 最优解或非支配解。Pareto 最优解是指不存在比其中至少一个目标好而其他目标不劣的更好的解。

## 1.2.3　多目标优化问题的简化处理方法

多目标优化问题是一种复杂的难解问题，为了简化其计算，通常会把多目标优化问题的各个目标使用加权因子合成一个单目标函数，其加权因子可以由决策者根据需要设定或者设立规则由算法自适应确定[7-8]。获得更广泛适用场景的多目标问题的 Pareto 最优解集，这是经典的国际难题，但是一般情况下，多目标优化方法是用不同的系数来实现动态优化。常见的两种多目标问题的处理方法介绍如下。

1. 线性加权和法：给待优化的多个目标函数分别分配权重并将其加权求和，

合成为一单目标函数,其具体的公式表达可表示为

$$\min f(\boldsymbol{x}) = \sum_{i=1}^{m} \omega_i f_i(\boldsymbol{x}), \ \text{s.t.} : \boldsymbol{x} \in \boldsymbol{X}_f \qquad (1.2)$$

式中,赋值给第 $i(i = 1, 2, \cdots, m)$ 个目标函数的权重为 $\omega_i$,且满足 $\sum_{i=1}^{m} \omega_i = 1, \boldsymbol{X}_f$ 为可行解集合。线性加权和法具有易于理解和计算简单的优点。但是具有权重难以确定和需要决策者大量实践经验的缺点,另外,该方法受 Pareto 前端形状的影响较大,前端的凹部是处理的盲区,且多个优化目标不能进行有效比较,应用范围受限。线性加权和方法最重要的是如何分配权重,针对这个问题,到目前为止许多研究者设计了多种调整权重的方法,常见的有固定权重、随机权重和适应性权重等方法。

所谓的固定权重方法,就是权重可通过大量的先验知识和实践经验来确定,并且各个目标函数的权重在进化过程中保持不变。对于随机权重方法,每个目标函数的权重在进化过程中的每一步都是随机决定的,这种方法会给所有权重组合以同等的公平性。尽管该方法给出了均匀的 Pareto 边界的选择能力,但它没有很好考虑每个 Pareto 前端解中所包含的有用信息。对于适应性权重方法,目标函数权重可根据种群适应性来动态调整以使算法向理想点逼近。因为当前种群信息要用于设置下一代的权重,故该方法的选择压力处在以上两种方法之间。

2. 约束法:约束法不受最优 Pareto 前端为凸的条件限制。它使用随机的方式从所有的目标函数中挑选一个目标函数为主函数,则其他的目标函数就可以看作约束条件,将复杂的多目标优化难题转化为简单的单目标优化问题。经约束转化后的单目标优化问题可用式(1.3)表示:

$$\min f(\boldsymbol{x}) = f_j(\boldsymbol{x}), \ \text{s.t.} : e_i(\boldsymbol{x}) = f_i(\boldsymbol{x}) \leqslant \varepsilon_i, \ 1 \leqslant i \leqslant m, \ i \neq j, \ \boldsymbol{x} \in \boldsymbol{X}_f \ (1.3)$$

约束法具有容易理解、计算方便的优点,在实际问题求解时 $\varepsilon_i$ 取值不同,可获得不同的 Pareto 最优解,可满足各种实际问题需要;但是其主要缺点是需要先验确定合适的容许值 $\varepsilon_i$,但这些先验知识一般是未知的,所以需要大量的实践和经验。对于上述两种传统方法,一般需要经过多次单独求解才会得到多目标优化难题的多个解来构成 Pareto 前端,而这些解的求解过程是相互独立的,解之间无法共享信息,多次运行所得的解无法比较,导致计算的开销较大。这些缺点都令决策者难以有效决策,浪费决策时间和计算资源,因此对于复杂的高维多约束的多目标优化问题,上述传统方法的应用就会有很大的局限性。

## 1.2.4 多目标优化问题解的处理

一般而言,多目标优化问题不存在绝对的、唯一的全局最优解,但是绝大多数非劣解不是直接有用的解,所以求解多目标问题需要获得一个最终解集或最优解。

通常有三种方法用于获得最终解:

1) 生成法,首先求出大量的非劣解构成一个可能解子集,其后根据决策者的需要确定挑选出最终解;

2) 交互法,该方法无须事先求出很多的非劣解进行选择,只需要通过需求分析采取决策者信息交流逐步求得最终解;

3) 权重法,该方法需要决策者事先提供目标间重要程度的先验知识,给算法提供依据,进而把复杂的多目标难题转化为相对简单的单目标优化问题。

无论单目标问题、多目标问题,还是多目标问题简易处理方法都可以使用智能优化算法实现求解,近年来涌现出多种用于求解多目标优化难题的智能优化算法,典型的有多目标进化算法、非支配解排序的遗传算法、多目标群智能优化算法和多目标量子优化算法等。

## 1.3　智能优化算法的分类和特点

科学研究人员从自然界的运行规律和人类社会活动受到启发,设计了各种启发式智能优化算法,可以总体概括为仿生、拟物和融合算法三大类,图 1.1 给出了我们的分类框图,并列出了绝大多数经典的和新兴的智能优化算法。人们不仅从动物、植物、人类行为和智能角度设计随机优化式的启发算法,而且还可从自然现象和自然科学中得到启发设计新的优化算法。

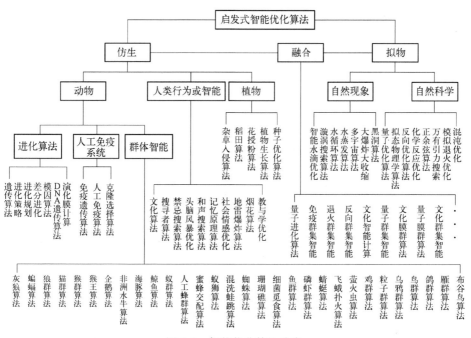

图 1.1　智能优化算法分类

在智能计算发展初期,以遗传算法、进化规划和进化策略等算法为代表的进化算法得到迅猛发展[9-11],在理论研究和工程应用等方向都得到广泛关注,促进了随机数学该分支的发展。但随着时间的推移,在复杂工程问题中,经典进化算法的缺点逐渐显露,迫使研究人员探索新的途径。

当前,一类被称作群智能的典型智能计算算法受到科研人员的广泛关注,这种群智能算法是一类模仿生物群体行为的新型智能优化算法[12-15]。群智能算法于20世纪90年代中期随着粒子群算法的提出而兴起,被广泛应用于各种工程优化问题和计算难题。群智能算法的每个个体能够综合利用群体中所有个体经验进行演化,考虑了个体和群体的开发和探索能力,能够克服传统智能优化算法一些不足(如易陷入局部极值或收敛时间长等)。因此,一些学者把研究焦点放在了群智能算法上,如受鸟群、蚁群、蜂群、鲸群、磷虾群和乌鸦群等生物群体的启发,设计了一系列的启发式智能优化算法,这些群智能算法通过对群体觅食行为的智能模拟而具备了较优秀的全局收敛能力,从而被各个工程技术领域的研究人员所关注。

尽管智能优化算法在解决一些工程问题时可以获得可行解,但对于一些复杂的高维问题很难在收敛速度和收敛性能之间做到有效的折中,还需要设置足够大的种群规模和迭代次数才能获得较满意的解。因此,设计出快速收敛适于复杂科学问题的优化算法具有重要价值。一些学者尝试把智能优化算法进行融合,取长补短,设计新的融合算法,以适合不同的需要,如文化行为和量子优化是两种设计混合优化算法的有效算子。

文化行为是一种可有效利用人类知识和经验的复杂行为,可为智能计算算法的设计和改进提供一个好的框架。文化行为可将人类所具有的知识经验存放在知识库中,人类成员从知识库中学习获得经验和知识,可以避免其通过实验来获取经验,不仅避免了犯错误的可能,而且可以指导个体和社会系统的成长和进化,促进人类文明的发展。通过对文化行为的模拟,Reynolds在1994年提出了文化算法(cultural algorithm, CA)。文化算法提供了一种双层进化的系统框架,为种群和知识的更新提出一种协同方案。从智能计算改进角度看,任何一种基于种群和群体的优化算法都可以嵌入到文化框架中的种群空间中去演化和更新,如经典的遗传算法、猫群算法、烟花算法、免疫算法和蛙跳算法等。而信仰空间可以通过历代的知识和经验以一定的规则更新,可以对个体的演化进行指引。文化算法框架可以针对现有连续优化算法的不足,设计新的信仰空间和文化演化规则,提高其收敛性能且减少其收敛时间,可设计出各种各样的文化智能优化新算法[16-17]。

量子智能计算是近年新兴起的智能优化算法,它是受量子计算机理和智能计算原理启发所产生的一类新型智能计算算法。量子计算自1982年被Richard Feynman提出后,迅速被各国专家学者所关注,成为一个在保密通信和密码系统得到成功应用的前沿学科。尽管研究人员已经初步研制出量子计算设备,但在实际应用中还需要解决很多关键问题,量子计算能够让一些智能计算领域人员兴奋的一个本质原因是受其启发,研究人员可以设计出一系列新的量子智能优化新算法,促进相关学科的进步和发展。量子智能计算和传统智能计算算法相比,全局搜索能力强,尤其适用于解决离散优化问题,可推广应用到各种工程应用领域,获得较满意的解。因此,深入研究量子计算和新的智能优化算法,设计新的量子演化算子,设计出新的量子智能计算算法扩展其应用领域将有重要的价值[18-20]。

近年来,对智能优化算法的研究方兴未艾,不仅对经典优化算法进行了深入的研究和探索,对新的优化算法的探索和设计也成了一些学者的喜好。为了便于研究人员研读的方便,我们列出了一些典型的或新颖的智能优化算法,如表 1.1 所示,给出了算法名称、参考文献、关键算子和关键算法参数等,以便对智能优化算法的理解和掌握。但对个体进行适应值评价的算子、种群规模和终止迭代次数等众所周知的关键参数不再在表中罗列。

表 1.1　一些典型智能优化算法的总结

| 序号 | 名　称 | 关　键　算　子 | 关键控制参数 |
| --- | --- | --- | --- |
| 1 | 遗传算法[21] | 选择、交叉、变异 | 交叉概率、变异概率 |
| 2 | 进化策略[22-23] | 重组、正态变异、选择策略 | 交叉概率、变异概率、标准差 |
| 3 | 进化规划[24] | 正态变异、选择 | 变异概率、标准差 |
| 4 | 差分进化[25] | 变异、杂交、选择、修补 | 缩放因子、杂交概率、变异概率 |
| 5 | 模因算法[26] | 交叉、变异、选择、局部搜索 | 交叉概率、变异概率 |
| 6 | DNA 遗传算法[27] | 编码、译码、选择、交叉、变异、倒位 | 交叉概率、变异概率、倒位概率 |
| 7 | 演化膜计算[28] | 嵌套膜结构、进化规则、通信规则 | 膜数量 |
| 8 | 人工免疫算法[29] | 免疫操作 | 抗体浓度、抗体的期望繁殖度 |
| 9 | 克隆选择算法[30] | 抗体克隆、抗体变异、抗体选择 | 克隆比例因子、抗体浓度、变异概率 |
| 10 | 蝙蝠算法[31] | 频率、响度、脉冲发射率、速度、位置 | 最大脉冲幅度、最大脉冲音强、频率增加系数、音强衰减系数 |
| 11 | 鱼群算法[32] | 觅食、聚群、追尾、探测 | 感知距离、移动步长、拥挤度因子 |
| 12 | 细菌觅食算法[33] | 趋向、复制、迁移、消除 | 迁移概率、趋向性操作、复制操作和迁移操作次数 |
| 13 | 乌鸦搜索算法[34] | 位置更新规则、记忆集合 | 转换概率、飞行长度 |
| 14 | 飞蛾扑火算法[35] | 飞蛾位置、火焰位置 | 火焰数量、定义对数螺旋线形状的常数 |
| 15 | 鸟群算法[36] | 飞行行为、觅食行为、警戒行为 | 飞行间隔、判断觅食阈值 |
| 16 | 粒子群算法[37] | 速度、位置、个体局部最优位置、群体全局最优位置 | 加速系数 |
| 17 | 猫群算法[38] | 搜寻模式、跟踪模式 | 记忆池大小、变化域、变异率、自身位置判断、分组率 |
| 18 | 蚁群算法[39] | 信息素浓度更新、信息素蒸发、路径选择概率 | 信息素蒸发率、信息素强度 |
| 19 | 狼群算法[40] | Manhattan 距离、游走行为、召唤行为、围攻行为 | 探狼比例因子、距离判定因子、步长因子、群体更新比例因子、游走步长、攻击步长 |

续表

| 序号 | 名　称 | 关　键　算　子 | 关键控制参数 |
|---|---|---|---|
| 20 | 人工蜂群算法[41] | 工蜂、观察蜂和侦查蜂搜索蜜源 | 侦察蜂比率、限制参数 |
| 21 | 蚁狮算法[42] | 随机游走、构建陷阱、扑食蚂蚁、蚂蚁和蚁狮位置更新 | 陷阱大小 |
| 22 | 蜘蛛算法[43] | 雄性个体和雌性个体、震动感知能力、婚配行为 | 雄性种群规模、雌性种群规模、概率因子、婚配半径 |
| 23 | 鸽群算法[44] | 地图和指南针算子、地标算子 | 地图和指南针因子、全局最优权重 |
| 24 | 萤火虫算法[45] | 相对荧光亮度、吸引度、萤火虫位置 | 最大荧光亮度、光吸收系数、步长因子 |
| 25 | 布谷鸟算法[46] | 鸟巢位置（莱维飞行）、全局最优位置 | 步长控制量、莱维飞行参数、发现外来鸟蛋概率 |
| 26 | 文化算法[47] | 种群空间更新、信仰空间更新、接受函数、影响函数 | 接受比例 |
| 27 | 禁忌搜索[48-49] | 邻域、禁忌条件、特赦准则、终止准则 | 禁忌长度 |
| 28 | 头脑风暴算法[50] | 聚类、融合、观点产生算子 | 高斯随机函数的权重因子、logsig函数的斜率、概率参数 |
| 29 | 社会情感优化[51] | 社会状态、社会评价、情绪指数 | 学习因子、情绪阈值 |
| 30 | 地雷爆炸算法[52] | 碎片距离、碎片方向、碎片角度 | 初始距离、探索指数、减小指数 |
| 31 | 烟花算法[53] | 爆炸、变异、选择 | 最大爆炸半径、最大火花数目 |
| 32 | 教与学优化[54] | 教阶段、学阶段 | 教学因子、学习步长 |
| 33 | 杂草入侵算法[55] | 生长繁殖、空间分布、竞争淘汰 | 非线性调和因子、标准差 |
| 34 | 稻田算法[56] | 选择、播种、授粉、散播 | 选择阈值、邻域半径、分散系数 |
| 35 | 花授粉算法[57] | 全局授粉、局部授粉 | 转换概率 |
| 36 | 植物生长算法[58] | 形态素浓度、生长点 | 生长点个数 |
| 37 | 种子优化算法[59] | 撒播方程、父种选择 | 位置变动常数向量、父种相似度阈值 |
| 38 | 智能水滴算法[60] | 水滴前进速度、水滴携带的泥土量 | 速度更新参数、泥土量更新参数、路径选择概率 |
| 39 | 大爆炸大收缩算法[61] | 大爆炸阶段、大收缩阶段 | 收缩因子 |
| 40 | 水循环算法[62] | 汇流过程、蒸发和降水过程 | 蒸发条件系数、海洋附近搜索区域范围系数 |
| 41 | 水蒸发优化[63] | 单层蒸发阶段、液滴蒸发阶段 | 遗传因子、搜索因子 |
| 42 | 多宇宙算法[64] | 膨胀率、白洞、黑洞、虫洞 | 虫洞存在概率、旅行距离率、开发精度 |
| 43 | 涡旋搜索算法[65] | 位置、涡旋半径 | 涡旋中心、形状系数、初始方差 |
| 44 | 黑洞算法[66] | 星体位置、黑洞边界、星体的适应值 | 星体个数 |

| 序号 | 名　　称 | 关 键 算 子 | 关键控制参数 |
|---|---|---|---|
| 45 | 量子遗传算法[67] | 量子旋转角、量子旋转门、量子非门 | 旋转步长 |
| 46 | 正余弦算法[68] | 正余弦控制算子、位置 | 控制参数最大值 |
| 47 | 万有引力算法[69] | 万有引力、合力、加速度、速度、位置、质量 | 万有引力系数初值、万有引力性能参数 |
| 48 | 模拟退火算法[70] | 状态产生函数、状态接收准则（Metropolis 准则）、温度更新函数、内循环终止准则、外循环终止准则 | 退火初始温度、退火终止温度、退火常数、马尔科夫链长度 |
| 49 | 混沌优化算法[71] | 混沌映射、一次载波粗搜、二次载波精搜 | Logistic 控制参数、混沌映射常数、放大常数、调节常数 |
| 50 | 和声搜索算法[72] | 和声产生算子、和声记忆库更新、微调扰动 | 和声记忆库大小、和声记忆库取值概率、微调概率、微调带宽 |
| 51 | 混洗蛙跳算法[73] | 移动步长更新、最差青蛙位置更新、混洗规则 | 家族数、家族规模、最大移动步长、族内迭代次数、混洗次数 |

## 1.4　智能优化算法的发展方向

### 1.4.1　多目标优化问题和多峰优化问题

在科学研究和工程实践中,有多种类型的优化问题,多目标优化问题是其中的研究热点和难点。多目标优化问题是指所求问题需要同时满足多个目标,经数学建模后可归结为对多个目标函数同时进行优化的一类特殊优化问题。大多数工程问题都具有多个目标,而一般情况下,不同目标之间是相互冲突的。对于单目标优化问题,毫无疑问,可以在其定义区间内寻得最优解;而多目标优化问题中各目标之间通过决策变量相互制约,对其中一个目标优化必须以其他目标劣化作为代价,也就是说,要同时使多个子目标都达到最优是不可能的,只能对它们进行协调和折中处理,使各个子目标函数尽可能地达到最优,因此,不能像求解传统的单目标优化问题一样去评价多目标优化问题解的优劣。通常多目标优化问题的解并不是唯一的,而是一个最优解集合。为求解多目标优化问题,某些传统方法试图通过利用某一效用函数将多目标优化问题的多个目标合成单一目标来进行优化,但大多数情况下,这种效用函数是难以确知的。

目前求解多目标优化问题主要有以下几种方法:古典的多目标优化方法、基于演化算法的多目标优化方法、基于群体智能的多目标优化方法、基于人工免疫系统的多目标优化方法和基于分布估计的多目标优化方法等。尽管国内外对多目标优化的研究取得了许多可喜的成果,但是现有方法大多只能对包含两个目标的多目标优化问题进行求解。对于包含两个以上优化目标的多目标优化问题,现有方法往往不能取得好的效果,甚至无法求解。此外,多目标优化领域仍面临诸多难题,如改进传统 Pareto 占优机制、求解高维多目标优化问题、求解动态多目标优化问题等。智能优化算法的出现为多目标优化问题提供了新的求解方法,尽管利用蚁群算法、粒子群优化算法和人工免疫系统求解多目标优化问题时在收敛速度和多样性方面取得了较好的效果,但多目标优化问题自身的特点决定了其求解最优解集的复杂性,因此,仍需要提出高效的多目标智能优化算法以更好地求解多目标优化问题。

许多现实问题(如工程设计、智能决策和方案选择等)经数学建模后可归结为对多峰函数的多个最优解或几个最优解和多个局部最优解进行求解的问题,这一类问题一般称为多峰优化问题。多峰优化问题作为科学研究和工程实践领域中的一个重要分支,受到国内外学者的广泛关注。多峰优化问题不仅要在解空间内搜索全部全局最优解,而且在有些情况下需要对局部最优解进行搜索,这种特殊的求解需求给传统的演化算法带来巨大的挑战。传统演化算法所采用的全局选择模式导致种群个体的选择压力增大,致使种群收敛速度较快,但削弱了种群对其自身多样性的保持能力,因此在求解多峰优化问题中有显著的不足。为了解决这一问题,多种与传统演化算法相结合的技术被提出,如小生境技术、多种群技术和双目标技术等。这些技术共同的特点是可最大限度地保持种群的多样性,降低它们收敛到同一个最优解的概率。特别地,小生境技术作为求解多峰优化问题的一种有效手段,得到了广泛关注,并成为求解多峰优化问题的一个研究热点。

近年来,尽管一些性能更好的智能优化算法被相继提出,但对于较复杂的多目标优化问题和多峰优化问题,直接应用这些智能优化算法往往也不能得到较为满意的解。将这些复杂优化问题本身的特点与智能优化算法有机地结合起来,设计出新的演化策略和演化方程,以更好地求解多目标优化问题和多峰优化问题,对智能优化算法应用领域的扩展具有重要的价值与研究意义。

## 1.4.2 理论证明和数学分析

尽管近年来智能优化算法在一些领域取得了巨大成功,但是由于某些智能优化算法包含较复杂的随机行为,因此对智能优化算法的数学理论分析十分有限,对诸如智能优化算法的复杂度、收敛性及其计算能力的理论分析证明较少,这势必阻碍智能计算领域的进一步发展。通常算法的复杂度、计算能力可以通过数学统计的方法进行比较,但对于一种算法,其收敛性是人们最为关心的问题,因此对算法收敛性的分析最为重要。不同算法的收敛能力是不同的。经典的遗传法等优化算法虽然被证明是收敛的,是在种群规模足够大、迭代次数足够多的前提下实现的,在面对具体的复杂工程问题时因实时性的考虑依旧容易陷入早熟收敛,局部搜索能力差,且搜索效率低。此外,一些智能优化算法的鲁棒性差,初始参数的设置对结果的影响较大。然而在工程实际问题中,不收敛的算法是不可用、不可靠,甚至根本无法求得结果的。因此,对算法收敛性的理论证明和数学分析十分关键。证明算法收敛性的方法有很多种,可以利用鞅理论、随机过程理论等来对算法的收敛性进行分析,还可通过马尔可夫链的极限分布来证明其收敛性,这对解决实际工程问题,进一步扩展智能优化算法的应用场景及应用范围具有重要的意义。

### 1.4.3 智能计算和传统算法的有机融合

随着人类文明的进步和科学技术的飞速发展,越来越多的研究人员认识到可以通过模拟生物的行为来提出新的智能优化算法并用来解决众多复杂的工程问题。长期以来,科学家通过向自然界学习并从中获得灵感,提出新的计算理论,促进了启发式算法的兴起。典型的启发式算法包括模拟退火、禁忌搜索、演进算法和群智能等。这些算法通过分析物理现象和模拟生物行为,对理论计算和工程领域中的问题进行求解。但是这些群智能算法的每个个体虽然能够综合利用群体中所有个体的经验,考虑个体和群体的关系以增强开发探索能力,具有较好的协作性和鲁棒性,但仍存在收敛速度较慢、易陷于局部最优等缺点。尤其在求解高维复杂难题时,很难通过这些算法求得较为满意的解。

为了进一步提高算法的优化质量和搜索效率,近年来涌现出一些关于改进智能优化算法的新型演进机制和并行优化策略。由于现代启发式算法结构具有与问题无关性及开放性,各算法之间容易进行相互融合。其中将量子思想与传统智能优化算法融合所提出的量子智能优化算法对解决实际工程问题提供了广泛的思路,是一大研究热点。相比于传统智能优化算法,量子智能优化算法在实际应用中获得了明显优于传统智能算法的性能。这是因为量子智能优化算法有效地利用了量子理论的思想和概念,结合量子计算和传统智能算法的优势,极大地提高了算法的全局搜索能力,扩展了传统智能算法的应用领域和范围。

智能计算和传统算法的有机融合有助于分析算法的性能和扩展算法的适用范围,通过不断实验比较可发现各种融合策略的优点和不足,以便改进算法结构、参数及操作算子,并提出各种高效混合算法。

### 1.4.4 连续和离散变量同时优化问题

在科学研究和工程实践中存在着多种类型的优化问题,最优化问题为其中一个重要的分支,一般分为两类:一类是离散变量的最优化问题,另一类是连续变量的最优化问题。若决策变量的取值是离散的,则称为离散优化问题;若决策变量的取值是连续的,则称为连续优化问题。整数规划、资源配置、邮路问题、生产安排等问题都是工程中离散优化问题的典型例子,求解难度往往比连续优化问题更大。一般而言,这两类问题各有特点,它们的求解方法也是不同的。

然而,在实际工程问题中,往往存在着既有连续优化变量又有离散优化变量的优化问题,因此,很难通过现有的解决连续优化问题和离散优化问题的方法来对其进行高效求解。其主要原因是求解这些问题的算法往往需要极长的运行时间与极大的存储空间,以致根本不可能在现有计算机上进行实现,即所谓的"组合爆炸"。因此,如何高效求解混合优化问题激起了人们对混合优化算法的研究兴趣。经典的进化算法(如遗传算法)往往不能有效地解决这些复杂工程问题。尽管群智能算法能够克服传统智能优化算法易陷入局部收敛的不足,在解决一些连续或离散优化问题时可以得到较好的解,但对于复杂的高维混合优化问题也很难快速收敛并寻得较优的解。近年来新兴起的量子智能优化算法结合量子计算机制和智能优化算法的优势,在解决多种复杂的优化问题上具有极大的应用前景,如何设计出快速收敛且适用于求解复杂混合优化问题的新算法是未来的研究热点之一。

## 1.4.5  复杂工程问题和技术难题

当今社会是一个高速发展的社会,科技发达,信息快速流通。在这个高科技时代,许多技术也应运而生,如物联网、车联网、5G 通信、大数据和云计算等,其中物联网是新一代信息技术的重要组成部分,也是"信息化"时代的核心技术之一。"物联网",顾名思义,就是物物相连的互联网,其实质是互联网的应用拓展,与其说物联网是网络,不如说物联网是业务和应用。物联网通过智能感知、识别技术与普适计算等通信感知手段,将各种网络进行有机融合,因此被称为继计算机和互联网之后世界信息产业发展的第三次浪潮,是"重要生产力"之一[74]。

车联网的概念引申自物联网,是以车内网、车际网和车载移动互联网为基础,按照约定的通信协议和数据交互标准,在车、路、行人及互联网之间进行无线通信和信息交换的大系统网络,是能够实现智能化交通管理、智能化动态信息服务和智能化车辆控制的一体化网络,是物联网技术在交通系统领域中的典型应用。通过GPS、RFID、传感器和摄像头图像处理等装置,车辆可以完成自身环境和状态信息的采集。通过互联网技术,所有的车辆可以将自身的各种信息传输汇聚到中央处理器。通过计算机技术,大量的车辆信息可以被分析和处理,从而计算出不同车辆的最佳路线、及时汇报路况并得到信号灯的最佳周期。

由于物联网尤其是车联网产业的快速发展,网络速度的需求越来越高,这无疑成为推动 5G 网络发展的重要因素。5G 网络正朝着网络多元化、宽带化、综合化和智能化的方向发展[75-76]。随着各种智能终端的普及,2020 年以后移动数据流量将呈现爆炸式增长。根据目前各国的研究,5G 技术相比于目前的 4G 技术,其峰值速率将增长数十倍,从 4G 的 100 Mb/s 提高到几十 Gb/s。正因为有了强大的通信和带宽能力,5G 网络一旦应用,目前仍停留在构想阶段的车联网、物联网、智慧城市、无人机网络等概念将变为现实。此外,5G 还将进一步应用到工业、医疗、安全等领域,能够极大地促进这些领域的生产效率,以及创新生产方式。

随着科技的发展,未来的时代将不仅是 IT 时代,更是大数据的时代。大数据技术的战略意义不在于掌握庞大的数据信息,而在于对这些含有意义的数据进行专业化处理。换而言之,如果把大数据比作一种产业,那么这种产业实现盈利的关键,在于提高对数据的"加工能力",通过"加工"实现数据的"增值"。从技术上看,大数据与云计算的关系就像一枚硬币的正反面一样密不可分。大数据必然无法用单台的计算机进行处理,必须采用分布式架构。分布式架构的特色在于可以对海量数据进行分布式数据挖掘。但它必须依托云计算的分布式处理、分布式数据库、云存储和虚拟化技术。针对各种通信网络,如何在能耗、覆盖范围、传输速率和成本之间找到那个微妙的平衡点,一直以来是一个困扰国内外学者的难题。而结合智能计算的人工智能信息处理技术可为未来科学技术发展过程中一些难以求解的复杂工程问题和技术难题提供新的解决思路和方法,具有一定的参考价值和借鉴意义。

## 1.5　智能优化算法在信息通信技术中的应用

很多信号处理和通信技术相关的信息处理问题都可以建模为典型的单目标或多目标优化问题,因此,将解决优化问题的智能优化方法应用于通信技术领域是可行的。研究和开发具有较高的优化性能、时间性能和初值鲁棒性的智能优化算法并将其应用于通信技术难题中,对降低通信系统的建设成本以及推进未来移动通信系统的发展均具有积极的意义。提升信息处理、通信系统和智能计算算法的实时性和有效性是一个不断追求完美的过程,尽管现在国内外对智能计算及其在通信和信息处理技术中的应用的研究不断地深入,但这一领域仍有很大的研究空间,将新的计算方法和技术应用到信息通信技术中,可为该领域的理论研究和实用化发展提供新思路和新方法。

因此,根据智能计算的新进展,在对智能理论深入研究的基础上进行学科交叉,给出了天线阵稀疏和综合、数字水印、图像分割、多用户检测、中继选择技术、波达方向估计和认知无线电关键技术等具有重要的理论价值和现实意义的信息处理和通信关键技术。基于智能计算的信息处理和通信关键技术可克服现有技术发展过程中一些难以解决的工程难题而成为研究热点,在工业和国防科技领域具有广阔的应用前景。

本书针对工程实际需要,对于一些智能优化算法(如萤火虫算法、粒子群算法、教与学算法、杂草算法、蜂群算法、蛙跳算法、雁群算法、蛙跳算法、鸽群算法、烟花算法、演化膜计算、细菌觅食算法、猫群算法、差分进化算法、蝙蝠算法和花授粉算法等)使用文化机制、免疫机制或量子机制进行改进和完善,给出解决工程问题的可行方案,促进智能计算领域的进一步发展。

## 1.5.1　天线阵稀疏与综合

智能天线技术可以根据不同的应用对多个天线进行组合与最优化选择参数,能够自适应的调整发射和接收的天线阵方向图,在雷达、无线通信和电子对抗等系统中发挥着重要的作用。在实际工程中,为改善天线方向性还需采用幅度加权的方法,这样一来天线的馈电网络将非常复杂,使得系统投入成本加大,同时也影响了系统的处理速度。通过天线阵的稀疏构建和方向图综合可以在一定程度上解决这个问题,它按照规定的方向图要求,用一种或多种优化方法进行天线系统的设计,设计阵元的分布形式,不仅降低了成本,也降低了设备的复杂度和故障率。在阵元分布形状和阵元数约束下,通过方向图综合技术进一步控制激励的幅度和相位,可以对方向图的主瓣形状、零陷生成和最大相对旁瓣电平等特性进行约束和优化,可进一步提高系统性能。对于天线阵方向图综合问题,文献[77]、文献[78]和文献[79]分别使用量子粒子群、强化花授粉算法和差分演化算法设计了方向图综合方法,一定程度上提高了天线阵的系统性能。

基于智能优化算法的天线阵稀疏和方向图综合算法的性能虽然相较于传统计算算法有所提高,但收敛速度和收敛精度都不理想,依旧不能解决有约束情况下的天线阵列稀疏和方向图综合问题的局部收敛问题。

## 1.5.2　数字水印和图像分割

数字图像水印技术是信息隐藏技术的一个重要方向,随着计算机处理能力的不断增强,破译密码的能力的不断提高,传统的加密技术面临着巨大挑战。另一方面,随着计算机通信网络及互联网技术的普及,多媒体数字产品丰富了人们的日常生活,但同时,由于网络传输的开放性和共享性,多媒体数字产品非常容易被复制、篡改,甚至被恶意删除,数字产品的版权问题迫在眉睫[80]。自1995年数字水印开始流行以来,数字水印的研究取得了较好的研究成果。早期,数字水印的研究集中在空域水印,尽管可以有效地抗几何失真,但是嵌入的信息量不多,应用范围受限。

因此,一些研究者把水印的嵌入在变换域进行,通过修改变换域系数完成水印的嵌入[81]。

小波分析和傅里叶分析相比,最大的优点是它是对信号的一种多分辨率时频分析,有"数学显微镜"之称。这使得小波分析和人类观察问题、分析问题的方法非常相似,因而被广泛地运用到多个领域。另一方面,由于小波变换与国际上一些主流压缩标准兼容,所以在图像的小波变换域嵌入水印不仅能够拥有很好地隐藏效果,同时也具有一定的抗压缩能力。根据对水印算法的小波基的选择和性质研究发现,Haar 小波更适合于图像水印,所以利用 Haar 小波变换产生的水印具有良好的不可感知性和鲁棒性。

图像分割是一种把图像分割成具有特定的特性区域,能根据应用需求提取出感兴趣的目标技术,特定的特性包括纹理、颜色和灰度等,感兴趣的目标可同单个区域对应,也可与多个区域相对应[82]。图像分割是一种重要的图像处理技术,与很多学科都有着密切的联系。计算机科学技术的不断发展,使得图像处理技术在计算机等外部工具的帮助下变得更加方便、有效,学科间不断融合渗透,新方法、新技术的不断涌现促进了图像处理技术的发展。目标图像的各个区域能够被有效识别并且能够在正确的方法下被合理分割。到目前为止虽然已提出上千种分割方法,但是每种方法或多或少都存在缺陷,没有一种方法具有普遍适用性,尽管是同样大小的图像,每幅图像像素的构成却是千差万别。因此,图像分割一直是国内外学者关注的热点问题之一。它不仅得到人们广泛的重视和研究,也在实际中得到大量的应用。随着图像分割在实际应用中发挥越来越大的作用,许多专家和学者对图像分割算法的研究也越来越重视,短短数十年间,取得了丰硕的成果,应用领域也逐渐渗透到生活和生产的每一个方面,近年来,机器视觉、人脸识别等人工智能领域的发展迅速兴起,这些领域的发展与图像分割技术是分不开的,可以说图像分割是这些领域中一个至关重要的环节。

## 1.5.3 数字滤波器设计

数字滤波器是指输入、输出均为数字信号,通过一定运算关系改变输入信号所含频率成分的相对比例或者滤除某些频率成分的器件。数字滤波器具有比模拟滤波器精度高、稳定、体积小、重量轻、灵活、不要求阻抗匹配以及可以实现模拟滤波器无法实现的特殊滤波功能等优点[83-84]。数字滤波器从实现的网络结构或者从单位脉冲响应分类,可以分成有限脉冲响应(FIR)数字滤波器和无限脉冲响应(IIR)数字滤波器。FIR 数字滤波器具有系统稳定性好、易于实现线性相位、允许设计多通带(或多阻带)滤波器以及硬件易实现等特点。IIR 数字滤波器因具有较高的计算精度和能够用较低的阶数实现较好的选频特性等特点,在雷达信号、通信信号、语音及图像信号处理、HDTV、模式识别、生物医学和地质勘探等领域得到了广泛的应用。近年来一些学者对数字滤波器的设计做了大量的研究工作,为快速实现最优数字滤波器,很多学者把智能优化算法引入到数字滤波器的设计。现有的优化算法在设计滤波器过程中遇到的主要问题是在优化过程中很容易陷入局部极值点,从而得不到全局最优解,因此如何设计新的全局优化算法进一步提高滤波器的性能,是尚待解决的难题。

## 1.5.4 多用户检测

码分多址(CDMA)是近年来用于数字蜂窝移动通信的一种先进的无线扩频通信技术,由于其具有多路复合接入能力、抗多径衰落能力、抗窄带干扰能力和安全保密性能等独特的优势,近年来得到了迅速发展,并成为移动通信系统的主流技术。CDMA 系统虽然有很多优点,但它也存在一些问题。最主要的问题是由于不同用户之间的扩频信号不完全正交,会产生多址干扰(multiple access interference,MAI)。由于多址干扰的存在,经常会发生近地强信号压制远地弱信号的现象,这种现象被称为远近效应。这一问题并不是 CDMA 系统固有的问题,而是将匹配滤波器这一单用户高斯信道的最优检测器应用于存在多用户干扰系统中的必然结果,因此抗多址干扰和远近效应技术成为 CDMA 系统的重要研究课题。

如果从信息论的角度来看多址干扰,它与高斯白噪声有着本质的不同,它是一种携带正在通信用户信息的信号,是可以为接收者提供一些先验知识的,如其他用户的扩频波形信息,若将这些信息丢掉或当成噪声,会降低整个 CDMA 系统的容量、影响系统的误码率。多用户检测技术就是研究如何利用信息论,进而通过严格的理论分析后提出的一种新型抗多址干扰和远近效应的技术。随着研究的深入,通过设计多用户检测接收设备不仅可以实现抗多址干扰和远近效应,还可以抵抗多径干扰和衰落,进而大幅度提高系统容量。

基于智能计算的多用户检测技术在工程应用中的主要障碍是收敛性能和收敛速度之间的矛盾。以解决优化问题的遗传算法为例,在有较大优化数据长度时,为了避免早熟收敛,要求有大的种群规模和迭代次数,这在实时实现上要付出很大的代价。因此,深入研究要解决的问题,设计实时性好、检测性能高的智能多用户检测算法是一个值得努力的方向。

随着智能计算理论的兴起,在各种扩频通信系统设计智能多用户检测器曾引起人们的广泛关注[85-87],这是因为基于智能信息处理的多用户检测能在各种系统和各种噪声环境下可以达到近似最优的性能,并且空时处理的多用户检测和空时编码的多用户检测也可用智能计算算法来有效的实现。因此,在一段时间,只要有一种新的离散智能计算方法问世,就会有研究者将其应用到多用户检测器的设计上。

## 1.5.5 中继网络的中继选择

中继是一种新兴有效的通信技术,它可以克服小区覆盖、小区边缘用户的吞吐量的限制,并且可以改进无线通信网络的整体性能[88]。对于点对点的通信网络和其他诸如无线传感器网络,中继节点均起着十分重要的作用。中继节点可以改善系统多样性并增加系统网络的寿命[89-90]。

为利用中继节点在无线通信网络中的优点,研究人员分别对中继选择、中继节点能量控制和中继节点带宽分配等问题进行了研究,其中中继选择是协作中继网络中无线资源管理最为关键的问题之一[91]。最普通的中继选择问题对系统的物理距离、信道衰落和信噪比等方面进行了研究,在这种场景下,中继选择准则是直接传输且传输过程中不存在任何外在干扰,仅仅是对单源目的对和多个中继节点场景的讨论[92-93]。近年来,人们对多源目的对中继网络越来越感兴趣,这种网络被称为多用户中继协作网络。典型的多用户中继网络包括点对点式网络、传感器网络和网状网络。然而,由于多用户协作中继网络性能估计困难、用户之间竞争加剧和计算复杂度的增加,单用户多中继的中继选择方法很难简单地推广到多用户协作中继网络。

过去,对于多用户网络中继选择方法的研究是十分有限的。对于多用户网络,文献[94]设计了一种最大化用户最小网络效益或网络总速率的中继选择算法。文献[95]提出一种可以最大化所有用户最小网络效益的中继选择方法,但其假设多用户之间是没有共道干扰(co-channel interference, CCI)的。文献[96]提出了一种存在共道干扰的多用户中继选择方法,然而所提的中继选择方法仅能够获得一个次优解。如何获得多用户中继选择这一整数优化问题的全局最优解和多目标优化的 Pareto 前端解,是具有挑战性的难题。

## 1.5.6 波达方向估计

波达方向(direction of arrival, DOA)估计又称为测向或空间谱估计,是阵列信号处理领域的重要研究方向,其在电子战、制导、雷达、导航、无线通信和卫星系统等领域都有广泛的应用。DOA 估计经过半个多世纪的发展,根据不同的数学理论得到了一系列的波达方向估计方法[97]。经典的测向算法主要包括子空间分解类算法[98-99]、极大似然算法[100-101]和子空间拟合算法[102]。子空间分解类算法的计算量较小,但需要经过预处理才可测相干信源,而极大似然算法和子空间拟合算法的计算量较大,但这两种算法具有解相干能力强、精度高的优点。随着测向技术的发展,对测向算法的工程应用提出了新的要求。因此为了满足不同测向环境的需求,分别针对相干信号、低计算复杂度、任意阵列结构、扩展阵列孔径以及冲击噪声背景等具体要求提出了相应的改进算法。

在空间谱估计中进行波达方向估计时需要进行多维搜索而影响了算法的实时性,而遗传算法[103]等智能优化算法在最优解搜索过程中会减少算法的计算量,在解决一些简单的测向目标函数时显示了较好的性能,但在解决复杂测向目标函数时容易早熟收敛,且这类算法还不够完善,针对测向中取代多维谱峰搜索的智能计算方法,有待于进一步研究[104-105]。

测向作为 MIMO 雷达信号处理的核心内容,近年来受到了广泛关注,引起相关学者的研究热潮。文献[106]提出了基于四元数的 Root - MUSIC 双基地 MIMO 雷达测向算法,该算法无须谱峰搜索即可估计出目标的波离角(direction of departure,DOD)和波达角(direction of arrival,DOA)。文献[107]利用发射和接收互耦矩阵的带状对称 Toeplitz 性质,提出了一种基于 ESPRIT 的双基地 MIMO 雷达测向算法,并能实现自动配对。文献[108]提出了一种酉双分辨率的 ESPRIT 算法用于双基地 MIMO 雷达测向,发射阵列与接收阵列均包含两个分离的双基线子阵,并且不需要额外配对。文献[109]提出了一种改进的 ESPRIT - MUSIC 算法用于冲击噪声下双基地 MIMO 雷达测向,该算法既可应用在冲击噪声环境又可应用在高斯噪声环境,扩展了应用范围。现有文献表明,关于冲击噪声环境下的双基地 MIMO 雷达测向方法的研究仍少有涉及,恶劣噪声环境下双基地 MIMO 雷达的测向问题依旧没有解决,且现有算法大多属于子空间类算法,在高信噪比及大快拍数下才可达到较好性能,对于相干信源还需额外的解相干处理,这些技术难题的有效解决,对 MIMO 雷达测向技术的发展具有重要价值。

## 1.5.7　认知无线电的关键技术

认知无线电可有效应对频谱资源紧缺这个通信领域难题,受到人们的广泛关注,使众多学者对其进行了深入的研究,设计出了一系列认知无线电关键技术。认知决策引擎是认知无线电中的一个非常关键的技术,通过人工智能的引进,认知决策引擎成为认知无线电系统的智能核心。认知决策引擎可看作认知无线电系统的"大脑",通过其可完成智能决策过程,主要包含两个主要研究问题。第一个研究问题是通过什么样的方式(集中式还是分布式)来完成认知决策过程[110]。认知决策引擎需具有从环境中学习知识和分析的能力,进而积累经验。而分布式系统可通过不同设备之间的协作完成决策过程,并且能够实时调整系统参数以满足用户和系统的通信需求,因此认知决策引擎一般采用分布式方式。但认知决策是一个典型的多目标优化难题,所以第二个研究问题选择什么样的决策算法,如神经网络、膜量子蜂群和量子粒子群等都可以用来优化认知无线电系统参数,如何设计或选择合理的决策算法对系统性能有着重要的影响。

弗吉尼亚理工学院的无线通信中心在 2004 年提出了一种认知决策引擎模型,该模型把多个目标线性加权成一个目标,利用遗传算法实现了对认知系统参数的最优化设计[111]。Newman 等把基于遗传算法的认知决策引擎应用到多载波认知无线电系统[112],讨论变量数目对认知决策引擎实现的复杂度有重要的意义[113]。后来,在前人研究基础上,文献[114]将种群前一代所获得的感知结果作为当前迭代的初始信息,以加速算法的实时性,但是由于遗传算法具有随机性过大、收敛速度慢和收敛性能差的缺点,很难通过这种算法得到较优的系统性能。为了提高系统性能,一些学者把新的离散优化算法应用到认知决策引擎设计中,如量子粒子群算法、量子遗传算法、二进制粒子群和模拟退火遗传算法等[115-118]。大量的仿真实验证明,与经典的遗传算法相比较,这些智能决策引擎方法的性能有所提高,但是在高维时依旧很难得到全局最优解[119]。而且上述单目标优化算法没有同时考虑多个目标联合优化,并不能满足不同通信环境下多个通信指标的要求。文献[120]和文献[121]设计了基于多目标优化算法的认知决策引擎技术,但所设计的多目标优化算法计算量较大,在实际应用中有很大的局限性。基于智能计算的认知决策引擎还需要根据应用环境和系统需求设计新方法,不仅要兼顾通信指标要求,还要满足实时性要求。

频谱感知是认知无线电系统研究的一关键技术,多年来传统频谱感知方法诸如周期平稳特征检测、匹配滤波检测和能量检测等得到广泛的研究[122],但是这些方法均使用的是单个节点感知。但是,在深度衰落和阴影存在的不利环境下,使用单个节点并不能准确感知频谱,因此,需要综合多个节点的感知结果去提高其感知的可靠性,即协作频谱感知[123]。文献[124]提出了一种线性协作频谱感知方法,但是如何使用智能优化算法实时求出满足多目标需求的系统最优权向量,是一个有待解决的难题。

认知无线电能够针对无线通信中无线频谱短缺的难题,在感知外界环境频谱变化的同时,利用人工智能技术进行智能学习和决策,能够及时调整系统参数,实现频谱资源的有效利用的同时满足多种通信目标需求[125]。尽管空闲的频谱资源是有限的,但认知用户间通过合理的竞争对这些资源有效的使用,可大幅提高频谱利用率,所需使用的一个关键技术就是频谱分配。频谱分配是在频谱感知和频谱检测后,在认知用户之间合理而高效进行频谱资源的分配[126]。而公平性和效益是两个非常重要且相互矛盾的指标,是影响认知无线电系统性能的关键因素。至今研究人员设计了很多频谱分配方法,如基于博弈论模型、敏感图论着色模型、拍卖模型、定价模型、干扰温度模型和离散优化的智能计算模型[127-128]等。

敏感图论着色方法是一种经典和广泛使用的频谱分配方法,其对模型的求解是一个典型的离散优化问题,其求得最优解的计算量随维数增加而呈指数增长,属于典型的 NP 难题[129]。为了获得最优解，遗传算法、量子蜂群算法、粒子群算法和量子遗传算法等都被用来进行频谱分配方案的设计，但现有的离散优化算法对收敛速度和精度的折中问题依旧难以解决，很难实时获得高维频谱分配问题的最优解。认知无线电频谱分配问题实质上是一种多目标离散优化难题，传统的单目标智能计算方法不能综合考虑网络效益和公平性，因此，设计新的离散多目标优化算法去解决该难题有重要的现实意义。

针对复杂的认知无线电通信系统的中继协作[130]、决策引擎、频谱感知和频谱分配问题，传统的算法难以获得最优解，也无法扩展其多目标应用范围。一些研究人员把目光转向自然界以寻求灵感，设计新的智能优化算法并进而设计智能决策、智能频谱感知和智能频谱分配方法。

## 参 考 文 献

[ 1 ] 高洪元,刁鸣.量子群智能及其在通信技术中的应用[M].北京：电子工业出版社,2016.

[ 2 ] 孙家泽,王曙燕.群体智能优化算法及其应用[M].北京：科学出版社,2017.

[ 3 ] 冯肖雪,潘峰,梁彦,等.群集智能优化算法及应用[M].北京：科学出版社,2018.

[ 4 ] 窦全胜,陈姝颖.演化计算方法及应用[M].北京：电子工业出版社,2016.

[ 5 ] 王超学,孔月萍,董丽丽,等.智能优化算法与应用[M].西安：西北大学出版社,2012.

[ 6 ] 赵玉新,Xin-She Yang,刘立强.新兴元启发式优化方法[M].北京：科学出版社,2013.

[ 7 ] 刘淳安.动态多目标优化进化算法及其应用[M].北京：科学出版社,2011.

[ 8 ] 焦李成,尚荣华,马文萍,等.多目标优化免疫算法、理论和应用[M].北京：科学出版社,2010.

[ 9 ] Zalzala A M, Fleming P J. Genetic algorithms in engineering systems [M]. Stevenage：The Institution of Electrical Engineers,1997.

[10] Yu S Y, Kuang S Q. Fuzzy adaptive genetic algorithm based on auto-regulating fuzzy rules[J]. Journal of Central South University of Technology, 2010, 17(1)：123 – 128.

[11] Kramer O. Genetic algorithm essentials [M]. Cham：Springer International Publishing AG, 2017.

[12] Siarry P, Idoumghar L, Lepagnot J. Swarm intelligence based optimization [M]. Cham：Springer International Publishing AG, 2016.

[13] 崔志华,曾建潮.微粒群优化算法[M].北京：科学出版社,2011.

[14] Diwold K. Performance evaluation of artificial bee colony optimization and new selection schemes[J]. Memetic Computing, 2011, 3：149 – 162.

[15] Mirjalili S, Lewis A. The whale optimization algorithm[J]. Advances in Engineering Software, 2016, 95：51 – 67.

[16] Gao H Y, Diao M. Differential cultural algorithm for digital filters design [C]. Sanya：Proceedings of the Second International Conference on Computer Modeling and Simulation, 2010：459 – 463.

[17] Gao H Y, Xu C Q. Cultural quantum-inspired shuffled frog leaping algorithm for direction finding of non-circular signals [J]. International Journal of Computing and Science and

Mathematics, 2013, 4(4): 321 – 331.

[18] Gao H Y, Cao J L. Non-dominated sorting quantum particle swarm optimization and its application in cognitive radio spectrum allocation[J]. Journal of Central South University, 2013, 20(7): 1878 – 1888.

[19] 高洪元,杜亚男,张世铂,等.能量采集认知无线电的量子蝙蝠最优合作策略[J].通信学报,2018,39(9): 10 – 19.

[20] Gao H Y, Du Y N, Li C W. Quantum fireworks algorithm for optimal cooperation mechanism of energy harvesting cognitive radio[J]. Journal of Systems Engineering and Electronics, 2018, 29(1): 18 – 30.

[21] Holland J H. Adaptation in natural and artificial systems[M]. Ann Arbor: University of Michigan Press, 1975.

[22] Schwefel H P, Back T. Evolution strategies I: Variants and their computational implementation [C]. Genetic Algorithms in Engineering and Computer Science, Wiley, 1995: 111 – 126.

[23] Schwefel H P, Back T. Evolution strategies II: theoretical aspects[C]. Genetic Algorithms in Engineering and Computer Science, Wiley, 1995: 127 – 140.

[24] Fogel D B. An analysis of evolutionary programming[C]. Proceedings of 1st Annual Conference on Evolutionary Programming, 1992: 43 – 51.

[25] Storn R, Price K. Differential evolution — a simple and efficient adaptive scheme for global optimization over continuous spaces[R]. Technical Report TR – 95 – 012, ICSI, USA, 1995.

[26] Moscato P. On evolution, search, optimization, genetic algorithm and martial arts: Toward memetic algorithms[R]. Caltech concurrent computation program 158 – 179, California Institute of Technology, Pasadena, CA, USA, 1989.

[27] Doi H, Furusawa M. Evolution is promoted by asymmetrical mutations in DNA replication-genetic algorithm with double-stranded DNA[J]. Fujitsu Scientific and Technical Journal, 1996, 32(2): 248 – 255.

[28] Nishida T Y. An approximate algorithm for NP-complete optimization problems exploiting P systems[C]. Palma de Majorca: Brainstorming Workshop on Uncertainty in Membrane Computing, 2004: 185 – 192.

[29] Farmer J D, Packard N H, Perelson A S. The immune system, adaptation, and machine learning[J]. Physica D: Nonlinear Phenomena, 1986, 22(1 – 3): 187 – 204.

[30] Castro L N D, Zuben F J V. The colonal selection algorithm with engineering applications[C]. Las Vegas: Workshop Proceedings of GECCO, Workshop on Artificial Immune Systems and Their Applications, 2000: 36 – 37.

[31] Yang X S. A new metaheuristic bat-inspired algorithm[C]. Berlin: Nature Inspired Cooperative Strategies for Optimization (NICSO 2010), 2010, 284: 65 – 74.

[32] 李晓磊,邵之江,钱积新.一种基于动物自治体的寻优模式:鱼群算法[J].系统工程理论与实践,2002,22(11): 32 – 38.

[33] Passino K M. Biomimicry of bacterial foraging for distributed optimization and control[J]. IEEE Control Systerms Magazine, 2002, 22(3): 52 – 67.

[34] Askarzadeh A. A novel metaheuristic method for solving constrained engineering optimization problems: Crow search algorithm[J]. Computer and Structures, 2016, 169: 1 – 12.

[35] Mirjalili S. Moth-flame optimization algorithm: A novel nature-inspired heuristic paradigm[J]. Knowledge-Based Systems, 2015, 89: 228 − 249.

[36] Meng X B, Gao X Z, Lu L H, et al. A new bio-inspired optimization algorithm: Bird swarm algorithm[J]. Journal of Experimental and Theoretical Artificial Intelligence, 2016, 28(4): 673 − 687.

[37] Kennedy J, Eberhart R. Partical swarm optimization[C]. Perth: Proceedings of ICNN'95-International Conference on Neural Networks, 1995: 1942 − 1948.

[38] Chu S C, Tsai P W. Computation intelligence based on the behavior of cats[J]. International Journal of Innovative Computing, Information and Control, 2007, 3(1): 163 − 173.

[39] Colorni A, Dorigo M, Maniezzo V. Distributed optimization by ant colonies[C]. Paris: Proceedings of ECAL91-European Conference on Artificial Life, 1991: 134 − 142.

[40] 吴虎胜,张凤鸣,吴庐山. 一种新的群体智能算法——狼群算法[J]. 系统工程与电子技术,2013,35(11): 2430 − 2438.

[41] Karaboga D. An idea based on honey bee swarm for numerical optimization[R]. Technical Report TR06, Erciyes University, Kayseri Turkey, 2005.

[42] Mirjalili S. The ant lion optimizer[J]. Advances in Engineering Software, 2015, 83: 80 − 98.

[43] Cuevas E, Cienfuegos M, Zaldivar D, et al. A swarm optimization algorithm inspired in the behavior of the social-spider[J]. Expert Systems with Applications, 2013, 40(16): 6374 − 6384.

[44] Duan H B, Qiao P X. Pigeon-inspired optimization: A new swarm intelligence optimizer for air robot path planning[J]. International Journal of Intelligent Computing and Cybernetics, 2014, 7(1): 24 − 37.

[45] Yang X S. Firefly algorithm for multimodal optimization[C]. Sapporo: Stochastic Algorithms: Foundations and Applications, SAGA 2009, Lecture Notes in Computer Sciences, 2009: 169 − 178.

[46] Yang X S, Deb S. Cuckoo search via levy flights[C]. Coimbatore: Proceedings of World Congress on Nature & Biologically Inspired Computing, Coimbatore, India, 2009: 210 − 214.

[47] Reynolds R G. An introduction to cultural algorithms[C]. San Diego: Proceedings of the Third Annual Conference on Evolutionary Programming, World Scientific Publishing, 1994: 131 − 139.

[48] Glover F. Tabu search − Part I[J]. ORSA Journal on Computing, 1989, 1(3): 190 − 206.

[49] Glover F. Tabu search − Part II[J]. ORSA Journal on Computing, 1990, 2(1): 4 − 32.

[50] Shi Y H. Brain storm optimization algorithm[C]. Chongqing: Proceedings of the Second international conference on Advances in swarm intelligence, 2011: 303 − 309.

[51] Cui Z H, Cai X J. Using social cognitive optimization algorithm to solve nonlinear equations[C]. Beijing: Proceedings of the 9th IEEE International Conference on Cognitive Informatics, 2010: 199 − 203.

[52] Sadollah A, Bahreininejad A, Eskandar H, et al. Mine blast algorithm for optimization of truss structures with discrete variables[J]. Computers and Structures, 2012, 102 − 103(1): 49 − 63.

[53] Tan Y, Zhu Y C. Fireworks algorithm for optimization[C]. Beijing: Advances in Swarm

Intelligence, ICSI 2010, Lecture Notes in Computer Science, 2010: 355-364.

[54] Rao R V, Savsani V J, Vakharia D P. Teaching-learning-based optimization: A novel method for constrained mechanical design optimization problems[J]. Computer-Aided Design, 2011, 43(3): 303-315.

[55] Mehrabian A R, Lucas C. A novel numerical optimization algorithm inspired from weed colonization[J]. Ecological Informatics, 2006, 1(4): 355-366.

[56] Premaratne U, Samarabandu J, Sidhu T. A new biologically inspired optimization algorithm [C]. Sri Lanka: Proceedings of the 4th International Conference on Industrial and Information System, ICIIS2009, 2009: 279-284.

[57] Yang X S. Flower pollination algorithm for global optimization[C]. Orléan: Unconventional Computation and Natural Computation, Lecture Notes in Computer Science, 2012: 240-249.

[58] 李彤,王春峰,王文波,等.求解整数规划的一种仿生类全局优化算法——模拟植物生长算法[J].系统工程理论与实践,2005,25(1): 76-85.

[59] 张晓明,王儒敬,宋良图.一种新的进化算法——种子优化算法[J].模式识别与人工智能,2008,21(5): 677-681.

[60] Hosseini H S. Problem solving by intelligent water drops[C]. Singapore: IEEE Congress on Evolutionary Computation, 2007: 3226-3231.

[61] Erol O K, Eksin I. A new optimization method: Big bang-big crunch[J]. Advances in Engineering Software, 2006, 37: 106-111.

[62] Eskandar H, Sadollah A, Bahreininejad A, et al. Water cycle algorithm — A novel metaheuristic optimization method for solving constrained engineering optimization problems [J]. Computers and Structures, 2012, 110-111: 151-166.

[63] Kaveh A, Bakhshpoori T. Water evaporation optimization: A novel physically inspired optimization algorithm[J]. Computers and Structures, 2016, 167: 69-85.

[64] Mirjalili S, Mirjalili S M, Hatamlou A. Multi-verse optimizer: A nature-inspired algorithm for global optimization[J]. Neural Computing and Applications, 2016, 27(2): 495-513.

[65] Doǧan B, Ölmez T. A new metaheuristic for numerical function optimization: Vortex search algorithm[J]. Information Sciences, 2015, 293: 125-145.

[66] Zhang J Q, Liu K, Tan Y, et al. Random black hole particle swarm optimization and its application[C]. Nanjing: IEEE International Conference on Neural Networks and Signal Processing, 2008: 359-365.

[67] Han K H, Kim J H. Genetic quantum algorithm and its application to combinatorial optimization problem[C]. La Jolla: Proceedings of the 2000 IEEE Congress on Evolutionary Computation, 2000: 1354-1360.

[68] Mirjalili S. SCA: A sine cosine algorithm for solving optimization problems[J]. Knowledge-Based Systems, 2016, 96: 120-133.

[69] Rashedi E, Nezamabadi-pour H, Saryazdi S. GSA: A gravitational search algorithm[J]. Information Sciences, 2009, 179(13): 2232-2248.

[70] Kirkpatrick S, Jr Gelatt C D, Vecchi M P. Optimization by simulated annealing[J]. Science, 1983, 220(4598): 671-680.

[71] 李兵,蒋慰孙.混沌优化方法及其应用[J].控制理论与应用,1997,14(4): 613-615.

［72］ Geem Z W, Kim J H, Loganathan G V. A new heuristic optimization algorithm: Harmony search［J］. Simulation, 2001, 76(2): 60−68.

［73］ Eusuff M M, Lansey K E. Optimization of water distribution network design using the shuffled frog leaping algorithm［J］. Journal of Water Resource Planning and Management, 2003, 129 (3): 210−225.

［74］ Zanella A, Bui N, Castellani A, et al. Internet of things for smart cities［J］. IEEE Internet of Things Journal, 2014, 1(1): 22−32.

［75］ Gao H Y, Zhang S B, Su Y M, et al. Joint resource allocation and power control algorithm for cooperative D2D heterogeneous networks［J］. IEEE Access, 2019, 7(1): 20632−20643.

［76］ Gao H Y, Su Y M, Zhang S B, et al. Antenna selection and power allocation design for 5G massive MIMO uplink networks［J］. China Communications, 2019, 16(4): 1−15.

［77］ Wang T, Xia K W, Zhang W M, et al. Pattern synthesis of array antennas with a kind of quantum particle swarm optimization algorithm［J］. Acta Electronica Sinica, 2013, 41(6): 1177−1182.

［78］ Singh U, Salgotra R. Pattern synthesis of linear antenna arrays using enhanced flower pollination algorithm［J］. International Journal of Antennas and Propagation, 2017, 2017(4): 1−11.

［79］ Li R, Xu L, Shi X W, et al. Improved differential evolution strategy for antenna array pattern synthesis problems［J］. Progress in Electromagnetics Research, 2011, 113(8): 429−441.

［80］ 许文丽,王命宇,马君.数字水印技术及应用［M］.北京:电子工业出版社,2013:25−30, 51−57.

［81］ 钟桦,张小华,焦李成.数字水印与图像认证算法及应用［M］.西安:西安电子科技大学 出版社,2006:85−95.

［82］ 章毓晋.图像分析［M］.北京:清华大学出版社,2005.

［83］ 程佩青.数字信号处理教程［M］.北京:清华大学出版社,2001.

［84］ 方伟.群体智能算法及其在数字滤波器优化设计中的研究［D］.江南大学博士学位论 文,2008.

［85］ Gao H Y, Liu Y Q, Diao M. Robust multi-user detection based on quantum bee colony optimization［J］. International Journal of Innovative Computing and Applications, 2011, 3 (3): 160−168.

［86］ 高洪元,刁鸣,赵忠凯.基于免疫克隆量子算法的多用户检测器［J］.电子与信息学报, 2008,30(7): 1566−1570.

［87］ Gao H Y, Cao J L, Yu X M. Multiuser detection based on the DNA clonal selection algorithm ［C］. Wuhan: Second WRI Global Congress on Intelligent Systems, 2010: 349−352.

［88］ Nosratinia A, Hunter T E, Hedayat A. Cooperative communication in wireless networks［J］. IEEE Communications Magazine, 2004, 42(10): 74−80.

［89］ Xu X R, Li L, Yao Y B, et al. Energy-efficient buffer-aided optimal relay selection scheme with power adaptation and inter-relay interference cancellation［J］. KSII Transactions on Internet and Information Systems, 2016, 10(11): 5343−5364.

［90］ Guo W M, Zhang J H, Feng G G, et al. An amplify-and-forward relaying scheme based on network coding for deep space communication［J］. KSII Transactions on Internet and

Information Systems, 2016, 10(2): 670 – 683.

[ 91 ] Xiao L, Cuthbert L. Load based relay selection algorithm for fairness in relay based OFDMA cellular systems[ C ]. Budapest Hungary: IEEE Wireless Communications and Networking Conference, 2009: 1280 – 1285.

[ 92 ] Cao J L, Zhang T K, Zeng Z M, et al. Multi-relay selection schemes based on evolutionary algorithm in cooperative relay networks[ J ]. International Journal of Communication Systems, 2014, 27(4): 571 – 591.

[ 93 ] Michalopoulos D S, Karagiannidis G K. Performance analysis of single relay selection in Rayleigh fading[ J ]. IEEE Transactions on Wireless Communications, 2008, 7 (10): 3718 – 3724.

[ 94 ] Sharma S, Shi Y, Hou Y T, et al. An optimal algorithm for relay node assignment in cooperative Ad Hoc networks[ J ]. IEEE/ACM Transactions on Networking, 2011, 19(3): 879 – 892.

[ 95 ] Atapattu S, Jing Y D, Jiang H, et al. Relay selection and performance analysis in multiple-user networks[ J ]. IEEE Journal on Selected Areas in Communications, 2013, 31(8): 1517 – 1529.

[ 96 ] Xu J, Zhou S, Niu Z S. Interference-aware relay selection for multiple source-destination cooperative networks[ C ]. Shanghai: Proceedings of the 15th Asia-Pacific Conference on Communications, 2009: 338 – 341.

[ 97 ] 王永良. 空间谱估计理论与算法[ M ]. 北京: 清华大学出版社, 2004.

[ 98 ] Schmidt R O. Multiple emitter location and signal parameter estimation[ J ]. IEEE Transactions on Antennas and Propagation, 1986, AP – 34(3): 276 – 280.

[ 99 ] Roy R, Kailath T. ESPRIT-estimation of signal parameters via rotational invariance techniques [ J ]. IEEE Transactions on Acoustics, Speech, and Signal Processing, 1989, 37 (7): 984 – 995.

[ 100 ] Stoica P, Nehorai A. MUSIC, Maximum likelihood, and Cramer-Rao bound[ C ]. New York: International Conference on Acoustics, Speech, and Signal Processing, 1988: 2296 – 2299.

[ 101 ] Ottersten B, Viberg M, Stoica P, et al. Exact and large sample maximum likelihood techniques for parameter estimation and detection in array processing[ J ]. Radar Array Processing, 1993, 25: 99 – 151.

[ 102 ] Viberg M, Ottersten B. Sensor array processing based on subspace fitting[ J ]. IEEE Transactions on Signal Processing, 1991, 39 (5): 1110 – 1121.

[ 103 ] Jin Y, Huang J G, Zhao J J. Wideband beam-space DOA estimation based on genetic algorithm[ C ]. Haikou: Proceedings of the Third International Conference on Natural Computation, 2007: 791 – 798.

[ 104 ] Mcclurkin G D, Sharman K C, Durrani T S. Genetic algorithms for spatial spectral estimation [ C ]. Minneapolis: Fourth Annual ASSP Workshop on Spectrum Estimation and Modeling, 1988: 318 – 322.

[ 105 ] 高洪元, 刁鸣. 文化量子算法实现的广义加权子空间拟合测向[ J ]. 电波科学学报, 2010, 25(4): 798 – 804.

[ 106 ] 李建峰, 张小飞, 汪飞. 基于四元数的 Root – MUSIC 的双基地 MIMO 雷达中角度估计算

法[J]. 电子与信息学报,2012,34(2):300-304.

[107] 郑志东,张剑云,康凯,等. 互耦条件下双基地 MIMO 雷达的收发角度估计[J]. 中国科学:信息科学,2013,43(6):784-797.

[108] Zheng G M, Chen B X. Unitary dual-resolution ESPRIT for joint DOD and DOA estimation in bistatic MIMO radar[J]. Multidimensional Systems and Signal Processing, 2015, 26(1):159-178.

[109] Liu B, Zhang J Y, Xu C, et al. Improved ESPRIT - MUSIC algorithm for bistatic MIMO radar in impulsive noise environments [J]. ICIC Express Letters, 2015, 9(10):2673-2678.

[110] Nguyen V T, Villain F, Guillou Y L. Cognitive radio systems:Overview and challenges[C]. Dalian:IEEE International Conference on Awareness Science and Technology, 2011:497-502.

[111] Rieser C J, Rondeau T W, Bostian C W, et al. Cognitive radio testbed:Further details and testing of a distributed genetic algorithm based cognitive engine for programmable radios[C]. Monterey:IEEE Military Communications Conference, 2004:1437-1443.

[112] Newman T R, Barker B A, Wyglinski A M, et al. Cognitive engine implementation for wireless multicarrier transceivers [J]. Wireless Communications and Mobile Computing, 2010, 7(9):1129-1142.

[113] Newman T R, Evans J B. Parameter sensitivity in cognitive radio adaptation engines[C]. Chicago:IEEE Symposium on New Frontiers in Dynamic Spectrum Access Networks, 2008:1-5.

[114] Newman T R, Rajbanshi R, Wyglinski A M, et al. Population adaptation for genetic algorithm-based cognitive radios [J]. Mobile Networks and Applications, 2008, 13(5):442-451.

[115] 赵知劲,郑仕链,尚俊娜,等. 基于量子遗传算法的认知无线电决策引擎研究[J]. 物理学报,2007,56(11):6760-6766.

[116] 郑仕链,赵知劲,尚俊娜,等. 基于模拟退火遗传算法的认知无线电决策引擎研究[J]. 计算机仿真,2008,25(1):192-196.

[117] 赵知劲,徐世宇,郑仕链,等. 基于二进制粒子群算法的认知无线电决策引擎[J]. 物理学报,2009,58(7):5118-5125.

[118] Zhang J, Zhou Z, Gao W X, et al. Cognitive radio adaptation decision engine based on binary quantum-behaved particle swarm optimization [C]. Harbin:6th IEEE International ICST Conference on Communications and Networking in China (CHINACOM), 2011:221-225.

[119] 李晨琬. 基于量子群智能的认知无线电关键技术研究[D]. 哈尔滨工程大学硕士学位论文,2015.

[120] Wang G Q, Li J L, Zhang M, et al. Solving performance optimization problem of cognitive radio with multi-objective evolutionary algorithm[J]. Computer Engineering and Applications, 2007, 43(20):159-162.

[121] Liu Y, Hong J, Huang Y Q. Design of cognitive radio wiereless parameters based on multi-objective immune genetic algorithm [C]. Yunnan:WRI International Conference on Communications and Mobile Computing, 2009:92-96.

[122] Gu J R, Jang S J, Kim J M. A proactive dynamic spectrum access method against both erroneous spectrum sensing and asynchronous inter-channel spectrum sensing[J]. KSII Transactions on Internet and Information Systems, 2012, 6(1): 359-376.

[123] Cabric D, Mishra S M, Brodersen R W. Implementation issues in spectrum sensing for cognitive radios[C]. Pacific Grove: Conference Record of the 38th Asilomar Conference on Signals, Systems and Computers, 2004: 772-776.

[124] Quan Z, Cui S G, Sayed A H. Optimal linear cooperation for spectrum sensing in cognitive radio networks[J]. IEEE Journal of Selected Topics in Signal Processing, 2008, 2(1): 28-40.

[125] 郭彩丽, 冯春燕, 曾志民. 认知无线电网络技术及应用[M]. 北京: 电子工业出版社, 2010.

[126] Tragos E Z, Zeadally S, Fragkiadakis A G, et al. Spectrum assignment in cognitive radio networks: A comprehensive survey[J]. IEEE Communications Surveys and Tutorials, 2013, 15(3): 1108-1135.

[127] 高洪元, 曹金龙. 量子蜂群算法及其在认知频谱分配中的应用[J]. 中南大学学报(自然科学版), 2012, 43(12): 4743-4749.

[128] 赵知劲, 彭振, 郑仕链, 等. 基于量子遗传算法的认知无线电频谱分配[J]. 物理学报, 2009, 58(2): 1358-1363.

[129] Du R, Zhang L, Liu F, et al. An effective spectrum allocation method based on color sensitive graph coloring theory for CR networks[J]. Journal of Information and Computational Science, 2013, 10(16): 5113-5121.

[130] Gao H Y, Ejaz W, Jo M H. Cooperative wireless energy harvesting and spectrum sharing in 5G networks[J]. IEEE Access, 2016, 4: 3647-3658.

# 第 2 章　基于量子智能计算的天线阵
# 稀疏和综合方法研究

天线阵稀疏是根据实际应用过程中天线阵方向图的设计要求,用某种计算方法进行天线阵系统阵元分布的稀疏设计,通过设计阵元分布形式,使系统与所要求的方向图性能有良好的逼近。它是在已知方向图要求的前提下,通过设计阵列天线的相关参数(如阵列单元数目、阵元分布形式、阵元间距、各阵元激励幅度和相位)[1-2],设计出符合要求的稀疏天线阵,实际上是天线分析的反设计。阵列天线的相关参数在很大程度上影响着稀疏天线阵的设计,在一些参数提前设定的条件下,可以通过对其他参数的改变来调整天线阵的设计。如若阵元分布形式和阵元数目等参数都已经提前设定,可以通过控制激励的幅度和相位以及控制阵元间距来改变辐射特性(如主瓣形状、副瓣电平)。

本章先介绍一种有约束离散优化的天线阵稀疏模型,然后介绍一种结合量子计算与萤火虫算法各自优势且适合解决离散问题的量子萤火虫算法,将量子萤火虫算法应用于解决天线阵稀疏问题,可以克服传统离散优化算法收敛速度慢、收敛精度差和容易陷入局部最优的缺点,在处理稀疏问题时与基于传统智能优化算法的稀疏天线阵方法相比获得较好的最大相对副瓣电平。

本章然后将天线阵方向图综合设计建模成有约束连续优化问题,并介绍一种结合量子计算和教与学算法各自优点的连续量子教与学算法,使用连续量子教与学算法解决天线阵方向图综合问题,可以改善传统连续优化算法全局收敛性能差的缺点,同时克服了传统智能计算方法容易陷入局部收敛的缺点,在处理方向图综合问题时与基于传统智能优化算法的方向图综合方法相比,获得更优秀的最大相对副瓣电平。

## 2.1　离散量子萤火虫算法

### 2.1.1　萤火虫算法简介

Krishnanand 和 Ghose 模拟自然界中萤火虫的发光行为,在 2005 年提出一种新型智能仿生算法——萤火虫算法(glowworm swarm optimization, GSO)[3],此算法具有收敛速度快、收敛精度高和通用性强等优点。萤火虫算法在演化过程中不需要目标函数的全局信息和梯度信息,是一种无记忆算法,操作简单易实现,此算法现已被广泛应用到多模态函数优化、多信号源探测和组合优化等领域,并取得良好的效果。

在萤火虫算法中,萤火虫与环境之间的信息交互是以荧光素释放的方式进行的,每只萤火虫根据其周围的局部环境做出不同的反应,能够指引萤火虫做出不同反应的局部环境由每只萤火虫的动态决策域半径决定。邻居数量的多少直接影响动态决策域范围的大小,当邻居密度较低时,萤火虫的决策域半径会加大以便寻找更多的邻居。反之,决策域半径减小。在萤火虫的运动过程中,萤火虫以一定的概率向其邻域范围内的萤火虫移动。最终,通过萤火虫的不断运动,较多的萤火虫会聚集在适应度值较优的萤火虫周围。

萤火虫算法自提出后就受到了许多专家和学者的关注,许多改进算法被相继提出。Mo 等提出一种可解决连续优化问题的变步长自适应萤火虫算法[4],其通过设计新的步长更新公式,使萤火虫的移动步长在每次迭代中自适应的改变,萤火虫的步长将自适应的减小到固定的最小值,相对于传统的萤火虫算法,算法的性能有所提升。Zhang 等设计了变步长策略改进萤火虫算法[5],使其可以进行多峰函数优化。He 等提出一种可解决多目标优化问题的多目标萤火虫算法[6],在该算法中所有的非劣个体具有较高的荧光素值,被支配个体的荧光素值较小,具有较低荧光素的个体向具有较高荧光素的个体移动,通过萤火虫的不断运动获得同时满足不同指标的 Pareto 前端解。周永权等提出了一种离散萤火虫优化算法[7],该算法使用操作简单的 2 - Opt 优化算子,来增强算法求解离散优化问题的局部搜索能力和收敛速度。Pan 和 Xu 利用混沌算子的遍历性以及在萤火虫移动过程中使用高斯变异策略,对萤火虫算法存在的缺陷进行逐一改进,进而提出基于高斯变异的混沌萤火虫优化算法[8]。Gu 和 Wen 提出了一种量子行为的萤火虫算法[9],使用模仿量子行为的波函数进行优化问题求解,从而使算法避免陷入最优并提高全局收敛性能。

## 2.1.2　离散量子萤火虫算法

对于离散量子萤火虫算法[10],首先生成由 $h$ 只量子萤火虫组成的量子萤火虫群,对应 $h$ 个量子位置和 $h$ 个相应位置,每只量子萤火虫位置用 $D$ 维取值 $\{0,1\}$ 的数字串表示,$D$ 表示解空间维数;第 $t$ 次迭代第 $i$ 只量子萤火虫的量子位置为

$$v_i^t = \begin{bmatrix} \alpha_{i1}^t & \alpha_{i2}^t & \cdots & \alpha_{iD}^t \\ \beta_{i1}^t & \beta_{i2}^t & \cdots & \beta_{iD}^t \end{bmatrix} \tag{2.1}$$

其中,$(\alpha_{il}^t)^2 + (\beta_{il}^t)^2 = 1, (l = 1, 2, \cdots, D)$,将量子位 $\alpha_{il}^t$ 和 $\beta_{il}^t$ 定义为 $0 \le \alpha_{il}^t \le 1$,$0 \le \beta_{il}^t \le 1$;初始时,量子萤火虫量子位置中所有的量子位均被设置为 $1/\sqrt{2}$。为了描述的方便,在第 $t$ 次迭代第 $i$ 只量子萤火虫的量子位置可以记作 $v_i^t = (v_{i1}^t,$

$v_{i2}^t$, $\cdots$, $v_{iD}^t$)($i = 1$, $2$, $\cdots$, $h$),量子萤火虫位置可以通过对量子位置的测量得到,相应的第 $i$ 只量子萤火虫位置可表示为 $\boldsymbol{x}_i^t = (x_{i1}^t$, $x_{i2}^t$, $\cdots$, $x_{iD}^t)$($i = 1$, $2$, $\cdots$, $h$)。第 $i$ 只量子萤火虫至第 $t$ 代为止所搜索到的局部最优位置为 $\boldsymbol{p}_i^t = (p_{i1}^t$, $p_{i2}^t$, $\cdots$, $p_{iD}^t)$,所有量子萤火中直到第 $t$ 次迭代为止搜索到的全局最优位置为 $\boldsymbol{p}_g^t = (p_{g1}^t$, $p_{g2}^t$, $\cdots$, $p_{gD}^t)$。

根据荧光素更新规则,把量子萤火虫 $i$($i = 1$, $2$, $\cdots$, $h$) 在第 $t$ 次迭代的局部最优位置适应度值 $F(\boldsymbol{p}_i^t)$ 转化为荧光素值 $L_i(t)$:

$$L_i(t) = (1 - \gamma)L_i(t - 1) + \varepsilon F(\boldsymbol{p}_i^t) \tag{2.2}$$

其中,$\gamma \in [0, 1]$ 是荧光素消失率,会随着距离的增加和传播媒介的吸收逐渐减弱;$\varepsilon$ 是荧光素更新率。量子萤火虫 $i$ 根据特定的规则获取学习邻域,邻域量子萤火虫的选取由荧光素值大小和位置相似度决定,在第 $t$ 次迭代中第 $i$ 只量子萤火虫根据式(2.3)获得其相应的学习邻域:

$$N_i(t) = \{q \mid D - d_{iq}(t) \leq r_i(t) \text{ 且 } L_i(t) < L_q(t)\} \tag{2.3}$$

其中,$N_i(t)$ 为第 $i$ 只量子萤火虫学习邻域的标号集合;$d_{iq}(t)$ 代表第 $i$ 只和第 $q$ 只量子萤火虫之间局部最优位置的距离;$r_i(t)$ 为第 $i$ 只量子萤火虫的动态决策域半径;$L_q(t)$ 为第 $q$ 只量子萤火虫在第 $t$ 次迭代的荧光素值,在此次迭代中学习邻域标号集合有多少标号,其学习邻域就有多少只相应的量子萤火虫。

在每次迭代中每只量子萤火虫根据其邻近量子萤火虫的荧光素值选择该量子萤火虫的移动方向。在第 $t$ 次迭代中,量子萤火虫 $i$ 向其邻近量子萤火虫 $q$ 移动的概率为

$$\overline{P}_{iq}^t = \frac{L_q(t) - L_i(t)}{\displaystyle\sum_{j \in N_i(t)} \left[ L_j(t) - L_i(t) \right]} \tag{2.4}$$

在每次迭代中,若第 $i$ 只量子萤火虫的学习邻域为空,则第 $i$ 只量子萤火虫的第 $l$ 维量子位的演进方式为

$$\boldsymbol{v}_{il}^{t+1} = \begin{cases} \overline{\boldsymbol{N}}\boldsymbol{v}_{il}^t, & \text{若 } \varphi_{il}^{t+1} = 0 \text{ 且 } \mu_{il}^{t+1} < c_1 \\ \text{abs}\left[ \boldsymbol{U}(\varphi_{il}^{t+1})\boldsymbol{v}_{il}^t \right], & \text{其他} \end{cases} \tag{2.5}$$

其中,量子旋转角 $\varphi_{il}^{t+1} = e_1(p_{il}^t - x_{il}^t) + e_2(p_{gl}^t - x_{il}^t)$,$i = 1$, $2$, $\cdots$, $h$;$l = 1$, $2$, $\cdots$, $D$;$e_1$ 和 $e_2$ 是两个影响因子,分别代表局部最优位置和全局最优位置对量子旋转角的影响程度;$\mu_{il}^{t+1}$ 为 $[0, 1]$ 之间均匀分布的随机数;$c_1$ 是量子萤火虫在量子旋转角为 0 时的量子位的变异概率,取值为 $[0, 1/D]$ 之间的一个常数;abs(·)是取绝对

值使量子位每一维限定在$[0, 1]$；$U(\varphi_{il}^{t+1}) = \begin{bmatrix} \cos\varphi_{il}^{t+1} & -\sin\varphi_{il}^{t+1} \\ \sin\varphi_{il}^{t+1} & \cos\varphi_{il}^{t+1} \end{bmatrix}$为量子旋转

门；$\bar{N} = \begin{bmatrix} 0 & 1 \\ 1 & 0 \end{bmatrix}$为量子非门。

若第$i$只量子萤火虫的学习邻域非空,根据式(2.6)在第$i$只量子萤火虫的学习邻域内选择标号为$z$的量子萤火虫:

$$z = \arg \max_{q \in N_i(t)} \{\bar{P}_{iq}(t)\} \tag{2.6}$$

则在第$t$次迭代中,第$i$只量子萤火虫第$l$维量子位演进方式为

$$v_{il}^{t+1} = \begin{cases} \bar{N}v_{il}^t, & \text{若 }\varphi_{il}^{t+1} = 0\text{ 且 }\mu_{il}^{t+1} < c_2 \\ \text{abs}[U(\varphi_{il}^{t+1})v_{il}^t], & \text{其他} \end{cases} \tag{2.7}$$

其中, $\varphi_{il}^{t+1} = e_3(p_{il}^t - x_{il}^t) + e_4(p_{zl}^t - x_{il}^t) + e_5(p_{gl}^t - x_{il}^t)$；$l = 1, 2, \cdots, D$；$p_{zl}^t$是第$i$只量子萤火虫的学习邻域内具有最大荧光素值的局部最优位置的第$l$维；$e_3$、$e_4$和$e_5$是影响因子,分别代表第$i$只量子萤火虫的局部最优位置、第$i$只量子萤火虫的学习邻域内具有最大荧光素值的局部最优位置和全局最优位置对量子旋转角的影响程度；$c_2$是量子萤火虫在量子旋转角为0时的量子位的变异概率,取值为$[0, 1/D]$之间的常数；第$i$只量子萤火虫的位置可以通过对量子位的测量得到:

$$x_{il}^{t+1} = \begin{cases} 1, & \eta_{il}^{t+1} > (\alpha_{il}^{t+1})^2 \\ 0, & \eta_{il}^{t+1} \leq (\alpha_{il}^{t+1})^2 \end{cases} \tag{2.8}$$

其中, $l = 1, 2, \cdots, D$；$\eta_{il}^{t+1} \in [0, 1]$是满足均匀分布的随机数；$(\alpha_{il}^{t+1})^2$描述量子位$v_{il}^{t+1}$出现"0"状态的概率。

第$i$只量子萤火虫的动态决策域半径更新方程为

$$r_i(t + 1) = \min\{R_S, \max[0, r_i(t) + \zeta\{n_t - \text{size}[N_i(t)]\}]\} \tag{2.9}$$

其中,$\zeta$是一个常数为动态决策域的更新率；$R_S$为感知域,是一个常量并且$R_S \geq r_i(t)$；min 和 max 分别表示最小值和最大值函数；$n_t$是控制学习邻域范围量子萤火虫个数的参数；$\text{size}[N_i(t)]$代表第$i$只量子萤火虫学习邻域内量子萤火虫的个数。

## 2.1.3　算法仿真测试

通过求解最小值优化的标准测试函数对量子萤火虫算法性能进行评价,设能够使测试函数获得最小值的量子萤火虫位置为最优位置。将 QGSO 与遗传算法(GA)、量子遗传算法(QGA)和粒子群算法(PSO)三种经典的智能算法进行对比,

进而验证 QGSO 的优秀性能。GA、QGA、PSO 和 QGSO 的仿真初始条件相同,种群规模和最大迭代次数分别为 50 和 1 000。QGA 的参数设置与文献[11]相同。GA 的参数设置参考文献[12],交叉概率为 0.8,变异概率为 0.01。PSO 的参数设置情况:两个学习因子均被设置为 2,$V_{max} = 4^{[11]}$。QGSO 的具体参数设置如下:$\zeta = 0.8$;荧光素初值为 5;$\varepsilon = 0.6$;$\gamma = 0.4$;$R_s = 5$;$n_t = 5$;$e_1 = 0.06$,$e_2 = 0.03$,$e_3 = 0.06$,$e_4 = 0.03$,$e_5 = 0.01$,$c_1 = c_2 = 1/D$。

使用 Griewank 函数、Ackley 函数、Rosenbrock 函数和 Schaffer 函数,对离散量子萤火虫算法性能进行测试,若决策向量为 $\boldsymbol{y} = [y_1, y_2, \cdots, y_n]$,其公式可分别表示为

$$F_1(\boldsymbol{y}) = \frac{1}{4\,000} \Big[ \sum_{i=1}^{n} (y_i)^2 \Big] - \Big[ \prod_{i=1}^{n} \cos\Big( \frac{y_i}{\sqrt{i}} \Big) \Big] + 1,$$
$$(-600 \leq y_i \leq 600, \ i = 1, 2, \cdots, n) \tag{2.10}$$

$$F_2(\boldsymbol{y}) = 20 + \exp(1) - 20\exp\Big( \frac{-1}{5} \sqrt{\frac{1}{n} \sum_{i=1}^{n} y_i^2} \Big) - \exp\Big[ \frac{1}{n} \sum_{i=1}^{n} \cos(2\pi y_i) \Big],$$
$$(-15 \leq y_i \leq 30, \ i = 1, 2, \cdots, n) \tag{2.11}$$

$$F_3(\boldsymbol{y}) = \sum_{i=1}^{n-1} 100(y_{i+1} - y_i^2)^2 + (y_i - 1)^2,$$
$$(-50 \leq y_i \leq 50, \ i = 1, 2, \cdots, n) \tag{2.12}$$

$$F_4(\boldsymbol{y}) = 0.5 + \frac{1}{\big(1 + 0.001 \sum_{i=1}^{n} y_i^2\big)^2} \Big[ \sin^2\Big( \sqrt{\sum_{i=1}^{n} y_i^2} \Big) - 0.5 \Big],$$
$$(-100 \leq y_i \leq 100, \ i = 1, 2, \cdots, n) \tag{2.13}$$

在仿真实验中使用二进制编码,且每个变量由 30 个二进制比特构成。对于仿真所使用的四个测试函数,设置 $n = 2$,取 200 次实验仿真结果的平均值。图 2.1～图 2.4 给出了平均最优目标函数值和迭代次数关系曲线。

从图 2.1 可以看出,尽管遗传算法、粒子群算法和量子遗传算法的收敛速度比较快,但是其收敛精度不高,容易陷入局部最优值。量子萤火虫算法在第 100 代达到的目标函数值比其他三种算法在第 1 000 代时得到的目标函数值还要好。量子萤火虫算法具有较好的全局寻优能力,具有优秀的收敛精度,搜索结果更为准确。

从图 2.2 可以看出,所提 QGSO 的收敛精度都好于 GA、PSO 和 QGA,尽管经典智能优化算法的收敛速度较快,但是其收敛精度不高且容易陷入局部最优。因此,综合收敛速度和收敛精度,QGSO 的收敛性能远好于 GA、QGA 和 PSO。

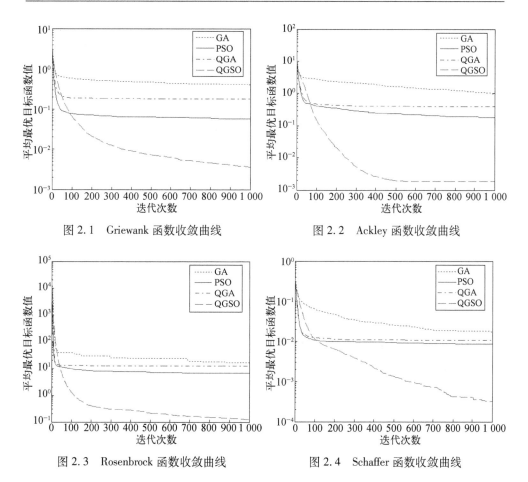

图 2.1　Griewank 函数收敛曲线　　　　图 2.2　Ackley 函数收敛曲线

图 2.3　Rosenbrock 函数收敛曲线　　　图 2.4　Schaffer 函数收敛曲线

图 2.3 代表 Rosenbrok 函数的收敛性能曲线,Rosenbrok 函数是一个较难优化的测试函数,使用此测试函数要求算法具有向着最小值又快又好的全局搜索能力。从图 2.3 可容易看出 QGSO 的性能好于 GA、PSO 和 QGA。

从图 2.4 的对比分析可知,尽管 QGSO 的收敛速度较慢,但是其收敛精度明显优于其他三种算法。QGSO 在 200 代获得的平均最优目标函数值优于其他算法在 1 000 代获得的平均最优目标函数值,具有优秀的全局寻优能力。

## 2.2　量子萤火虫算法在天线阵稀疏中的应用

### 2.2.1　天线阵稀疏模型

对于一个具有 $D$ 个等间距栅格的待稀疏阵列,当各阵元为各向同性时阵列方向图可以表示为

$$f(\theta) = \sum_{l=1}^{D} I_l \mathrm{e}^{\mathrm{j}[(l-1)kd(\cos\theta - \cos\theta_m) + \phi_l]} \tag{2.14}$$

其中，$I_l \in \{0, 1\}$ 为天线标志位，当其值为"1"时，表示在该栅格放置天线，值为"0"时，表示在该栅格不放置天线；$\theta_m$ 表示主瓣的指向；$d$ 是栅格间距，一般可设置为 $d = \lambda/2$；$\lambda$ 是工作波长；$k$ 是波数，$k = 2\pi/\lambda$；$\phi_l$ 是第 $l$ 个激励的相位；方向图可以形象的描述稀疏阵列的性能，以对数形式表示，$\theta$ 为空间扫描角，归一化方向图函数可表示为

$$ff(\theta) = 20\lg\left|\frac{f(\theta)}{B_{\max}}\right| \tag{2.15}$$

其中，$B_{\max} = \max|f(\theta)|$，$\max(\cdot)$ 为求最大值函数。主瓣的零功率宽度为 $2\theta_0$，方向图的副瓣区域为 $\boldsymbol{S}$，方向图的可见区域为 $[0, \pi]$，$\boldsymbol{S}$ 可表示为 $\boldsymbol{S} = \{\theta \mid 0 \leqslant \theta \leqslant \theta_m - \theta_0$ 或 $\theta_m + \theta_0 \leqslant \theta \leqslant 180°\}$。稀疏阵列的最大相对旁瓣电平可通过 $\mathrm{MSLL} = \max\limits_{\theta \in S} ff(\theta)$ 获得。

### 2.2.2  基于量子萤火虫算法的天线阵稀疏

基于量子萤火虫算法的天线阵稀疏的适应度函数，应满足稀疏阵列的布满率要求，根据方向图，计算其最大相对副瓣电平，以最小的最大相对副瓣电平作为优化目标，第 $i$ 只量子萤火虫当前位置 $\boldsymbol{x}_i^t = (x_{i1}^t, x_{i2}^t, \cdots, x_{iD}^t)(i = 1, 2, \cdots, h)$ 的适应度函数为

$$F(\boldsymbol{x}_i^t) = \begin{cases} -\mathrm{MSLL}(\boldsymbol{x}_i^t), & \text{如果 } c\mathrm{Rat} \leqslant e\mathrm{Rat} \\ -\rho \cdot \mathrm{MSLL}(\boldsymbol{x}_i^t), & \text{其他} \end{cases} \tag{2.16}$$

其中，$\mathrm{MSLL}(\boldsymbol{x}_i^t)$ 是 $\boldsymbol{x}_i^t$ 构建稀疏阵的最大相对副瓣电平；$\rho \ll 1$；$c\mathrm{Rat}$ 是计算出的阵列布满率；$e\mathrm{Rat}$ 是期望的阵列布满率。

根据如上分析，基于量子萤火虫算法的天线阵稀疏方法的具体步骤为

步骤一：建立天线稀疏阵模型，确定天线阵稀疏对应量子萤火虫算法的关键参数，产生初始的量子萤火虫的量子位置和测量得到其相应的位置。

步骤二：把每只量子萤火虫位置映射到稀疏阵设计模型的相应参数，将其带入适应度函数，计算得到该量子萤火虫位置的适应度值，根据适应度值，确定每只量子萤火虫的局部最优位置和量子萤火虫群体中的全局最优位置。

步骤三：根据量子萤火虫的局部最优位置的适应度值，更新每只量子萤火虫的荧光素值，更新每只量子萤火虫的学习邻域。

步骤四：更新每只量子萤火虫量子位置和位置。

步骤五：更新每只量子萤火虫动态决策域半径。

步骤六：计算每只量子萤火虫新位置下的适应度值,根据适应度值,重新确定每只量子萤火虫的局部最优位置和量子萤火虫群体中的全局最优位置。

步骤七：如果达到最大迭代次数,执行步骤八,否则返回步骤三。

步骤八：输出全局最优位置,映射为一种稀疏天线阵的稀疏形式。

## 2.2.3　天线阵稀疏仿真分析

在一个待稀疏线性天线阵系统中,为实现天线阵的有效稀疏,需要进行天线栅格进行约束,规定天线阵的第一个栅格与最后一个栅格始终放置天线。在稀疏阵构建过程中,所有智能优化算法的种群规模为 50;最大迭代次数为 1 000,期望布满率为 0.7,$\rho = 0.000\ 1$。 仿真过程中天线阵稀疏设计时使用的方法有:基于粒子群算法(PSO)的天线阵稀疏方法、基于遗传算法(GA)的天线阵稀疏方法和基于量子萤火虫算法(QGSO)的天线阵稀疏方法。GA 的参数设置同文献[12],PSO 的参数设置参考文献[13],基于量子萤火虫搜索机制的天线阵稀疏方法的参数设置如下:动态决策域更新率 $\zeta = 0.8$;荧光素初值为 5;荧光素更新率 $\varepsilon = 0.6$;荧光素消失率 $\gamma = 0.4$;感知域 $R_s = 5$;控制邻域 $n_t = 5$,$e_1 = 0.06$,$e_2 = 0.03$,$e_3 = 0.06$,$e_4 = 0.03$,$e_5 = 0.01$,$c_1 = c_2 = 0.1/D$。

图 2.5 给出了栅格数目为 40 时,3 种方法的平均最优适应度与迭代次数关系曲线,图 2.6 给出了栅格数目为 60 时,给出了 3 种方法的适应度曲线,仿真结果都为 50 次实验的均值。从图 2.5~图 2.6 可以看出 QGSO 方法与传统智能计算方法相比,提高了收敛精度,在经过 1 000 次迭代后,目标函数仍有继续上升的趋势,克服了传统方法容易陷入局部最优值的缺点。

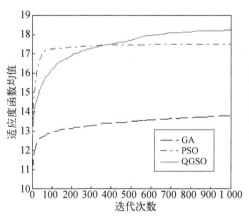

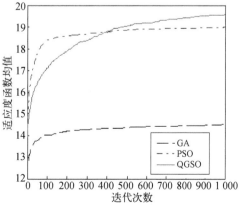

图 2.5　40 栅格时算法的收敛性能曲线　　　图 2.6　60 栅格时算法的收敛性能曲线

图 2.7 给出了栅格数目为 40,3 种方法(PSO、GA 和 QGSO)的归一化幅度与空间扫描角关系的稀疏阵列方向图。图 2.8 给出了栅格数目为 60 时,3 种方法的归一化幅度与空间扫描角关系的稀疏阵列方向图。图 2.7 和图 2.8 可以看出基于量子萤火虫算法的天线阵稀疏方法获得的最大相对副瓣电平比粒子群算法和遗传算法得到的最大相对副瓣电平都要低。量子萤火虫算法的优化性能强于粒子群算法和遗传算法,具有更优秀的全局收敛性能,克服了基于传统智能计算算法进行天线阵稀疏时易早熟收敛的不足,获得了更理想的最大相对副瓣电平,在节省成本同时保证了天线阵的性能。

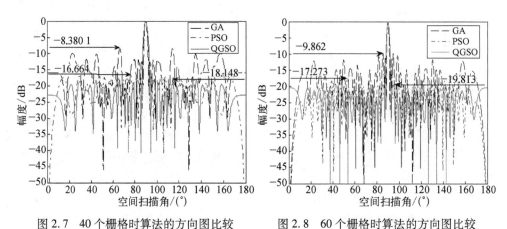

图 2.7　40 个栅格时算法的方向图比较　　图 2.8　60 个栅格时算法的方向图比较

## 2.3　连续量子教与学算法

### 2.3.1　教与学算法简介

教与学算法[14](teaching and learning based optimization, TLBO)是由 Rao 等于 2011 年提出的一种新型智能优化算法。该算法具有参数设置少、计算简单和收敛性较强等特点。教与学算法自提出至今引起了大量学者的广泛关注,目前该算法已在处理函数优化、工程参数优化和多目标优化等问题上得到了广泛的应用。

TLBO 算法的实质是模拟以班级为单位的教学和学习的过程,即将群体模拟为一个班级,群体中的个体为班级中的学生,将其中学习成绩最优异(适应度值最好)的学生作为老师。通过老师对学生的"教学"以及学生之间的相互"学习"两个阶段达到提高班级整体平均成绩的目的。因此,TLBO 算法的进化过程主要包括教师对学生言传身教的"教阶段"和学生之间取长补短的"学阶段"。

综上所述,TLBO 算法的基本思想可描述:在教阶段,教师将自己的知识全部传授给其他学生,所有学员向教师学习,逐步减小与教师之间的差距;在学阶段,学生之间通过差异性比较进而互相取长补短、相互学习、共同进步。

自教与学算法出现以来便获得许多专家和学者的关注,对其研究也不断深入,在基本教与学算法的基础上提出了一些解决连续优化问题的改进教与学算法、解决离散问题的教与学算法和多目标教与学算法。迄今为止,教与学算法已在有约束、无约束、离散、连续、单目标与多目标等多类问题中得到广泛应用,并且在诸多领域有着卓越的表现。对教与学算法研究最多的是对基础算法的改进,例如有等级划分的多种群教与学算法[15]、混沌教与学算法[16]、自适应教与学算法[17]、模糊自适应教与学算法[18]、精英教与学算法[19]与利用近邻搜索改进的教与学算法[20]等。除了解决连续优化问题的教与学算法,也有学者提出了离散教与学算法[21-22],文献[21]将离散教与学算法用于分布式电力系统的重分配问题中,文献[22]将其用于等离子体纳米管阵列的设计。此外,对于多目标教与学算法的研究也开始被研究和应用,如被用于化学领域的自适应多目标教与学算法[23]和由个体指引的多目标教与学算法[24]。接下来将介绍量子教与学算法及其在天线阵方向图综合中的应用。

## 2.3.2　量子教与学算法

教与学优化算法在 2011 年被提出,已经被应用于解决一些连续工程优化问题。本节将以最大值优化为例介绍一种用来解决连续问题的量子教与学算法( quantum teaching and learning based optimization, QTLBO)。

在 QTLBO 中一个班级里有 $N$ 个学员,每个学员有 $L$ 门学科要学习,每门学科代表一个决策变量。第 $t$ 次迭代第 $i$ 个量子学员可以定义如下:

$$\boldsymbol{X}_i^t = (X_{i1}^t, X_{i2}^t, \cdots, X_{iL}^t) \tag{2.17}$$

式中,$0 \leqslant X_{il}^t \leqslant 1, l = 1, 2, \cdots, L; i = 1, 2, \cdots, N; t$ 代表迭代次数。$\overline{\boldsymbol{X}}_i^t = (\overline{X}_{i1}^t, \overline{X}_{i2}^t, \cdots, \overline{X}_{iL}^t)$ 代表一个潜在解,其是量子态 $\boldsymbol{X}_i^t = (X_{i1}^t, X_{i2}^t, \cdots, X_{iL}^t)$ 的映射态。在第 $t$ 代第 $i$ 个量子学员的适应度值用 $f(\overline{\boldsymbol{X}}_i^t)$ 表示。在所有量子学员中,拥有最优适应度值的个体被定义为量子老师,用 $\boldsymbol{X}_b^t = (X_{b1}^t, X_{b2}^t, \cdots, X_{bL}^t)$ 表示。

每个量子学员更新自己的量子态都要通过两个过程:教阶段和学阶段。

1. 教阶段

量子老师是起到把量子学员引导到和他相同水平甚至更高水平作用的个体。量子学员首先找到自己与量子老师(或者与量子老师和其他量子学员)之间的差异,然后基于差异更新自己的量子态。

量子学员 $i$ 以大小为 $p_i$ 的可能性只向量子老师学习。第 $i$ 个量子学员通过式 (2.18)找到差异：

$$T_{il}^{t+1} = r_{il}^{t}(X_{bl}^{t} - F_{il}^{t}M_{l}^{t}) \qquad (2.18)$$

式中，$T_{il}^{t+1}$ 是第 $i$ 个量子学员的第 $l$ 门学科在教阶段的差异，$l = 1, 2, \cdots, L; M_{l}^{t} = \frac{1}{N}\sum_{i=1}^{N} X_{il}^{t}$ 是所有量子学员第 $t$ 代时第 $l$ 门学科的平均水平；$r_{il}^{t}$ 是量子学员在向量子老师学习时控制学习程度的学习因子，是一个在$[0, 1]$范围内均匀分布的随机数；$F_{il}^{t}$ 是为了控制 $M_{l}^{t}$ 值的大小的教学因子，随机取值为 1 或者 2，通过公式 $F_{il}^{t} = \text{round}(1 + \text{rand})$ 确定，式中的 round( ) 为就近取整函数，rand 为$[0, 1]$之间的均匀随机数。为了更好地跳出局部最优解，第 $i$ 个量子学员也可能既向量子老师学习，也向其他量子学员学习，这种情况发生的概率为 $1-p_i$。这种情况时，第 $i$ 个量子学员的差异通过式(2.19)求出：

$$T_{il}^{t+1} = r_{il}^{t}(X_{bl}^{t} - M_{l}^{t}) + \gamma_{il}^{t}\widetilde{F}_{il}^{t}(M_{l}^{t} - X_{il}^{t}) \qquad (2.19)$$

式中，$\gamma_{il}^{t}$ 是另一个学习因子，用来控制量子学员向量子老师和其他量子学员学习的程度，是一个服从标准正态分布的随机数；$\widetilde{F}_{il}^{t} = 1 - 0.9 \times t/G$ 是收敛因子，可以使得学习因子 $\gamma_{il}^{t}$ 收敛，$G$ 是最大迭代次数。不同的求差异公式可以提高寻找全局最优解的能力。

第 $i$ 个量子学员通过下式更新自己的量子态：

$$V_{il}^{t+1} = \left| X_{il}^{t}\cos(T_{il}^{t+1}) + \sqrt{1 - (X_{il}^{t})^{2}}\sin(T_{il}^{t+1}) \right| \qquad (2.20)$$

式中，$l = 1, 2, \cdots, L; V_{il}^{t+1}$ 是第 $i$ 个量子学员的第 $l$ 门学科的临时量子状态；$V_{i}^{t+1} = (V_{i1}^{t+1}, V_{i2}^{t+1}, \cdots, V_{iL}^{t+1})$ 表示教阶段第 $i$ 个临时量子学员。第 $i$ 个临时量子学员的映射态 $\overline{V}_{i}^{t+1} = (\overline{V}_{i1}^{t+1}, \overline{V}_{i2}^{t+1}, \cdots, \overline{V}_{iL}^{t+1})$ 表示该临时量子学员的临时解。然后在量子学员和临时量子学员之间采用贪婪选择机制。对于第 $i$ 个临时量子学员，如果 $f(\overline{V}_{i}^{t+1}) < f(\overline{X}_{i}^{t})$，则 $V_{i}^{t+1} = X_{i}^{t}$。

## 2. 学阶段

量子学员不仅向量子老师(或量子老师和其他量子学员)学习，也会进行量子学员之间的交流。每个量子学员都要随机选择另一个量子学员并找到他们之间的差异，然后更新临时量子学员的量子态。

第 $i$ 个临时量子学员随机选择另一个临时量子学员并通过下式找到他们之间的差异：

$$\tilde{T}_{il}^{t+1} = \begin{cases} \tilde{r}_{il}^{t+1}(V_{il}^{t+1} - V_{jl}^{t+1}), & f(\overline{\boldsymbol{V}}_i^{t+1}) \geq f(\overline{\boldsymbol{V}}_j^{t+1}) \\ \tilde{r}_{il}^{t+1}(V_{jl}^{t+1} - V_{il}^{t+1}), & f(\overline{\boldsymbol{V}}_i^{t+1}) < f(\overline{\boldsymbol{V}}_j^{t+1}) \end{cases} \tag{2.21}$$

式中，$\tilde{T}_{il}^{t+1}(l = 1, 2, \cdots, L)$ 是第 $i$ 个临时量子学员和第 $j$ 个临时量子学员之间在学科 $l(l = 1, 2, \cdots, L)$ 上的差异；$\tilde{r}_{il}^{t+1}$ 是控制交流程度的交流因子，在 $[0, 1]$ 内随机分布。

差异通过量子旋转门驱动当前代的量子学员更新自己的解，第 $i$ 个临时量子学员通过下式更新：

$$X_{il}^{t+1} = \left| V_{il}^{t+1}\cos(\tilde{T}_{il}^{t+1}) + \sqrt{1 - (V_{il}^{t+1})^2}\sin(\tilde{T}_{il}^{t+1}) \right| \tag{2.22}$$

式中，$l = 1, 2, \cdots, L$；$X_{il}^{t+1}$ 是第 $i$ 个量子学员第 $l$ 门学科的量子状态，则 $\boldsymbol{X}_i^{t+1} = (X_{i1}^{t+1}, X_{i2}^{t+1}, \cdots, X_{iL}^{t+1})$ 表示在学阶段的第 $i$ 个量子学员。第 $i$ 个量子学员的映射态 $\overline{\boldsymbol{X}}_i^{t+1} = (\overline{X}_{i1}^{t+1}, \overline{X}_{i2}^{t+1}, \cdots, \overline{X}_{iL}^{t+1})$ 表示一个潜在解。为了加强收敛速度，这里再次使用贪婪选择机制来决定是否保留该次迭代中新产生的量子态。对于第 $i$ 个量子学员，如果 $f(\overline{\boldsymbol{X}}_i^{t+1}) < f(\overline{\boldsymbol{V}}_i^{t+1})$，则 $\boldsymbol{X}_i^{t+1} = \boldsymbol{V}_i^{t+1}$。

### 2.3.3 算法仿真测试

针对最小值优化的标准测试函数的求解对量子教与学算法的性能进行评价。将量子教与学算法（QTLBO）与灰狼优化算法（GWO）[25]、粒子群算法（PSO）[13] 和教与学算法（TLBO）[14] 三种经典的智能算法进行对比，进而验证 QTLBO 的优良性能。GWO、TLBO、PSO 和 QTLBO 的仿真初始条件相同，种群规模和最大迭代次数分别为 40 和 5 000。PSO 的参数设置情况：惯性权重为 1.0，两个学习因子都为 2.0。TLBO 与 GWO 的参数设置分别与原始文献 [14] 和文献 [25] 相同。QTLBO[26] 的选择概率 $p = 0.7$。

经过对大量测试函数的仿真分析，从中选择四个量子教与学算法表现最为优越的测试函数作为代表。选定 Ronsenbrock 函数、Schwefel 函数、Perm function $n, \beta$ 函数和 Michalewicz 函数四个函数进行优化，对量子教与学算法等 4 种智能优化算法进行性能测试，以显示量子教与学算法的性能，其公式如下：

$$F_1(\boldsymbol{y}) = \sum_{i=1}^{n-1} [100(y_{i+1} - y_i^2)^2 + (y_i - 1)^2],$$
$$(-2 \leq y_i \leq 2, i = 1, 2, \cdots, n) \tag{2.23}$$

$$F_2(\boldsymbol{y}) = 418.982\,9n - \sum_{i=1}^{n} y_i\sin(\sqrt{|y_i|}),$$

$$(-500 \leqslant y_i \leqslant 500, \ i = 1, \ 2, \ \cdots, \ n) \tag{2.24}$$

$$F_3(\boldsymbol{y}) = \sum_{i=1}^{n} \left\{ \sum_{j=1}^{n} (j^i + \beta) \left[ \left( \frac{y_j}{j} \right)^i - 1 \right] \right\}^2,$$

$$(\beta = 0.5, \ -n \leqslant y_j \leqslant n, \ i = 1, \ 2, \ \cdots, \ n, \ j = 1, \ 2, \ \cdots, \ n) \tag{2.25}$$

$$F_4(\boldsymbol{y}) = - \sum_{i=1}^{n} \sin(y_i) \sin^{2m} \left( \frac{i y_i^2}{\pi} \right), \ (m = 10, \ 0 \leqslant y_i \leqslant 10\pi, \ i = 1, \ 2, \ \cdots, \ n)$$

$$\tag{2.26}$$

在仿真过程中,选择 Ronsenbrock 函数的定义域为 $[-2, 2]$,Michalewicz 函数的定义域为 $[0, 10\pi]$,并且对于仿真所使用的四个测试函数,设置 $n = 30$,取 100 次实验仿真结果的平均值。图 2.9~图 2.12 给出了平均最优目标函数值和迭代次数关系曲线。

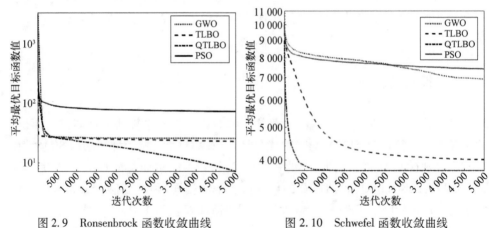

图 2.9　Ronsenbrock 函数收敛曲线　　　　图 2.10　Schwefel 函数收敛曲线

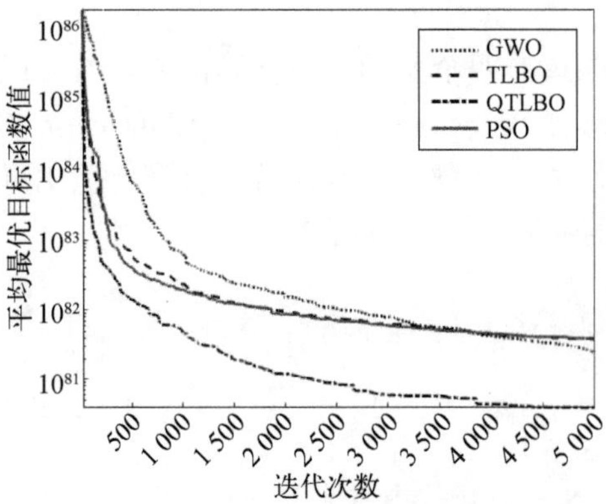

图 2.11　Perm function $n$, $\beta$ 函数收敛曲线 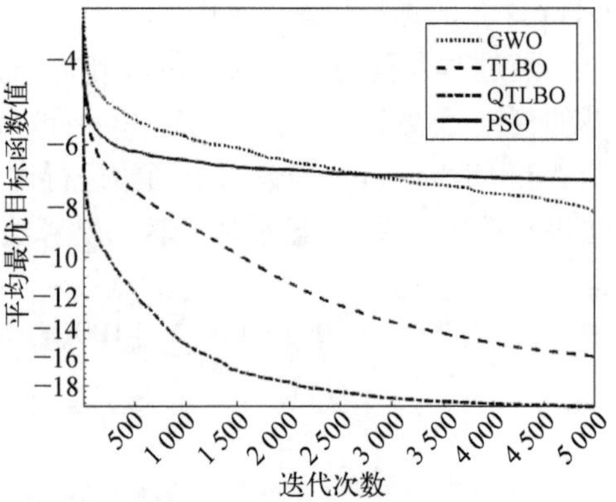　　　图 2.12　Michalewicz 函数收敛曲线

从图 2.9 可以看出,灰狼优化算法、教与学算法和粒子群算法在迭代初期的收敛速度比量子教与学算法稍快,但是他们很快陷入局部最优解,导致其收敛精度不高,而量子教与学算法能够继续朝着全局最优解演进。本节所介绍的量子教与学算法在第 500 代达到了其他三种算法 1 000 代时的最优值并且在 500 代之后仍在持续搜索。量子教与学算法具有较好的全局寻优能力,提高了算法的收敛精度,而且搜索结果更为精确。

从图 2.10 可以看出所提 QTLBO 的收敛精度与收敛速度都好于 PSO、GWO 和 TLBO。QTLBO 在 1 000 代时达到的最优解是另外三种算法在第 5 000 代时都未曾达到的。因此,综合收敛速度和收敛精度,QTLBO 的收敛性能好于 PSO、GWO 和 TLBO。

图 2.11 是 Perm function $n$, $\beta$ 函数的收敛曲线,Perm function $n$, $\beta$ 函数是一个较难优化的测试函数,在维度较高时更难实现对解空间的有效搜索,而且其计算量较大,容易陷入局部最优解,以至于进行 100 次统计平均之后,曲线仍不平滑。但是,从图 2.11 可知 QTLBO 能够更为有效地跳出局部最优解,从而在高维空间中进行更高效地搜索,从而使其不论从收敛精度还是收敛速度均优于 GWO、PSO 和 TLBO。

从图 2.12 的对比分析可知,PSO 和 GWO 很快收敛,但却陷入了局部最优,TLBO 与 QTLBO 不仅收敛精度明显优于 PSO 和 GWO,且其收敛速度也优于 PSO 与 GWO。而 QTLBO 又明显优于 TLBO。因此,QTLBO 具有较好的全局寻优能力。

## 2.4　基于量子教与学算法的天线阵方向图综合

### 2.4.1　天线阵方向图综合模型

对于一个含有 $L$ 个等间距天线单元的线阵,将其放置在 $x$ 轴,通过对线阵天线单元给出适当的激励幅度,去实现方向图综合。线阵方向图通过式(2.27)计算:

$$\hat{f}(\theta) = \sum_{l=1}^{L} I_l \exp\{\mathrm{j}[(l-1)kd(\cos\theta - \cos\theta_m) + \phi_l]\} \tag{2.27}$$

式中,$L$ 表示线阵中阵元数量;$\theta_m$ 表示主瓣中心方向角;$I_l$ 表示第 $l$ 个阵元的加权幅度;$d$ 表示阵元间距;$\lambda$ 表示波长;$k$ 表示波数, $k = 2\pi/\lambda$;$\phi_l$ 表示第 $l$ 个阵元的激励相位。方向图可通过式(2.28)所示形式表示:

$$\tilde{f}(\theta) = 20\lg\left|\frac{\hat{f}(\theta)}{B_{\max}}\right| \tag{2.28}$$

式中,$\tilde{f}(\theta)$ 是 $\hat{f}(\theta)$ 的归一化表示形式;$B_{\max} = \max|\hat{f}(\theta)|$。 如果 $2\theta_0$ 是主瓣的零

功率宽度,则旁瓣范围可以表示为 $S = \{\theta \mid 0 \leqslant \theta \leqslant \theta_m - \theta_0 \text{ 或 } \theta_m + \theta_0 \leqslant \theta \leqslant 180°\}$。线阵的最大相对旁瓣电平为 $\mathrm{MSLL} = \max\limits_{\theta \in S} \tilde{f}(\theta)$ 计算。

## 2.4.2　基于量子教与学算法的天线阵方向图综合

线阵方向图综合是一个实数编码问题。一个具有 $L$ 个各向同性等间距阵元的线阵会由于不同的激励幅度而产生不同的方向图。每一门学科映射态代表一个加权幅度,则每一个量子学员的映射态代表了一种潜在解。所有的量子学员均可通过随机的方式初始化,优化加权幅度的目标就是使最大相对旁瓣电平最小。因此,第 $i$ 个量子学员映射态适应度函数可以设计如下:

$$f(\overline{\boldsymbol{X}}_i^t) = -\,\mathrm{MSLL}(\overline{\boldsymbol{X}}_i^t) \tag{2.29}$$

所介绍的 QTLBO 把量子计算理论应用到了 TLBO 中,可使用其求解适应度最大时的量子教师及其映射态。在 QTLBO 中,采用了 TLBO 和量子演化方程来更新每一个学员,因此 QTLBO 同时拥有 TLBO 和量子计算两者的优点。QTLBO 可以克服局部收敛,比起一些已有算法能更好地找到全局最优解。

根据上述的讨论和分析,基于 QTLBO 的天线阵方向图综合方法的步骤总结如下[26]。

步骤一:初始化量子学员的量子态。

步骤二:计算每个量子学员的适应度值。

步骤三:选择映射态是当前代最优解的量子学员作为量子老师。

步骤四:在教阶段,量子学员依概率选择两种方法找到自己与他人的差异。

步骤五:根据每个量子学员所找到的差异,通过模拟量子旋转门更新量子学员的量子态,产生临时量子学员,计算临时量子学员的适应度值,通过贪婪选择机制决定教阶段的最终量子态。

步骤六:在学阶段,每个临时量子学员随机选择另一个临时量子学员进行交流,找到差异。

步骤七:根据临时量子学员找到的差异更新量子态,计算新量子态映射态的适应度值,采用贪婪选择机制决定是否保留在学阶段产生的新量子态。更新量子老师。

步骤八:判断是否已达到最大迭代次数,若是,则停止迭代并输出全局最优解,将全局最优解映射到天线阵的相应系统参数;否则,返回步骤四继续迭代。

## 2.4.3　方向图综合仿真分析

在仿真过程中,参数设置如下:$\phi_1 = 0$,$\theta_m = \pi/2$,$d = \lambda/2$,$p_i = 0.5$。为了便于

比较,对于三个不同的优化方法:PSO、TLBO 和 QTLBO,设置相同的种群规模、初始种群和最大迭代次数。3 种智能优化算法的种群规模设为 100,最大迭代次数设置为 1 000。TLBO 的其他参数设置与参考文献[14]相同,PSO 的其他参数设置与参考文献[13]相同。

当天线阵阵元数量设置为 70 和 80 时,三种方法的收敛曲线如图 2.13 和图 2.14 所示。与其他两种方法相比,QTLBO 具有更优秀的收敛性能。

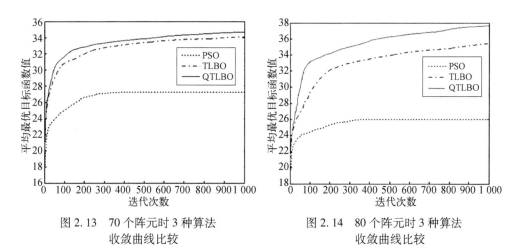

图 2.13　70 个阵元时 3 种算法
收敛曲线比较

图 2.14　80 个阵元时 3 种算法
收敛曲线比较

图 2.15 和图 2.16 显示出 3 种方法的阵列方向图和最大相对旁瓣电平的性能。QTLBO 与其他三种方法相比较能够获得更低的最大相对旁瓣电平。QTLBO 在解决线阵方向图综合问题时优于 TLBO 和 PSO,能够克服传统智能优化算法易陷入局部收敛的缺点,提高了收敛精度。

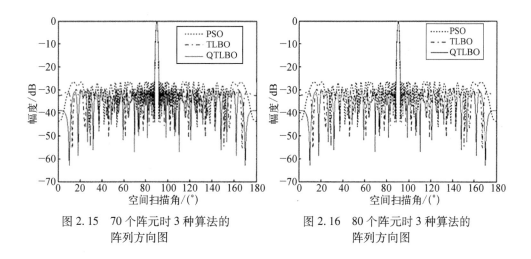

图 2.15　70 个阵元时 3 种算法的
阵列方向图

图 2.16　80 个阵元时 3 种算法的
阵列方向图

# 2.5 小 结

本章介绍了基于量子萤火虫算法的天线阵稀疏和基于量子教与学算法的天线阵方向图综合方法，所介绍的方法优于已有的基于智能算法的天线阵稀疏和方向图综合方法。量子萤火虫算法是一种可解决离散优化问题的智能优化算法，可进一步扩展到其他工程优化问题的求解。量子教与学算法是一种有效求解实数优化问题的智能优化算法，且在演化过程中都在所定义的量子域区间，无须担心超界，可节省计算量有利于工程应用。

## 参 考 文 献

［1］ Ganesh M, Subhashini K R. Pattern synthesis of circular antenna array with directional element employing deterministic space tapering technique［J］. Progress in Electromagnetics Research B, 2017, 75(1)：41 – 57.

［2］ Gao H Y, Du Y N, Li C W. Thinned array based on quantum-inspired particle swarm optimization［C］. Phuket：Proceedings of the 2015 International Conference on Automation, Mechanical and Electrical Engineering(AMEE2015), 2015：936 – 943.

［3］ Krishnanand K N, Ghose D. Detection of multiple source locations using a glowworm metaphor with applications to collection robotics ［C］. Pasadena：Proceedings 2005 IEEE Swarm Intelligence Symposium, 2005：87 – 94.

［4］ Mo X W, Li X, Zhang Q. The variation step adaptive glowworm swarm optimization algorithm in optimum log interpretation for reservoir with complicated lithology［C］. Changsha：12th International Conference on Natural Computation, Fuzzy Systems and Knowledge Discovery (ICNC – FSKD), 2016：1044 – 1050.

［5］ Zhang Y L, Ma X P, Gu Y. A modified glowworm swarm optimization for multimodal functions ［C］. Mianyang：Proceedings of the 2011 Chinese Control and Decision Conference, 2011：2070 – 2075.

［6］ He D X, Liu G Q, Zhu H Z. Glowworm swarm optimization algorithm for solving multi-objective optimization problem ［C］. Emeishan：2013 Ninth International Conference on Computational Intelligence and Security, 2013：11 – 15.

［7］ 周永权,黄正新,刘洪霞.求解 TSP 问题的离散型萤火虫群优化算法［J］.电子学报,2012, 40(6)：1164 – 1169.

［8］ Pan G, Xu Y M. Chaotic glowworm swarm optimization algorithm based on Gauss mutation ［C］. Changsha：12th International Conference on Natural Computation, Fuzzy Systems and Knowledge Discovery (ICNC – FSKD), 2016：205 – 210.

［9］ Gu J S, Wen K M. Glowworm swarm optimization algorithm with quantum-behaved properties ［C］. Xiamen：2014 10th International Conference on Natural Computation (ICNC), 2012：430 – 436.

［10］ Gao H Y, Du Y N, Diao M. Quantum-inspired glowworm swarm optimization and its application[J]. International Journal of Computing Science and Mathematics, 2017, 8(1): 91 - 100.

[11]　Zhao Z J, Peng Z, Zheng S L, et al. Cognitive radio spectrum allocation using evolutionary algorithm[J]. IEEE Transactions on Wireless Communications, 2009, 8(9): 4421 - 4425.

[12]　Haupt R L. Thinned arrays using genetic algorithms [J]. IEEE Transactions on Antennas & Propagation, 1994, 42(7): 993 - 999.

[13]　王维博, 冯全源. 粒子群优化算法在天线方向图综合中的应用[J]. 电子科技大学学报, 2011, 40(2): 237 - 241.

[14]　Rao R V, Savsani V J, Vakharia D P. Teaching-learning-based optimization: A novel method for constrained mechanical design optimization problems[J]. Computer-Aided Design, 2011, 43(3): 303 - 315.

[15]　Zou F, Chen D, Lu R, et al. Hierarchical multi-swarm cooperative teaching-learning-based optimization for global optimization[J]. Soft Computing, 2016, 21(23): 6983 - 7004.

[16]　Farah A, Guesmi T, Hadj Abdallah H, et al. A novel chaotic teaching-learning-based optimization algorithm for multi-machine power system stabilizers design problem [J]. International Journal of Electrical Power & Energy Systems, 2016, 77: 197 - 209.

[17]　Yu K, Chen X, Wang X, et al. Parameters identification of photovoltaic models using self-adaptive teaching-learning-based optimization[J]. Energy Conversion & Management, 2017, 145: 233 - 246.

[18]　Zamli K Z, Din K, Baharom S, et al. Fuzzy adaptive teaching learning-based optimization strategy for the problem of generating mixed strength t-way test suites [J]. Engineering Applications of Artificial Intelligence, 2017, 59: 35 - 50.

[19]　Nayak J, Naik B, Behera H S, et al. Elitist teaching-learning-based optimization (ETLBO) with higher-order Jordan Pi-sigma neural network: A comparative performance analysis[J]. Neural Computing & Applications, 2016: 1 - 24.

[20]　Shukla A K, Singh P, Vardhan M. Neighbour teaching learning based optimization for global optimization problems [J]. Journal of Intelligent & Fuzzy Systems, 2018, 34(3): 1583 - 1594.

[21]　Lotfipour A, Afrakhte H. A discrete teaching-learning-based optimization algorithm to solve distribution system reconfiguration in presence of distributed generation[J]. International Journal of Electrical Power & Energy Systems, 2016, 82: 264 - 273.

[22]　Balvasi M, Akhlaghi M, Shahmirzaee H. Binary TLBO algorithm assisted to investigate the supper scattering plasmonic nano tubes[J]. Superlattices & Microstructures, 2016, 89(1): 26 - 33.

[23]　Yu K, Wang X, Wang Z. Self-adaptive multi-objective teaching-learning-based optimization and its application in ethylene cracking furnace operation optimization[J]. Chemometrics & Intelligent Laboratory Systems, 2015, 146: 198 - 210.

[24]　Yu D, Hong J, Zhang J, et al. Multi-objective individualized-instruction teaching-learning-based optimization algorithm[J]. Applied Soft Computing, 2018, 62: 288 - 314.

[25]　Mirjalili S, Mirjalili S M, Lewis A. Grey wolf optimizer [J]. Advances in Engineering Software, 2014, 69(3): 46 - 61.

［26］ Gao H Y, Zhang X T, Du Y N, et al. Quantum-inspired teaching-learning-based optimization for pattern synthesis of linear array［C］. Harbin：Proceedings of the 2017 International Conference on Communications, Signal Processing, and Systems, 2017, 463：2106－2115.

# 第3章 文化烟花算法在数字
# 滤波器设计中的应用

　　FIR 和 IIR 数字滤波器是两类重要的数字滤波器,FIR 数字滤波器具有系统稳定性强、易于实现线性相位、允许设计多通带(或多阻带)滤波器以及硬件易实现等特点,而 IIR 数字滤波器用较低的阶数就可以使系统具备很好的选频特性,这两类滤波器在通信、雷达、声呐、语音与图像信号处理、HDTV、生物医学及地震勘探等许多方面得到了广泛应用。

　　FIR 数字滤波器设计的常用方法有窗函数采样设计法、频率抽样法和等波纹逼近。窗函数采样的设计技术易于理解和实现,但存在着一些不足:不能精确的指定通带频率和阻带频率;不能同时确定通带纹波系数和阻带纹波系数;误差分布不均匀。系数高的等波纹逼近法则较复杂、不易实现。频率抽样法可以直接从频域处理,且效果也很好,对于频响只有少数几个非零值抽样的窄带选频滤波器特别有效。使用频率抽样法时存在如何确定过渡带样本值的问题,传统的方法是查表,但查表法存在两个缺点:一是表中提供的数据不能保证是最优的;二是表不可能提供关于不同的抽样点数、通带边缘频率、阻带边缘频率、过渡带样本数的全部数据,若表中查不到数据,只能通过近似估计确定过渡带样本值,这样不一定能保证全局最优。因此可以考虑将群体智能算法用于 FIR 数字滤波器的设计,确定频率过渡带样本的最佳值[1]。频率抽取法和窗函数法简单易行,但不易精确确定其通带和阻带的边界频率。一致逼近法以 Parks-Mcclellan 算法为代表,该方法能够获得较好的通带和阻带性能,并能准确地指定通带和阻带的边缘。

　　IIR 数字滤波器和 FIR 数字滤波器的设计方法很不相同。IIR 数字滤波器设计方法主要分为两类。一类是先设计模拟滤波器,然后利用双线性变换法等将其变换为数字滤波器。该方法的优点是简单易行,并且能够设计低通等具有典型选频特性的 IIR 数字滤波器,但其设计结果往往并不理想。另一类设计方法是优化法,优化法是 IIR 数字滤波器设计的一种主要方法,它是基于某一优化准则,使设计的数字滤波器的性能达到最优。多年来,有许多学者在 IIR 数字滤波器优化设计方面做了大量研究工作,在文献[2]、文献[3]和文献[4]中分别提出了最小 P 误差法、均方误差最小优化法和模拟拟合频率响应优化法。但由于这些均是非线性优化方法,在优化过程中容易陷入局部极值,难以得到全局最优解。

　　近年来,一些学者针对数字滤波器的设计做了大量研究工作,使用各种优化算法来设计数字滤波器,在一定的优化准则下,使设计的滤波器性能达到最优[5]。基于混合整数规划算法的设计方法就是一种全局优化算法,这是目前在最大误差最小化意义上能保证全局最优解的算法,但其运算量随滤波器阶数增加呈指数增加,从而限制了该算法的应用。为了获得可快速实现的最优数字滤波器,很多学者把智能优化算法引入到数字滤波器设计。文献[6]将模拟退火方法应用到 FIR 数字滤波器设计中,取得了较好效果,但由于该方法采用了随机策略,导致了运算量比较大。文献[7]将遗传算法应用到 FIR 数字滤波器,但离散遗传算法需要编码并且收敛性能一般,很难达到理想的优化效果。人们又将研究兴趣转向粒子群优化算法[8]及其改进算法,如量子粒子群优化算法[9]、自适应量子粒子群[10]和混沌粒子群算法[11]去设计 FIR 或 IIR 数字滤波器,以获得收敛速度或性能上的提高。粒子群算法的搜索机制使其在高维向量空间寻优时有好的粗搜能力,但是精细搜索能力比较差,使所设计的滤波器性能依旧不能达到最优。现有的优化算法在设计滤波器时遇到的主要问题是在优化过程中很容易陷入局部极值点,不能得到全局最优解,因此如何设计新的全局优化算法来进一步提高数字滤波器的性能,是尚待解决的难题。

文化算法源于对人类社会性的模拟,用规范知识和形势知识去决定搜索解的步长和方向能得到较好的优化效果。它已在很多工程计算领域得到了应用,并成为一种重要的优化方法[12]。文化算法是一种具有天然并行性的进化计算算法框架,对文化算法的深入研究不仅能有效解决计算复杂度问题,还可为工程应用提供新方法和新思路[13-14]。下面不仅介绍了如何结合文化算法和烟花算法设计文化烟花算法,还介绍了如何将其应用于 FIR 和 IIR 数字滤波器的设计。

# 3.1　文化烟花算法

## 3.1.1　烟花算法简介

烟花算法[15](fireworks algorithm, FA)是 Tan 和 Zhu 在 2010 年提出的一种智能进化算法,是群智能的新发展,它来源于对烟花爆炸过程的模拟,具有收敛速度快、稳定性高等优点,鉴于此算法搜索解的高效性,可以将其应用在很多工程问题上。烟花算法在多个领域的工程问题求解上都能取得良好的效果,已获得人们广泛的关注,越来越多的学者对其展开深入的研究[16-18]。

在烟花算法中,烟花爆炸产生火花的过程可以被认为是在局部空间的搜索过程,每个烟花的位置代表问题的一种解决方案,且可通过目标函数值(适应度值)来评估烟花位置的好坏。烟花算法是以最小值优化问题为例而设计其演化方程,其很容易推广到最大值优化问题求解,设最小值优化问题为

$$\min f(\boldsymbol{x}_i) \tag{3.1}$$

其中，$\boldsymbol{x}_i = [x_{i1}, x_{i2}, \cdots, x_{iD}]$ $(i = 1, 2, \cdots, \hat{n})$ 表示在 $D$ 维搜索空间内第 $i$ 个烟花或火花的位置，且 $x_{id} \in [x_d^{\min}, x_d^{\max}]$ $(d = 1, 2, \cdots, D)$；$f(\boldsymbol{x}_i)$ 代表位置 $\boldsymbol{x}_i = [x_{i1}, x_{i2}, \cdots, x_{iD}]$ 的适应度值；$x_d^{\min}$ 和 $x_d^{\max}$ 分别代表烟花位置第 $d$ 维的下界和上界。

在 FA 中，每一次烟花爆炸都会产生若干个火花，为了达到烟花和火花差异化的目的，每个烟花的爆炸幅度和爆炸产生火花的数目根据其相对于烟花种群中其他烟花适应度值计算得到，在第 $t+1$ 代第 $i$ 个烟花其爆炸幅度 $\tilde{A}_i^{t+1}$ 和爆炸产生火花数目 $S_i^{t+1}$ 及计算公式如下：

$$A_i^{t+1} = \hat{a} \cdot \frac{f(\boldsymbol{x}_i^t) - f_{\min}^t + \hat{\xi}}{\sum\limits_{k=1}^{\hat{n}} \left[ f(\boldsymbol{x}_k^t) - f_{\min}^t \right] + \hat{\xi}} \tag{3.2}$$

$$S_i^{t+1} = \tilde{n} \cdot \frac{f_{\max}^t - f(\boldsymbol{x}_i^t) + \hat{\xi}}{\sum\limits_{k=1}^{\hat{n}} \left[ f_{\max}^t - f(\boldsymbol{x}_i^t) \right] + \hat{\xi}} \tag{3.3}$$

其中，$f_{\min}^t = \min\limits_{1 \le i \le \hat{n}} \{f(\boldsymbol{x}_i^t)\}$，$f_{\max}^t = \max\limits_{1 \le i \le \hat{n}} \{f(\boldsymbol{x}_i^t)\}$；$\hat{a}$ 是一用来调节爆炸幅度大小的常数；$\tilde{n}$ 是一常数，用来调整产生爆炸火花数目的大小；$\hat{\xi}$ 是一个用来避免出现零火花错误的常数。为了限制适应度优的烟花位置不会产生过多的火花，同时适应度差的烟花不会产生过少的火花，可根据式（3.4）对火花数目进行边界限制：

$$\hat{S}_i^{t+1} = \begin{cases} \text{round}(a \cdot \tilde{n}), & S_i^{t+1} < a\tilde{n} \\ \text{round}(b \cdot \tilde{n}), & S_i^{t+1} > b\tilde{n}, \ a < b < 1 \\ \text{round}(S_i), & \text{其他} \end{cases} \tag{3.4}$$

其中，$a$ 和 $b$ 均为常数；$\text{round}(\cdot)$ 为取整函数。

若基本的爆炸方程产生的火花标号为 $k$，则基本的爆炸方程为

$$x_{kd}^{t+1} = x_{id}^t + A_i^{t+1} \cdot \text{rand}(-1, 1) \tag{3.5}$$

其中，$\text{rand}(-1, 1)$ 为 $(-1, 1)$ 之间的均匀随机数。

为了增加爆炸后火花种群的多样性，将变异算子引入烟花算法，产生变异火花，即高斯变异火花。在烟花种群中随机选择一个烟花，然后对该烟花随机选择一定数量的维度 $\overline{D}$ 进行高斯变异操作，其他维保持不变。对于第 $i$ 个烟花，产生标号为 $k$ 的火花位置的第 $\overline{d}$ 维高斯变异具体操作如下：

$$x_{kd}^{t+1}(k) = x_{id}^t \cdot \hat{g}_{kd}^t \tag{3.6}$$

其中,$\bar{d} = \{d_1, d_2, \cdots, d_{\bar{D}}\}$,$d_{\tilde{d}} \in \{1, 2, \cdots, D\}$,$\tilde{d} = 1, 2, \cdots, \bar{D}$,$\bar{D} = $ round$(D \cdot \chi_i^l)$,$\chi_i^l$ 为$[0, 1]$间的均匀随机数,$\hat{g}_{kd}^t$ 为均值为 1 方差为 1 的高斯随机数。

在产生爆炸火花和高斯变异火花的过程中,产生的火花可能会超出可行域,若火花 $\boldsymbol{x}_k^{t+1}$ 在第 $d$ 维上超出边界时,将通过下式的映射规则将其映射到一个新的位置。

$$x_{kd}^{t+1} = x_d^{\min} + |x_{kd}^{t+1}| \% (x_d^{\max} - x_d^{\min}) \tag{3.7}$$

其中,%代表取模运算;$d = 1, 2, \cdots, D$。

在每一次爆炸中,为使群体中较优秀的信息能够传递到下一代,在产生爆炸火花和高斯变异火花后,烟花和新产生火花的位置构成候选集合 $\boldsymbol{K}$,在候选集合中选择一定数量的优秀位置作为下一代爆炸前放置烟花的位置。$\boldsymbol{K}$ 中适应度值最优的个体毫无疑问地被选择到下一代,而剩下的 $\hat{n}-1$ 个烟花位置通过轮盘赌的方法在候选集合中选取。候选者 $\boldsymbol{x}_j$ 被选择的概率为

$$p(\boldsymbol{x}_j) = \frac{R(\boldsymbol{x}_j)}{\sum\limits_{x_j^\wedge \in \boldsymbol{K}} R(\boldsymbol{x}_j^\wedge)} \tag{3.8}$$

$$R(\boldsymbol{x}_j) = \sum\limits_{x_j^\wedge \in \boldsymbol{K}} d(\boldsymbol{x}_j - \boldsymbol{x}_j^\wedge) = \sum\limits_{x_j^\wedge \in \boldsymbol{K}} \|\boldsymbol{x}_j - \boldsymbol{x}_j^\wedge\| \tag{3.9}$$

式中,$R(\boldsymbol{x}_j)$ 为当前个体到候选集合 $\boldsymbol{K}$ 中除 $\boldsymbol{x}_j$ 所有潜在烟花位置的距离之和。在 $\boldsymbol{K}$ 中,如果烟花放置密度较高,即该烟花周围有很多其他候选烟花时,该烟花位置被选择的概率会降低。

## 3.1.2  文化烟花算法的实现

文化作为保存历史信息的载体,能够将个体的历史经验保存在知识库中,并且新的个体可在知识库中学习其他个体的经验知识,对人类文明的进步和发展起到了极为重要的推动作用。文化算法于 1994 年由 Reynolds 首次提出,亦可理解为一种模拟种群进化过程而设计的一种有效的计算模型,文化算法也为进化搜索和知识存储的有效结合提供了一个行之有效的系统框架。文化算法能够达到在微观层面和宏观层面上双重模拟文化进化与文化继承的目的。

文化烟花算法的关键思想是从烟花的爆炸中获取解决问题的知识,然后反过来利用这些知识来引导烟花群体的搜索。在设计文化烟花算法时,首先介绍一些文化算法的基本概念,这些基本概念是本章所介绍的文化烟花算法的基础。

第 $t$ 代的信仰空间由 $s^t$ 和 $N_d^t$ 给出,其中 $d = 1, 2, \cdots, D$;$s^t$ 为第 $t$ 代形势知识

分量，$N_d^t$ 为第 $t$ 代第 $d$ 维的规范知识，$N_d^t$ 表示为 $N_d^t = \langle I_d^t, L_d^t, U_d^t \rangle$，式中 $I_d^t = [l_d^t, u_d^t]$ 代表第 $d$ 维规范知识的区间，下边界 $l_d^t$ 和上边界 $u_d^t$ 被初始化为给定维定义域的边界值，后面每代或若干代可以根据规范知识更新方程进行更新。$L_d^t$ 代表第 $d$ 维参数下边界 $l_d^t$ 的评价值，$U_d^t$ 代表第 $d$ 维参数上边界 $u_d^t$ 的评价值。

由接受函数(acceptance function)选择能够直接影响当前信仰空间形成的文化个体(烟花或火花)。在文化烟花算法中，规范知识会受到不同文化个体的影响。接受函数从 $p$ 个位置中选择优秀的前 20%的文化个体去更新信仰空间。

形势知识 $s^t$ 由以下更新方程进行更新：

$$s^{t+1} = \begin{cases} x_{\text{best}}^{t+1}, & f(x_{\text{best}}^{t+1}) < f(s^t) \\ s^t, & \text{其他} \end{cases} \quad (3.10)$$

其中，$x_{\text{best}}^{t+1}$ 为第 $t+1$ 次迭代文化群体的最佳文化个体位置。

规范知识 $N_d^t$ 由以下更新方程进行更新。对于第 $j$ 个文化个体，产生一个 $[0, 1]$ 间的均匀随机数 $\hat{\eta}$，若 $\hat{\eta} < P_1$($P_1$ 为 $[0, 1]$ 之间的常数，一般取 0.5)，则第 $j$ 个文化个体影响第 $d$($d = 1, 2, \cdots, D$)维规范知识的下边界，其更新方程为

$$l_d^{t+1} = \begin{cases} x_{jd}^{t+1}, & x_{jd}^{t+1} \leq l_d^t \text{ 或 } f(x_j^{t+1}) < L_d^t \\ l_d^t, & \text{其他} \end{cases} \quad (3.11)$$

$$L_d^{t+1} = \begin{cases} f(x_j^{t+1}), & x_{jd}^{t+1} \leq l_d^t \text{ 或 } f(x_j^{t+1}) < L_d^t \\ L_d^t, & \text{其他} \end{cases} \quad (3.12)$$

其中，$l_d^t$ 表示第 $t$ 次迭代第 $d$ 维规范知识的下边界，$L_d^{t+1}$ 为它的评价值。

若 $\hat{\eta} \geq P_1$，则假设现在第 $j$ 个文化个体影响第 $d$ 个规范知识的上边界。

$$u_d^{t+1} = \begin{cases} x_{jd}^{t+1}, & x_{jd}^{t+1} \geq u_d^t \text{ 或 } f(x_j^{t+1}) < U_d^t \\ u_d^t, & \text{其他} \end{cases} \quad (3.13)$$

$$U_d^{t+1} = \begin{cases} f(x_j^{t+1}), & x_{jd}^{t+1} \geq u_d^t \text{ 或 } f(x_j^{t+1}) < U_d^t \\ U_d^t, & \text{其他} \end{cases} \quad (3.14)$$

其中，$u_d^t$ 表示在第 $t$ 次迭代第 $d$ 个规范知识的上边界，$U_d^t$ 是它的评价值。

在本章中，使用烟花作为文化算法的群体空间。烟花算法是一个相对较新的智能算法，该算法已经被发现作为一个搜索引擎用于解决实参优化问题，且鲁棒性能较优。将文化知识引入烟花演进的变异算子中，可以改善搜索过程，降低计算时间，这对不同优化问题获得接近全局最优的解也是必要的。

当文化烟花被点燃时，文化烟花周围的空间会充满文化火花。文化烟花的爆

炸过程可以看作是在特定点周围的局部空间的搜索。寻找最优点时,可以在潜在空间中持续燃放烟花,直到一个文化火花相当接近或达到最优点。在 CF(cultural fireworks)中,对于每次迭代的爆炸,首先选择位置放置燃放 $p$ 个文化烟花,爆炸之后,获得并评估火花的位置。当找到最优位置时,算法停止,否则,从当前文化火花和之前的文化烟花中选择 $p$ 个位置进行下一代爆炸。

在每一次迭代爆炸开始,选 $p$ 个位置进行文化烟花放置,文化烟花位置具体可表示为 $\boldsymbol{x}_i = (x_{i1}, x_{i2}, \cdots, x_{iD})(i = 1, 2, \cdots, p)$。通过观察文化烟花仿真模拟,给出了一些文化烟花爆炸的具体行为。当文化烟花质量好时,它会产生大量的文化火花,这些文化火花集中在爆炸中心。这种情况下,将欣赏到烟花爆炸的壮观景象。然而,一个质量差的烟花爆炸产生较少文化火花,这些文化火花则在空间中散开。

从搜索的观点看,质量好的文化烟花表示文化烟花位于一个良好的区域,这个区域可能接近最佳位置。因此,利用更多的文化火花搜索烟花周围的区域是恰当的。相比之下,一个质量差的文化烟花意味着最优位置可能离文化烟花所在位置很远,导致搜索半径更大。在 CF 中,与质量差的文化烟花相比,一个质量好的文化烟花可以产生更多的文化火花和幅度更小的爆炸。

在 CF 中,每一次爆炸都会从 $p$ 个烟花 $\boldsymbol{x}_i = (x_{i1}, x_{i2}, \cdots, x_{iD})(i = 1, 2, \cdots, p)$ 开始,$p$ 个文化烟花爆炸后,产生文化火花的方式有两种,按照目标函数值升序的方式对文化火花进行排序。第一种方法中,第 $i$ 个文化烟花所产生的文化火花的数目 $S_i^{t+1}$ 与第 $i$ 个文化烟花在第 $t$ 次迭代中的位置有关。第二种方法中,文化烟花产生文化火花数量 $\hat{m}$ 可根据实际问题设置。在第一种方法中第 $i$ 个文化烟花产生文化火花的数量具体定义如下:

$$S_i^{t+1} = \hat{p} \cdot \frac{y_{\max}^t - f(\boldsymbol{x}_i^t) + \zeta}{\sum_{i=1}^{p} [y_{\max}^t - f(\boldsymbol{x}_i^t)] + \zeta} \tag{3.15}$$

其中,$\hat{p}$ 是控制 $p$ 烟花产生的火花的总数的参数,$y_{\max}^t = \max\{f(\boldsymbol{x}_i^t)\}$, $i = 1, 2, \cdots, p\}$ 为 $p$ 个文化烟花中目标函数的最大(最差)值,$\zeta$ 是一个避免零文化火花出现的常数。为了避免质量极好的文化火花带来的压倒性影响,保持文化火花的多样性,文化火花数量的界限 $\hat{S}_i^{t+1}$ 由下式定义:

$$\hat{S}_i^{t+1} = \begin{cases} \text{round}(ap), & S_i^{t+1} < ap \\ \text{round}(bp), & S_i^{t+1} > bp \\ \text{round}(S_i^t), & \text{其他} \end{cases} \tag{3.16}$$

其中,$a$ 和 $b$ 均为常数。

$\hat{A}_i^{t+1}$ 为第 $i$ 个烟花爆炸的最大幅度,定义为

$$\hat{A}_i^{t+1} = A_i \frac{\mid f(\boldsymbol{x}_i^t) - y_{\min}^t + \xi \mid}{\sum_{i=1}^{p} \mid f(\boldsymbol{x}_i^t) - y_{\min}^t + \xi \mid} \tag{3.17}$$

其中, $A_i$ 表示爆炸幅度的最大可能值, $y_{\min}^t = \min\{f(\boldsymbol{x}_i^t),\ i = 1,\ 2,\ \cdots,\ p\}$ 为 $p$ 个烟花中目标函数的最小(最优)值。为了避免 $\hat{A}_i^{t+1} = 0$, $\xi$ 被设置为正常数。可以看出,质量好的烟花爆炸幅度比质量差的烟花爆炸幅度小。

使用第一种方法产生 $\hat{p}$ 个火花:设第 $i(i = 1,\ 2,\ \cdots,\ p)$ 个文化烟花产生火花数目为 $\hat{S}_i^{t+1}$,第 $\tilde{i}$ 个火花的位置 $\boldsymbol{x}_{\tilde{i}}^t$ 的初始值为第 $i$ 个烟花的位置, $\tilde{i} = \sum_{\tilde{k}=0}^{i-1} \hat{S}_{\tilde{k}}^{t+1} + 1,\ \sum_{\tilde{k}=0}^{i-1} \hat{S}_{\tilde{k}}^{t+1} + 2,\ \cdots,\ \sum_{\tilde{k}=0}^{i-1} \hat{S}_{\tilde{k}}^{t+1} + \hat{S}_i^{t+1}$,令 $\hat{S}_0^{t+1} = 0$。

如果 $\gamma_1 < \rho_1$,对于第 $i$ 个烟花,随机选择 $z(z \leqslant D)$ 个爆炸方向, $\overline{d} = \{d_1,\ d_2,\ \cdots,\ d_z\}$, $d_{\tilde{d}} \in \{1,\ 2,\ \cdots,\ D\}$, $\tilde{d} = 1,\ 2,\ \cdots,\ z$;第 $\tilde{i}$ 个火花的第 $\overline{d}$ 维为

$$x_{\tilde{i}\overline{d}}^{t+1} = x_{i\overline{d}}^t + A_i^{t+1} \cdot r_{\tilde{i}\overline{d}}^t(-1,\ 1) \tag{3.18}$$

其中, $\rho_1$ 为一表示概率的 $[0,\ 1]$ 间常数; $\gamma_1$ 为 $[0,\ 1]$ 之间的随机数; $r_{\tilde{i}\overline{d}}^t(-1,\ 1)$ 为 $(-1,\ 1)$ 间的均匀随机数;火花的其他维与其对应烟花保持一致。如果 $\gamma_1 \geqslant \rho_1$,第 $\tilde{i}$ 个火花的第 $d$ 维为

$$x_{\tilde{i}d}^{t+1} = \begin{cases} x_{id}^t + \mid \mathrm{size}(\boldsymbol{I}_d^t) \cdot N(0,\ 1) \mid, & x_{id}^t < l_d^t \\ x_{id}^t - \mid \mathrm{size}(\boldsymbol{I}_d^t) \cdot N(0,\ 1) \mid, & x_{\tilde{i}d}^t > u_d^t \\ x_{id}^t + \boldsymbol{\eta} \cdot \mathrm{size}(\boldsymbol{I}_d^t) \cdot N(0,\ 1), & \text{其他} \end{cases} \tag{3.19}$$

其中, $d = 1,\ 2,\ \cdots,\ D$; $N(0,\ 1)$ 表示服从标准正态分布的随机数; $\mathrm{size}(\boldsymbol{I}_d^t)$ 表示第 $t$ 次迭代时第 $d$ 维信仰空间可调节变量长度; $\boldsymbol{\eta}$ 是一定范围内的常数( $0.01 \sim 0.6$ )或变量。

使用第二种方法产生火花:文化烟花产生火花数目为 $\hat{m}$。如果 $\gamma_2 < \rho_2$,对于第 $j$ 个烟花,随机选择 $z(z \leqslant D)$ 个爆炸方向,产生第 $\hat{i}$ 个火花的第 $\overline{d}$ 维为

$$x_{\tilde{i}d}^{t+1} = x_{jd}^t \cdot g_{\tilde{i}d}^t \tag{3.20}$$

其中 $\rho_2$ 为一表示概率的 $[0,\ 1]$ 间常数, $\gamma_2$ 为 $[0,\ 1]$ 之间的随机数, $g_{\tilde{i}d}^t$ 为服从均值为 1 方差为 1 的高斯分布的随机数。如果 $\gamma_2 \geqslant \rho_2$,第 $\hat{i}$ 个文化火花的第 $d$ 维为

$$x_{\hat{i}d}^{t+1} = \begin{cases} x_{jd}^t + |\ \text{size}(\boldsymbol{I}_d^t)\ \cdot N(0,\ 1)\ |, & x_{jd}^t < l_d^t \\ x_{jd}^t - |\ \text{size}(\boldsymbol{I}_d^t)\ \cdot N(0,\ 1)\ |, & x_{jd}^t > u_d^t \\ x_{jd}^t + \hat{A}_j^{t+1} \cdot \text{size}(\boldsymbol{I}_d^t)\ \cdot N(0,\ 1), & \text{其他} \end{cases} \tag{3.21}$$

其中，$j \in [1,\ p]$；$d = 1,\ 2,\ \cdots,\ D$；$N(0,\ 1)$ 表示服从标准正态分布的随机数；$\text{size}(\boldsymbol{I}_d^t)$ 表示第 $t$ 次迭代时信仰空间可调节变量长度。

基于上述操作，所产生的文化烟花和火花的总个数为 $p + \vartheta$ 个，即 $\boldsymbol{X} = [\boldsymbol{x}_1,\ \boldsymbol{x}_2,\ \cdots,\ \boldsymbol{x}_{p+\vartheta}]$，$\vartheta = \sum\limits_{m=1}^{p} \hat{S}_m^{t+1} + \hat{m}$。从 $\boldsymbol{X}$ 中选择 $p$ 个位置作为下一次烟花的初始位置，将其记作 $\boldsymbol{x}_1^{t+1},\ \boldsymbol{x}_2^{t+1},\ \cdots,\ \boldsymbol{x}_p^{t+1}$。在下一次迭代中 $p$ 个烟花位置的初值由两部分组成：一部分是 $\boldsymbol{X}$ 中 $p + \vartheta$ 个位置中较优秀的 $p/2$ 个位置；另一部分是根据位置间的欧几里得距离在余下的 $p/2 + \vartheta$ 个位置中选择。将第 $i$ 个位置和其他位置间的欧几里得距离定义为

$$O(\boldsymbol{x}_i) = \sum_{\boldsymbol{x}_{\tilde{q}} \in Q} d(\boldsymbol{x}_i,\ \boldsymbol{x}_{\tilde{q}}) = \sum_{\boldsymbol{x}_{\tilde{q}} \in Q} \|\ \boldsymbol{x}_i,\ \boldsymbol{x}_{\tilde{q}}\ \| \tag{3.22}$$

其中，$Q$ 是余下的 $p/2 + \vartheta$ 个位置标号集合。根据轮盘赌选择策略，第 $i$ 个位置 $\boldsymbol{x}_i$ 被选择的概率为

$$p(\boldsymbol{x}_i) = \frac{O(\boldsymbol{x}_i)}{\sum\limits_{\boldsymbol{x}_{\tilde{q}} \in Q} O(\boldsymbol{x}_{\tilde{q}})} \tag{3.23}$$

文化烟花算法的实现过程由以下步骤给出。

步骤一：初始化参数，初始化文化烟花的位置，设置烟花数目 $p$，控制参数 $\hat{m}$、$a$、$b$ 等，设置最大迭代次数，设置初始迭代次数 $t = 0$。

步骤二：初始化信仰空间。

步骤三：通过适应度函数计算和评估空间位置的适应度。

步骤四：根据式(3.15)和式(3.16)计算火花数目 $\hat{S}_i^t$。

步骤五：根据两种不同的方式产生火花，根据式(3.18)和式(3.19)产生 $\hat{S}_i^t$ 个火花，根据式(3.20)和式(3.21)产生 $\hat{m}$ 个火花。

步骤六：计算每个新产生的火花的适应度函数值。

步骤七：根据适应度函数值和接受函数选择质量好的位置放置文化烟花，通过式(3.10)~式(3.14)更新信仰空间。

步骤八：从 $p + \vartheta$ 个文化烟花或火花中选取前 $p$ 个不同位置，作为下一次迭代文烟花爆炸的初始位置。

步骤九：如果未满足终止条件(终止条件一般设置为最大迭代次数)，则返回

步骤四;否则,算法终止,输出最小目标函数值及其所对应的烟花或火花的位置。

## 3.1.3　文化烟花算法测试仿真

为了测试文化烟花算法(CF)的有效性,选择 4 个通用测试函数对其进行测试,并且将测试结果与量子粒子群算法(QPSO)、粒子群算法(PSO)和烟花算法(FA)进行比较。待优化向量为 $\boldsymbol{x} = [x_1, x_2, \cdots, x_D]$,所选的测试函数为 Rastrigrin 函数、Griewank 函数、Zakharov 函数和 Sum Squares 函数,其表达式分别为

$$f_1(\boldsymbol{x}) = \sum_{d=1}^{D} \left[ x_d^2 - 10\cos(2\pi x_d) + 10 \right] \tag{3.24}$$

其中,$x_d \in [-5.12, 5.12]$;$d = 1, 2, \cdots, D$。

$$f_2(\boldsymbol{x}) = \frac{1}{4\,000} \sum_{d=1}^{D} x_d^2 - \prod_{i=1}^{D} \cos\frac{x_d}{\sqrt{d}} + 1 \tag{3.25}$$

其中,$x_d \in [-600, 600]$;$d = 1, 2, \cdots, D$。

$$f_3(\boldsymbol{x}) = \sum_{d=1}^{D} x_d^2 + \left( \sum_{d=1}^{D} 0.5 dx_d \right)^2 + \left( \sum_{d=1}^{D} 0.5 dx_d \right)^4 \tag{3.26}$$

其中,$x_d \in [-5, 10]$;$d = 1, 2, \cdots, D$。

$$f_4(\boldsymbol{x}) = \sum_{d=1}^{D} dx_d^2 \tag{3.27}$$

其中,$x_d \in [-10, 10]$;$d = 1, 2, \cdots, D$。

参数设置:粒子群算法的参数设置主要参照文献[8]:学习因子 $c_1 = c_2 = 2$。量子粒子群算法的参数设置主要参照文献[9]。烟花算法参数设置主要参照文献[15]:烟花数目为 5,$\hat{a} = 40, a = 0.04, b = 0.8$。在 CF 中,一些参数设为: $P_1 = 0.5, \hat{p} = 20, a = 0.04, b = 0.2, A_i = 50, \hat{m} = 20, \eta = 0.06, \rho_1 = 0.9, \rho_2 = 0.9$。在 CF、PSO、QPSO 和 FA 的每次运行中,所有智能算法的群体规模被设置为 50,最大空间搜索维数 $D = 50$, 最大迭代次数为 1 000,为了便于比较,所有智能算法的初始个体是相同的。仿真结果取 100 次试验的平均值。

图 3.1~图 3.4 给出了粒子群算法、量子粒子群算法、烟花算法和文化烟花算法的 4 个基本测试函数的仿真关系对比曲线。从仿真图中可以看出在处理高维问题时,CF 明显优于其他三种算法,尤其是在图 3.1~图 3.2 中可以看出文化烟花算法在不到 500 代时就可以收敛到最小值 0,且 Zakharov 函数和 Sum Squares 函数的测试结果表明,文化烟花算法的收敛精度远远好于其他三种算法。

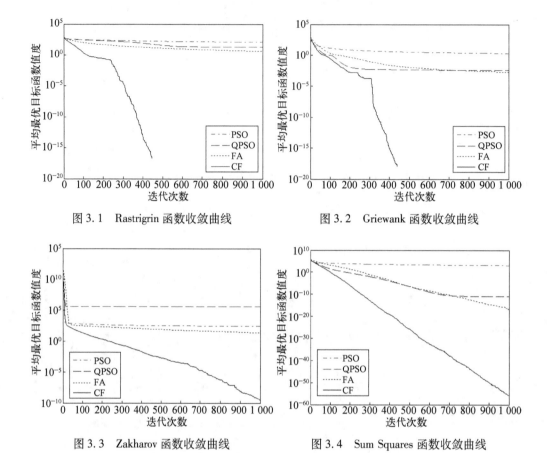

图 3.1 Rastrigrin 函数收敛曲线  图 3.2 Griewank 函数收敛曲线

图 3.3 Zakharov 函数收敛曲线  图 3.4 Sum Squares 函数收敛曲线

# 3.2 基于文化烟花算法的数字滤波器设计

## 3.2.1 FIR 和 IIR 数字滤波器模型

1. FIR 数字滤波器

设 $N$ 阶 FIR 数字滤波器的单位取样响应为 $h[n] \neq 0(n = 0, 1, \cdots, N-1)$，则其传递函数可表示为

$$H[z] = \sum_{n=0}^{N-1} h(n) z^{-n} \tag{3.28}$$

则滤波器的频率响应为

$$H(e^{j\omega}) = \sum_{n=0}^{N-1} h(n) e^{-j\omega_n} \tag{3.29}$$

设滤波器的理想频率响应为 $H_d(e^{j\omega})$，对其进行等间隔频率采样可得：

$$H_d(e^{j\omega})\Big|_{\omega=\frac{2\pi}{N}k} = H_d(k) \tag{3.30}$$

$H_d(k)$ 为所设计滤波器的理想频率响应，式(3.30)还可写作

$$H_d(k) = H_d(e^{j\omega})\Big|_{\omega=\frac{2\pi}{N}k} \tag{3.31}$$

采用频域均方误差作为设计 FIR 数字滤波器的最优化准则，误差越小表明效果越好。以 $E_F(e^{j\omega})$ 表示理想频率响应与实际频率响应误差，即

$$E_F(e^{j\omega}) = H_d(e^{j\omega}) - H(e^{j\omega}) \tag{3.32}$$

在所有的抽样点上，可以得到累积均方误差为

$$E_F = \sum_{i=1}^{M} \left[ \mid H_d(e^{j\omega_i}) \mid - \mid H(e^{j\omega_i}) \mid \right]^2 \tag{3.33}$$

其中，$M$ 为抽样点个数。式(3.33)可写作

$$E_F = \sum_{i=1}^{M} \left[ \left| \sum_{n=0}^{N-1} h(n) e^{-j\omega_i n} \right| - \mid H_d(e^{j\omega_i}) \mid \right]^2 \tag{3.34}$$

因此，设计最优滤波器的目的就是在解空间寻找一组 $h(n)$ 使得 $E_F$ 最小。

**2. IIR 数字滤波器**

IIR 数字滤波器的传递函数可表示为

$$H(Z) = A_0 \prod_{k=1}^{N} \frac{1 + a_k Z^{-1} + b_k Z^{-2}}{1 + c_k Z^{-1} + d_k Z^{-2}} \tag{3.35}$$

其中，$a_k$，$b_k$，$c_k$，$d_k (k = 1, \cdots, N)$ 为滤波器系数。滤波器的频率响应特性为

$$H(e^{j\omega}) = A_0 \prod_{k=1}^{N} \frac{1 + a_k e^{-j\omega} + b_k e^{-j2\omega}}{1 + c_k e^{-j\omega} + d_k e^{-j2\omega}} = A_0 G(e^{j\omega}) \tag{3.36}$$

若设滤波器的理想频率响应为 $\mid H_d(e^{j\omega}) \mid$，则 IIR 滤波器频域最小均方误差优化设计就要求在离散频率点 $\{\omega_i \mid i = 1, 2, \cdots, M\}$ 上，使所设计的滤波器的幅频响应 $\mid H(e^{j\omega}) \mid$ 与理想的幅频响应 $\mid H_d(e^{j\omega}) \mid$ 均方误差最小，即

$$E_I = \sum_{i=1}^{M} \left[ \mid H(e^{j\omega_i}) \mid - \mid H_d(e^{j\omega_i}) \mid \right]^2 \tag{3.37}$$

其中，目标函数 $E_I$ 是增益 $A_0$ 和滤波器系数的非线性函数，由于共有 $N$ 个二阶节，

并且 $A_0$ 可由式(3.38)使用滤波器系数计算,因此 $E_1$ 是有 $4N$ 个未知数的函数,$A_0$ 可表示为

$$
A_0 = \frac{\sum\limits_{i=1}^{M} \mid G(\mathrm{e}^{\mathrm{j}\omega_i}) \mid \cdot \mid H_d(\mathrm{e}^{\mathrm{j}\omega_i}) \mid}{\sum\limits_{i=1}^{M} \mid G(\mathrm{e}^{\mathrm{j}\omega_i}) \mid^2}
\tag{3.38}
$$

### 3.2.2　数字滤波器设计的文化烟花算法实现

针对数字滤波器设计问题,在文化烟花算法中,利用烟花作为文化算法的群体空间,将文化知识引入烟花演进的变异算子中,可以改善搜索过程,降低计算时间,可以对文化烟花算法进行简化设计[19]。

当文化烟花被点燃时,文化烟花周围的空间会充满火花。文化烟花的爆炸过程可以看作是在特定点周围的局部空间中搜索,文化烟花在爆炸过程中产生火花。寻找最优点时,可以在潜在空间(potential space)中持续燃放烟花,直到一个文化火花相当接近或达到最优点。在文化烟花算法中,对于每次迭代的爆炸,首先选择 $p$ 个文化烟花,燃放爆炸之后,获得并评估火花的位置。当找到最优位置时,算法停止,否则,从当前文化火花和之前的文化烟花中选择 $p$ 个位置放置烟花用于下一代爆炸。

每一次爆炸开始时,选择 $p$ 个位置放置文化烟花进行爆炸操作。在所有文化烟花爆炸产生的 $q$ 个位置中,选择前 $\mu q(0.05 < \mu < 0.5)$ 个优秀位置总是保留,然后,在剩余的 $q - \mu q$ 个文化火花中根据它们与其他位置的距离来选择 $p - \mu q$ 个不同的位置以保持文化火花的多样性。位置 $\boldsymbol{x}_i^t = (x_{i1}^t, x_{i2}^t, \cdots, x_{iM}^t), i \in \{\mu q + 1, \mu q + 2, \cdots, q\}$ 与其他位置 $\boldsymbol{x}_j^t = (x_{j1}^t, x_{j2}^t, \cdots, x_{jM}^t)(j = \mu q + 1, \mu q + 2, \cdots, q)$ 的距离定义如下:

$$
R(\boldsymbol{x}_i^t) = \sum_{j=\mu q+1}^{q} d(\boldsymbol{x}_i^t, \boldsymbol{x}_j^t) = \sum_{j=\mu q+1}^{q} \parallel \boldsymbol{x}_i^t - \boldsymbol{x}_j^t \parallel
\tag{3.39}
$$

位置 $\boldsymbol{x}_i^t$ 被选择的概率为

$$
v(\boldsymbol{x}_i^t) = \frac{R(\boldsymbol{x}_i^t)}{\sum\limits_{j=\mu q+1}^{q} R(\boldsymbol{x}_j^t)}
\tag{3.40}
$$

第 $i$ 个文化烟花产生的文化火花数量定义如下:

$$q_i^t = q \cdot \frac{y_{\max} - f(\boldsymbol{x}_i^t)}{\sum_{i=1}^{p} \left[ y_{\max}^t - f(\boldsymbol{x}_i^t) \right]} \tag{3.41}$$

其中,$q$ 是控制 $p$ 个文化烟花产生的文化火花总数的参数,$y_{\max}^t = \max\{f(\boldsymbol{x}_j^t)\}$,$j = 1$,$2$,$\cdots$,$q\}$ 为 $q$ 个文化火花中目标函数的最大(最差)值。

为了避免质量极好的文化火花带来的压倒性影响,保持文化火花的多样性,文化火花数量 $\hat{q}_i^t$ 由下式定义:

$$\hat{q}_i^t = \begin{cases} \mathrm{round}(ap), & \text{如果} \quad q_i^t < ap \\ \mathrm{round}(bp), & \text{如果} \quad q_i^t > bp \\ \mathrm{round}(q_i), & \text{其他} \end{cases} \tag{3.42}$$

其中,$a$ 和 $b$ 均为常数。为了满足等式 $\sum_{i=1}^{p} \hat{q}_i^t = q$,可以通过减少质量极好的文化火花数量或者添加质量差的文化火花数量来轻微调整 $\hat{q}_i^t$ 的值。

利用信仰空间规范知识改变搜索范围和变异方向,文化烟花 $j$ 产生火花 $i$ 的第 $d$ 维更新方程如下:

$$x_{id}^{t+1} = \begin{cases} x_{jd}^t + |\ \mathrm{size}(\boldsymbol{I}_d^t) \cdot N(0, 1)\ |, & x_{jd}^t < l_d^t \\ x_{jd}^t - |\ \mathrm{size}(\boldsymbol{I}_d^t) \cdot N(0, 1)\ |, & x_{jd}^t > u_d^t \\ x_{jd}^t + \eta \cdot \mathrm{size}(\boldsymbol{I}_d^t) \cdot N(0, 1), & \text{其他} \end{cases} \tag{3.43}$$

其中,$N(0, 1)$ 表示服从标准正态分布的随机数,$\mathrm{size}(\boldsymbol{I}_i^t)$ 表示第 $t$ 次迭代时信仰空间可调节变量长度,$\eta$ 是一定范围内的常数($0.01 \sim 0.6$)或变量。

利用信仰空间形势知识和规范知识共同改变搜索范围和变异方向,文化烟花 $j$ 产生火花 $i$ 的第 $d$ 维更新方程如下:

$$x_{id}^{t+1} = \begin{cases} x_{jd}^t + |\ \mathrm{size}(\boldsymbol{I}_d^t) \cdot N(0, 1)\ |, & x_{jd}^t < s_d^t \\ x_{jd}^t - |\ \mathrm{size}(\boldsymbol{I}_d^t) \cdot N(0, 1)\ |, & x_{jd}^t > s_d^t \\ x_{jd}^t + \eta \cdot \mathrm{size}(\boldsymbol{I}_d^t) \cdot N(0, 1), & \text{其他} \end{cases} \tag{3.44}$$

为了保持文化烟花的多样性,设计了另外两种产生文化火花位置的方法,文化烟花 $j$ 产生火花 $i$ 的方法定义为

$$x_{id}^{t+1} = \begin{cases} x_{jd}^t + |\ \mathrm{size}(\boldsymbol{I}_d^t) \cdot N(0, 1)\ |, & x_{jd}^t < l_d^t \\ x_{jd}^t - |\ \mathrm{size}(\boldsymbol{I}_d^t) \cdot N(0, 1)\ |, & x_{jd}^t > u_d^t \\ x_{jd}^t + \hat{A}_j^t \cdot \eta_1 \cdot \mathrm{size}(\boldsymbol{I}_d^t) \cdot N(0, 1), & \text{其他} \end{cases} \tag{3.45}$$

$$x_{id}^{t+1} = \begin{cases} x_{jd}^t + \varepsilon \mid (x_{r_2 d}^t - x_{r_1 d}^t) \cdot N(0,1) \mid, & x_{jd}^t < l_d^t \\ x_{jd}^t - \varepsilon \mid (x_{r_2 d}^t - x_{r_1 d}^t) \cdot N(0,1) \mid, & x_{jd}^t > u_d^t \\ x_{jd}^t + \hat{A}_j^t \cdot \eta_2 \cdot (x_{r_2 d}^t - x_{r_1 d}^t) \cdot N(0,1), & 其他 \end{cases} \quad (3.46)$$

其中，$r_1 \in [1, p]$ 和 $r_2 \in (1, p)$ 为随机整数且 $r_1 \neq r_2$；$\varepsilon$、$\eta_1$ 和 $\eta_2$ 为正常数；$\hat{A}_j^t$ 为文化烟花爆炸的幅度，定义为

$$\hat{A}_j^t = A_j \frac{\mid f(\boldsymbol{x}_j^t) - y_{\min}^t + \xi \mid}{\sum_{i=1}^{p} \mid f(\boldsymbol{x}_i^t) - y_{\min}^t + \xi \mid} \quad (3.47)$$

其中，$A_j$ 表示爆炸幅度的最大值，$y_{\min}^t = \min\{f(\boldsymbol{x}_i^t)\}$，$i = 1, 2, \cdots, p\}$ 为 $p$ 个文化烟花中目标函数的最小(最优)值。为了避免 $\hat{A}_j^t = 0$，$\xi$ 被设置为正常数。可以看出，质量好的文化烟花爆炸幅度比质量差的文化烟花爆炸幅度小。

### 3.2.3　基于文化烟花算法的数字滤波器

适应度函数的目的为评估每个文化烟花的状态。在基于文化烟花算法 FIR 和 IIR 数字滤波器设计中，优化目标为求下列目标函数的最小值：

$$f(\boldsymbol{x}) = \begin{cases} \alpha E_F + \beta E_I & \boldsymbol{x} \in s.t \\ \delta[\alpha E_F + \beta E_I] & \boldsymbol{x} \notin s.t \end{cases} \quad (3.48)$$

其中，$s.t$ 代表对矢量 $\boldsymbol{x}$ 的约束条件，$\delta$ 为正常数且 $\delta > 1$，$\alpha \in \{0,1\}$，$\beta \in \{0,1\}$，且 $\alpha + \beta = 1$。

文化烟花算法的实现过程由以下步骤给出。

步骤一：根据设计要求，选取 $\alpha$、$\beta$ 和 $\delta$ 的值，对于无约束优化问题 $\delta = 1$。

步骤二：随机选取给定区域内 $q$ 个候选解作为初始群体，并初始化信仰空间。

步骤三：通过给定的目标函数评估群体空间的性能分数。

步骤四：从烟花和文化火花位置中选择 $p$ 个位置放置文化烟花。

步骤五：引爆 $p$ 个位置上的文化烟花。根据设计的影响函数，文化烟花中的 $q$ 个位置以一定概率由式(3.43)~式(3.46)来表示。

步骤六：计算新位置的目标函数。

步骤七：根据接受函数选择质量极好的文化烟花，通过式(3.10)~式(3.14)更新信仰空间。

步骤八：从两代的文化烟花和火花中选取前 $q$ 个不同位置，其中包括下一代(迭代)的当前和父代文化烟花。

步骤九：如果未满足终止条件(终止条件一般设置为最大迭代次数),则返回步骤四;否则,算法终止。

# 3.3　数字滤波器实验仿真

采用粒子群优化[8](PSO)、量子行为粒子群优化[9](QPSO)、自适应量子行为粒子群优化[10](AQPSO)设计数字滤波器,用于与基于文化烟花算法设计的数字滤波器进行性能比较。在 CF、PSO、QPSO 和 AQPSO 的每次迭代中,所有智能算法的群体规模被设置为 100,为了便于比较,智能算法的随机初始个体是相同的。在 CF 中[19],一些参数设为 $\mu = 0.3, \eta \in 0.06 \sim 0.1, p = 40, a = 0.025, b = 0.2$。

## 3.3.1　FIR 滤波器设计仿真

FIR 数字滤波器的设计实例是低通滤波器和带通滤波器。它们的频率响应设计如下：

$$H_d(e^{j\omega}) = \begin{cases} 1, & 0 \leq \omega \leq 0.2\pi \\ 0, & 0.3\pi \leq \omega \leq \pi \end{cases} \qquad (3.49)$$

$$H_d(e^{j\omega}) = \begin{cases} 1, & \omega_{h1} \leq \omega \leq \omega_{l2} \\ 0, & 0 \leq \omega \leq \omega_{l1}, \omega_{h2} \leq \omega \leq \pi \end{cases} \qquad (3.50)$$

其中,$\omega_{l1} = 0.23\pi, \omega_{h1} = 0.33\pi, \omega_{l2} = 0.67\pi, \omega_{h2} = 0.77\pi$。

FIR 数字滤波器的搜索范围设为 $[-1, 1]$。频率间隔数设为 $N = 30$。通过查表可知,选取过度频带的响应为 0.594 1 和 0.109 021。

图 3.5 和图 3.6 给出了仿真实验次数为 100 时,根据四种算法设计的 FIR 低通滤波器和带通滤波器的收敛性能比较曲线。从图 3.5 和图 3.6 中可以看出,CF

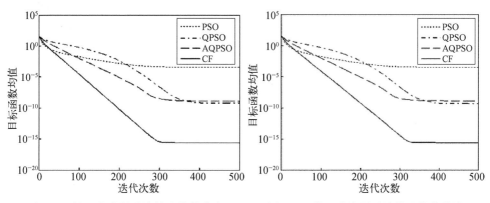

图 3.5　低通滤波器设计算法收敛曲线　　　图 3.6　带通滤波器设计算法收敛曲线

相比于其他三种算法具有更快的收敛速度。仿真数据可从表 3.1 获得,其中"最大值"表示进行 100 次仿真试验中目标函数的最大值,"最小值"表示进行 100 次仿真试验中目标函数的最小值,"均值"表示 100 次仿真试验目标函数的平均值,"方差"表示进行 100 次仿真试验目标函数的方差。

表 3.1　FIR 数字滤波器设计的 4 种智能优化算法性能比较

| 目标值 | 低通数字滤波器 | | | |
| --- | --- | --- | --- | --- |
| | PSO | QPSO | AQPSO | CF |
| 最大值 | 1.850 5E-3 | 8.884 5E-9 | 7.609 6E-9 | 8.881 8E-16 |
| 最小值 | 7.590 8E-5 | 6.631 1E-12 | 1.142 7E-10 | 0 |
| 均值 | 3.956 6E-4 | 5.863 4E-10 | 1.236 2E-9 | 2.553 5E-16 |
| 方差 | 8.605 3E-8 | 1.344 5E-18 | 1.108 7E-18 | 1.133 0E-32 |
| | 带通数字滤波器 | | | |
| | PSO | QPSO | AQPSO | CF |
| 最大值 | 9.370 0E-4 | 3.208 1E-9 | 5.526 0E-9 | 4.440 9E-16 |
| 最小值 | 6.312 8E-5 | 9.464 4E-12 | 8.300 6E-11 | 0 |
| 均值 | 3.818 1E-4 | 3.320 8E-10 | 1.458 9E-9 | 2.109 4E-16 |
| 方差 | 3.865 5E-8 | 2.074 8E-19 | 1.670 8E-18 | 4.238 1E-33 |

　　图 3.7 和图 3.8 给出了仿真试验次数为 230 时,根据四种算法设计的 FIR 低通滤波器和带通滤波器的频率和幅度响应关系比较曲线。从图 3.7 和图 3.8 的仿真结果可以看出,相同迭代次数时,CF 优于 PSO、QPSO 和 AQPSO 算法。

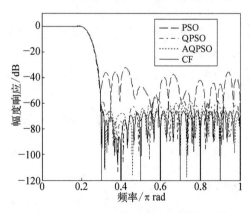 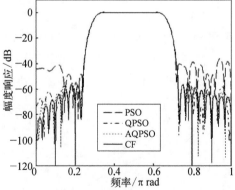

图 3.7　低通 FIR 滤波器的幅度响应　　　图 3.8　带通 FIR 滤波器的幅度响应

## 3.3.2　IIR 滤波器设计仿真

　　IIR 滤波器设计实例是高通滤波器。它的频率响应为

$$H_d(e^{j\omega}) = \begin{cases} 1, & 0.47\pi \leqslant \omega \leqslant \pi \\ 0, & 0 \leqslant \omega \leqslant 0.4\pi \end{cases} \tag{3.51}$$

对于不同的参数,数字滤波器系数的搜索范围设为 $[-2, 2]$ 和 $[-1, 1]$。IIR 数字滤波器智能算法的参数维数为 12。

为了显示依据不同算法设计的 IIR 高通滤波器的差异,图 3.9 给出了四种算法进行 100 次试验的迭代次数与目标函数均值的仿真关系比较曲线。从三种算法的滤波器设计的仿真结果可以看出,CF 算法比其他两种算法具有更快的收敛速度。仿真数据可由表 3.2 获得。显然,CF 是设计 FIR 和 IIR 数字滤波器的优良算法。经过 100 次试验,CF 在目标函数的最大值、最小值、均值和方差上均优于 QPSO 和 AQPSO。

图 3.10 给出了仿真试验次数为 400 时,根据 3 种算法设计的 IIR 高通滤波器振幅响应比较曲线。相同迭代次数时,CF 优于 QPSO 和 AQPSO 算法。

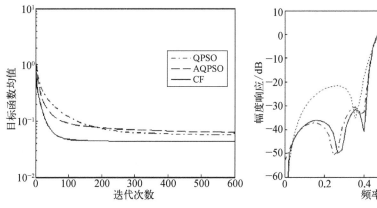 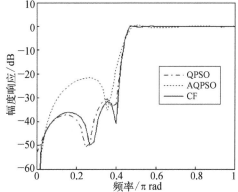

图 3.9　IIR 数字滤波器的算法收敛曲线　　图 3.10　高通 IIR 数字滤波器的幅度响应

表 3.2　IIR 数字滤波器的性能比较

| 目 标 值 | 高通数字滤波器 | | |
|---|---|---|---|
| | QPSO | AQPSO | CF |
| 最大值 | 1.069 6E-1 | 1.730 8E-1 | 9.555 4E-2 |
| 最小值 | 3.641 9E-3 | 3.660 8E-3 | 1.005 9E-3 |
| 均　值 | 5.698 6E-2 | 6.322 1E-2 | 4.337 2E-2 |
| 方　差 | 1.094 2E-3 | 3.821 0E-3 | 9.970 3E-4 |

### 3.3.3　约束条件下 FIR 滤波器的仿真

设计通带纹波分别为不超过 0.25 dB 和 0.36 dB 低通滤波器和带通 FIR 滤波

器,设计的数字滤波器纹波超过约束值为不成功。在 CF 中,$\delta$ 设为 10。在 QPSO 和 AQPSO 中,目标函数没有使用约束。表 3.3 给出了仿真试验次数为 100 和迭代次数为 400,基于 4 种算法设计的 FIR 低通滤波器和带通滤波器的性能比较。CF 在 100 次试验都可以满足约束条件的要求,成功概率为 100%,阻带衰减也是最优的。其他 3 种算法在大多数情况下都不能满足约束条件。因此,所设计的滤波器给出的目标函数是有效的。

**表 3.3　有约束 FIR 数字滤波器的性能比较**

| 性　能 | 低通 FIR 滤波器 | | | |
| --- | --- | --- | --- | --- |
| | PSO | QPSO | AQPSO | CF |
| 通带纹波/dB | 0.234 3 | 0.306 32 | 0.306 35 | 0.249 |
| 成功概率/% | 10 | 0 | 0 | 100 |
| 阻带衰减/dB | −39.473 | −64.489 | −64.925 | −66.053 |
| 性　能 | 带通 FIR 滤波器 | | | |
| | PSO | QPSO | AQPSO | CF |
| 通带纹波/dB | 0.417 24 | 0.378 77 | 0.378 33 | 0.359 |
| 成功概率/% | 10 | 0 | 0 | 100 |
| 阻带衰减/dB | −40.695 | −61.363 | −61.397 | −61.441 |

试验表明,CF 具有更快的收敛速度和更高的优化精度。与 PSO、QPSO 和 AQPSO 算法进行比较,CF 的优点在于:设计了四种产生文化火花的方法以保持文化火花的多样性,而且位置选择过程也是保持多样性的机制。因此,CF 具有避免提前收敛的优点。

# 3.4　小　　结

利用文化算法双层进化空间的特点,将烟花算法等嵌入文化算法,作为其种群空间,形成文化烟花算法;使用文化烟花算法设计 FIR 和 IIR 数字滤波器,能满足更多的数字滤波器的约束要求,有更好的应用范围。

## 参 考 文 献

[1]　军伟,任良超.基于频率采样技术的 FIR 数字滤波器的优化设计[J].仪器仪表学报,2005,26(S2):475−477.

[2]　Deczky A G. Synthesis of recursive digital filters using the minimum P-error criterion[J]. IEEE Transactions on Audio Electroacoust, 1972, AU−20(4):257−263.

[3]　Steiglitz K. Computer aided design of recursive digital filters[J]. IEEE Transactions on Audio Electroacoust, 1970, AU−18(2):211−217.

[ 4 ] Shaw A K. Optimal design of digital IIR filters by model-fitting frequency response data[J]. IEEE Transactions on Circuits and Systems II: Analog and Digital Signal Processing, 1995, 42 (11): 702 − 710.

[ 5 ] Zhao Q S, Meng G Y. Design of digital FIR fiters using differential evolutional algorithm based on reserved gene [C]. Xi'an: 2010 International Conference of Information Science and Management Engineering, 2010, 2: 177 − 180.

[ 6 ] Oliveira J, Hime A, Petraglia A, et al. Frequency domain FIR filter design using fuzzy adaptive simulated annealing[J]. Circuits, Systems, and Signal Processing, 2009, 28(6): 899 − 911.

[ 7 ] Suckley D. Genetic algorithm in the design of FIR filters[C]. IEEE proceedings. Part G. Electronic circuits and systems, 1991, 138(2): 234 − 238.

[ 8 ] 李辉,张安,赵敏,等. 粒子群优化算法在 FIR 数字滤波器设计中的应用[J]. 电子学报, 2005, 33(7): 1338 − 1341.

[ 9 ] Fang W, Sun J, Xu W B, et al. FIR digital filters design based on quantum-behaved particle swarm optimization [C]. Beijing: First International Conference on Innovative Computing, Information and Control, 2006, 1(23): 615 − 619.

[10] 方伟,孙俊,须文波. 基于自适应量子粒子群算法的 FIR 滤波器设计[J]. 系统工程与电子技术, 2008, 30(7): 1378 − 1381.

[11] Zhao Z K, Gao H Y, Liu Y Q. Chaotic particle swarm optimization for FIR filter design[C]. Yichang: 2011 International Conference on Electrical and Control Engineering, 2011: 2058 − 2061.

[12] Terán J, Aguilar J, Cerrada M. Integration in industrial automation based on multi-agent systems using cultural algorithms for optimizing the coordination mechanisms[J]. Computers in Industry, 2017, 91: 11 − 23.

[13] Gao H Y, Liang Y S, Liu D D. IIR Digital Filter Design Based on Cultural Quantum-inspired Flower Pollination Algorithm [C]. Chengdu: IEEE 17th International Conference on Communication Technology (ICCT), 2017: 1693 − 1697.

[14] Yan X S, Li W, Chen W, et al. Cultural algorithm for engineering design problems[J]. International Journal of Computer Science Issues, 2012, 9(6): 53 − 61.

[15] Tan Y, Zhu Y C. Fireworks algorithm for optimization[C]. Beijing: Advances in Swarm Intelligence-1st International Conference on Advances in Swarm Intelligence, 2010, 6145 LNCS(PART 1): 355 − 364.

[16] 谭营,郑少秋. 烟花算法研究进展[J]. 智能系统学报, 2014, 9(5): 515 − 528.

[17] Gao H Y, Du Y N, Li C W. Quantum fireworks algorithm for optimal cooperation mechanism of energy harvesting cognitive radio [J]. Journal of Systems Engineering and Electronics, 2018, 29(1): 18 − 30.

[18] Gao H Y, Li C W. Opposition-based quantum firework algorithm for continuous optimisation problems[J]. International Journal of Computing Science and Mathematics, 2015, 6(3): 256 − 265.

[19] Gao H Y, Diao M. Cultural firework algorithm and its application for digital filters design[J]. International Journal of Modelling, Identification and Control, 2011, 14(4): 324 − 331.

# 第4章 量子智能计算在多用户检测中的应用

多用户检测是无线 CDMA 通信系统中的关键技术,CDMA 系统的传统多用户检测技术在多址干扰和远近效应存在时具有检测性能差的局限。因为 CDMA 系统的传统检测器将用户间的干扰看成是白噪声信道的一部分,没有把其中的有用信息提取出来。因此,传统检测器直接采用相关检测解调目标用户的传输码元,得到的误码率性能是很差的。而多用户检测技术能充分利用各用户间的互相关信息进行联合解调来提高系统的性能。但是,任何一种利用互相关信息的多用户检测器,无论是线性多用户检测器还是非线性多用户检测器,在接收端一般都需要知道以下的一个或几个参数:① 期望用户的扩频信息;② 干扰用户的扩频信息;③ 期望用户的定时信息,即其符号的出现时间和载波相位等信息;④ 干扰用户的定时信息,即干扰符号的出现时间和载波相位等信息;⑤ 干扰用户相对于期望用户的接收信号的幅值;⑥ 在自适应算法中需要知道每个活动用户的训练数据序列。

最优检测、线性检测和干扰消除检测等方法是在传统检测硬判决(即匹配滤波器输出)的基础上进行处理,它们需要较多的附加信息;自适应检测方法可以直接对接收信号进行处理,大大减少了附加信息的需求量,但是以引入了训练序列为代价;盲多用户检测方法不需要采用训练序列,提高了系统的动态跟踪能力,但与使用训练序列的自适应多用户检测相比,收敛结果扰动大,特别是当扩频序列估计有较大失配时,扰动更严重。

Verdu 提出的最优多用户检测[1]虽具有最优越的检测能力,但由于计算量与用户数呈指数增长,不容易实时实现。遗传算法[2-3]、进化规划[4]等智能进化计算方法在解决多用户检测问题时可以使计算复杂度有较大的下降,误码率性能也远优于传统检测器。随着智能计算理论的兴起,在各种扩频通信系统设计智能多用户检测器引起人们的广泛关注[5-13],这是因为基于智能信息处理的多用户检测能在各种系统和各种噪声环境下可以达到近似最优的性能,并且空时处理的多用户检测和空时编码的多用户检测也可以使用智能计算算法有效地实现。因此,在有一段时间,只要一种新的智能计算方法问世,就会有研究者将其应用到多用户检测器的设计上。但其性能受群体规模和迭代次数影响严重,存在收敛速度慢的缺点。

遗传量子算法是新发展起来的一种基于量子计算原理[14]并有好的全局收敛

性能的概率优化方法,但存在着局部收敛和收敛速度依旧不能满足工程需要的缺点,影响了算法的有效应用范围。因为对多用户检测技术实时性和有效性的追求是一个不断追求完美的过程,尽管现在国内外对多用户检测研究的论文还在不断地出现,但这个领域的研究还在继续,人们不断地把新的计算方法和技术应用或结合到多用户检测中,为该研究方向的实用化发展提供理论基础。本章首先针对高斯噪声环境下多用户检测的收敛速度和收敛精度难以折中的矛盾,通过对遗传量子算法进行改进并引入免疫机制[15]和 Hopfield 神经网络[16]信息处理机制,实现的多用户检测器有收敛速度快和收敛性能高的优点。然后针对冲击噪声环境下的鲁棒多用户检测问题,介绍了基于量子蜂群算法的鲁棒多用户检测器,可有效抗冲击噪声、多址干扰和远近效应。

# 4.1　典型多用户检测方法

## 4.1.1　多用户检测的数学模型

由于 CDMA 系统扩频码不完全正交,传统的匹配滤波接收机不可避免存在多址干扰和远近效应问题。多用户检测技术在接收端设计干扰抑制方法,通过理论研究从受到干扰的接收信息中可靠地解调出目标用户的信号。本节将在异步 CDMA 系统推导多用户检测的数学模型,同步 CDMA 系统的多用户检测数学模型可看作是异步系统的一个特例。

对于直接序列(direct sequence,DS)CDMA,每个用户都对应一个独有的特征波形,接收信号是不同特征波形对用户传递信号扩频后在接收端的迭加再加上信道噪声,如图 4.1 所示,这就是基本的 DS － CDMA 系统基带接收信号模型,其数学模型可以表示成

$$r(t) = \sum_{i=-M}^{M} \sum_{k=1}^{K} b_k^{(i)} A_k s_k(t - iT_b - \tau_k) + n(t) \tag{4.1}$$

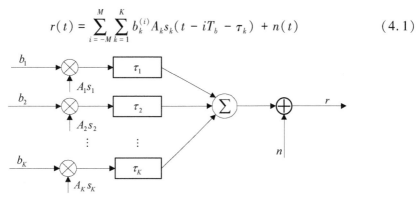

图 4.1　DS － CDMA 系统接收信号数学模型

其中,$A_k$ 是用户 $k$ 的信号幅度,$b_k^{(i)} \in \{-1, +1\}$ 表示第 $k$ 个用户被传递的第 $i$ 个码元,$s_k(t)$ 是用户 $k$ 的扩频波形,$T_b$ 是每个码元的持续时间,$\tau_k \in [0, T_b)$ 表示用户 $k$ 的时间延迟,每个用户发射一帧码元的长度等于 $2M + 1$。$n(t)$ 为具有均值为 0 的双边功率谱密度为 $N_0/2$ 的加性高斯白噪声。第 $k$ 个用户的扩频信号 $s_k$ 可表示为

$$s_k(t) = \sum_{l=0}^{L-1} a_l^{(k)} P_{T_c}(t - lT_c) \tag{4.2}$$

其中,$P_{T_c}$ 是持续时间为 $T_c$ 的矩形脉冲,$T_c$ 是码片间隔,$a_l^{(k)}$ 是用户 $k$ 的第 $l$ 个伪随机扩频码片,$L = T_b/T_c$ 为扩频增益。

为了分析和研究的方便,各个用户的扩频信号要进行归一化处理,即在一个码周期内有

$$\| s_k \|^2 = \int_0^{T_b} s_k(t) s_k(t)\, \mathrm{d}t = 1 \tag{4.3}$$

多用户检测器一般都要使用一个前处理装置,通过它可以从接收到的连续时间波形 $r(t)$ 进行采样得到离散时间信号 $y_k^{(i)}$。最常使用的前处理装置就是使接收信号通过一匹配滤波器组再进行采样得到[5]。

在异步 CDMA 系统,设定每个用户的时间延迟不同,并且随着用户标号增加延时增加,可以给出异步 CDMA 系统的时间偏移为 $0 \leqslant \tau_1 \leqslant \tau_2 \leqslant \cdots \leqslant \tau_K < T_b$。

将连续时间波形 $r(t)$ 通过图 4.2 所示的匹配滤波器组可以得到一个码元持续时间的离散时间信号,可以写作:

$$y_k^{(i)} = \int_{iT_b + \tau_k}^{(i+1)T_b + \tau_k} r(t) s_k(t - iT_b - \tau_k)\, \mathrm{d}t \tag{4.4}$$

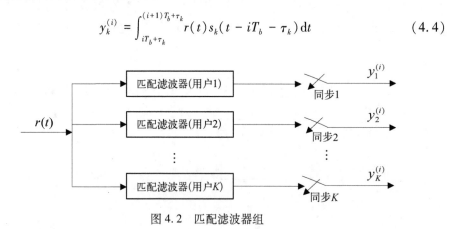

图 4.2  匹配滤波器组

将接收信号的表达式(4.1)代入式(4.4)中,得到第 $k$ 个匹配滤波器输出的第 $i$ 个传递码元的离散时间接收数据 $y_k^{(i)}$,它表示为

$$y_k^{(i)} = A_k b_k^{(i)} + \sum_{j<k} A_j b_j^{(i+1)} \rho_{kj}(-1) + \sum_{j<k} A_j b_j^{(i)} \rho_{kj}(0)$$
$$+ \sum_{j>k} A_j b_j^{(i-1)} \rho_{kj}(+1) + \sum_{j>k} A_j b_j^{(i)} \rho_{kj}(0) + n_k^{(i)} \tag{4.5}$$

$$n_k^{(i)} = \int_{iT_b+\tau_k}^{(i+1)T_b+\tau_k} n(t) s_k(t - iT_b - \tau_k) \mathrm{d}t \tag{4.6}$$

其中, $\rho_{kj}(-1)$, $\rho_{kj}(0)$, $\rho_{kj}(+1)$ 被用来表示扩频码元间互相关系数:

$$\rho_{kj}(-1) = \int_{\tau_k}^{T_b+\tau_k} s_k(t - \tau_k) s_j(t - T_b - \tau_j) \mathrm{d}t \tag{4.7}$$

$$\rho_{kj}(0) = \int_{\tau_k}^{T_b+\tau_k} s_k(t - \tau_k) s_j(t - \tau_j) \mathrm{d}t \tag{4.8}$$

$$\rho_{kj}(+1) = \int_{\tau_k}^{T_b+\tau_k} s_k(t - \tau_k) s_j(t + T_b - \tau_j) \mathrm{d}t \tag{4.9}$$

进一步将其表示成矩阵向量形式为

$$\boldsymbol{y}^{(i)} = \boldsymbol{R}(+1) \boldsymbol{A}^{(i-1)} \boldsymbol{b}^{(i-1)} + \boldsymbol{R}(0) \boldsymbol{A}^{(i)} \boldsymbol{b}^{(i)} + \boldsymbol{R}(-1) \boldsymbol{A}^{(i+1)} \boldsymbol{b}^{(i+1)} + \boldsymbol{n}^{(i)} \tag{4.10}$$

其中,

$$\boldsymbol{y}^{(i)} = [y_1^{(i)}, y_2^{(i)}, \cdots, y_K^{(i)}]^{\mathrm{T}}$$
$$\boldsymbol{A}^{(i-1)} = \boldsymbol{A}^{(i)} = \boldsymbol{A}^{(i+1)} = \mathrm{diag}(A_1, A_2, \cdots, A_K)$$
$$\boldsymbol{b}^{(i)} = [b_1^{(i)}, b_2^{(i)}, \cdots, b_K^{(i)}]^{\mathrm{T}}$$
$$\boldsymbol{n}^{(i)} = [n_1^{(i)}, n_2^{(i)}, \cdots, n_K^{(i)}]^{\mathrm{T}}$$

其中, $\boldsymbol{n}^{(i)}$ 表示均值为 0 方差为 $\sigma^2$ 的高斯过程,其自相关矩阵可表示为

$$E\{\boldsymbol{n}^{(i)} \boldsymbol{n}^{(j)\mathrm{T}}\} = \begin{cases} \sigma^2 \boldsymbol{R}(-1), & j = i+1 \\ \sigma^2 \boldsymbol{R}(0), & j = i \\ \sigma^2 \boldsymbol{R}(+1), & j = i-1 \\ 0, & \text{其他} \end{cases} \tag{4.11}$$

由于在异步情况下前后码元间有相互干扰,因此在进行处理时往往需要将所有用户在一帧内的离散信号进行联合处理,才可以充分利用其互相关信息,此时接收到的数据向量的矩阵形式为

$$y = RAb + n \tag{4.12}$$

接收的一帧数据为

$$\begin{aligned}
y = [\, & y_1^{(-M)},\ y_2^{(-M)},\ \cdots,\ y_K^{(-M)},\ \cdots,\ y_1^{(0)},\ y_2^{(0)},\ \cdots, \\
& y_K^{(0)},\ \cdots,\ y_1^{(M)},\ y_2^{(M)},\ \cdots,\ y_K^{(M)}\,]^{\mathrm{T}},
\end{aligned}$$

$$A = \mathrm{diag}[\, A^{(-M)},\ \cdots,\ A^{(0)},\ \cdots,\ A^{(M)}\,],$$

$$\begin{aligned}
b = [\, & b_1^{(-M)},\ b_2^{(-M)},\ \cdots,\ b_K^{(-M)},\ \cdots,\ b_1^{(0)},\ b_2^{(0)},\ \cdots, \\
& b_K^{(0)},\ \cdots,\ b_1^{(M)},\ b_2^{(M)},\ \cdots,\ b_K^{(M)}\,]^{\mathrm{T}},
\end{aligned}$$

$$\begin{aligned}
n = [\, & n_1^{(-M)},\ n_2^{(-M)},\ \cdots,\ n_K^{(-M)},\ \cdots,\ n_1^{(0)},\ n_2^{(0)},\ \cdots, \\
& n_K^{(0)},\ \cdots,\ n_1^{(M)},\ n_2^{(M)},\ \cdots,\ n_K^{(M)}\,]^{\mathrm{T}},
\end{aligned}$$

$$R = \begin{bmatrix}
R(0) & R(-1) & 0 & \cdots & 0 & 0 \\
R(+1) & R(0) & R(-1) & \cdots & 0 & 0 \\
0 & R(+1) & R(0) & \cdots & 0 & 0 \\
\vdots & \vdots & \vdots & & \vdots & \vdots \\
0 & 0 & 0 & \cdots & R(+1) & R(0)
\end{bmatrix} \in R^{(2M+1)K \times (2M+1)K}$$

$$\tag{4.13}$$

如果假设所有用户的时间延迟相等,即 $\tau_1 = \tau_2 = \cdots = \tau_K = 0$,异步系统就简化为同步系统。同步系统的前后码元之间没有相互影响,因此每个用户只需一个码元就可分析出信号特性,即取 $M = 0$。无论同步还是异步通信系统,接收到的向量 $y$ 包含了原发送信号的所有信息,称其为解调发送信号 $b$ 的充分统计量,不同的多用户检测理论就是设计处理这些充分统计量的方法,以达到在某种代价函数最小化的意义下解调出发送信号 $b$。许多准最优多用户检测算法就是对接收到的离散时间信号进行处理以获得用户传递码元的最优估计。

同步和异步多用户检测的宏观数学模型是没有区别的,只是异步情况下的计算复杂度更大一些。一般而言,具有 $K$ 个用户的异步 CDMA 系统模型可以改写为有 $L = 2K - 1$ 个用户的等价同步系统。因此,为了分析问题的方便,在对多用户检测进行仿真验证的时候,大多时候是在同步 CDMA 系统进行,因为对同步系统所采用的方法和所获得的结论都适用于异步系统。

## 4.1.2 传统检测器

传统检测器(conventional detector,CD)的检测原理如图 4.3 所示。传统的检测器是将接收信号通过 $K$ 个匹配滤波器组成的匹配滤波器组进行相干处理,先获

得对应于 $K$ 个用户的接收数据 $\boldsymbol{y}^{(i)} = [\, y_1^{(i)}, \, y_2^{(i)}, \, \cdots, \, y_K^{(i)} \,]^{\mathrm{T}}$，写成矩阵向量形式为

$$\boldsymbol{y}^{(i)} = \boldsymbol{R}(+1)\boldsymbol{A}^{(i-1)}\boldsymbol{b}^{(i-1)} + \boldsymbol{R}(0)\boldsymbol{A}^{(i)}\boldsymbol{b}^{(i)} + \boldsymbol{R}(-1)\boldsymbol{A}^{(i+1)}\boldsymbol{b}^{(i+1)} + \boldsymbol{n} \tag{4.14}$$

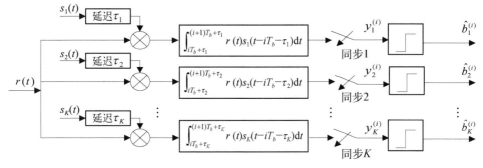

图 4.3　传统检测器

或者简化写作：

$$\boldsymbol{y} = \boldsymbol{R}\boldsymbol{A}\boldsymbol{b} + \boldsymbol{n} \tag{4.15}$$

然后通过取符号操作对接收数据进行二值硬判决，得到传统检测器的检测结果为

$$\boldsymbol{b}_{\mathrm{CD}}^{(i)} = \mathrm{sgn}[\,\boldsymbol{y}^{(i)}\,] \tag{4.16}$$

同步 CDMA 系统中的传统检测器误码率可以使用公式定量表达为

$$P_k = 2^{1-K} \sum_{\substack{\boldsymbol{b} \in \{-1, 1\}^K \\ b_k = -1}} Q\left[ \frac{A_k - \sum_{j \neq k} A_j \rho_{kj} b_j}{\sigma} \right] \tag{4.17}$$

式中，$A_k$ 是用户 $k$ 的接收信号幅值，$\rho_{kj}$ 是互相关矩阵 $\boldsymbol{R}$ 的一个元素，$\sigma^2$ 是噪声方差。传统检测器的渐近有效性和抗远近能力可分别表示为

$$\eta_k = \max{}^2\left\{0, \, 1 - \sum_{j \neq k} \frac{A_j}{A_k} |\, \rho_{kj} \,|\right\} \tag{4.18}$$

$$\overline{\eta}_k = \begin{cases} 1, & \rho_{jk} = 0, \, j \neq k \\ 0, & \text{其他} \end{cases} \tag{4.19}$$

从以上各式可以看出，只要扩频序列没有完全正交，互相关系数就是非 0 的数，多址干扰和远近效应就不可能避免。

### 4.1.3　最优检测器

最优多用户检测器采用的是贝叶斯后验概率最大的原理，因为是一种最大似

然序列估计算法,可以达到理论上的最小错误概率。具体说来,就是在解空间找到发送信号向量 $\boldsymbol{b}$ 使得

$$f\left[\left\{r(t),\ t\in\left[-MT_b,\ MT_b+2T_b\right]\right\}\mid\boldsymbol{b}\right]$$
$$=\exp\left[-\frac{1}{2\sigma^2}\int_{-MT_b}^{MT_b+2T_b}\left[r(t)-S(t,\ \boldsymbol{b})\right]^2\mathrm{d}t\right] \tag{4.20}$$

这个似然函数最大化,式中,

$$S(t,\ \boldsymbol{b})=\sum_{i=-M}^{M}\sum_{k=1}^{K}A_k b_k^{(i)}s_k(t-iT_b-\tau_k) \tag{4.21}$$

令 $A$ 为 $K(2M+1)\times K(2M+1)$ 维的对角矩阵,其中第 $k+iK$ 个对角元素等于 $A_k$。记 $v_{k+iK}(t)=s_k(t-iT_b-\tau_k)$,则 $\rho_{kj}(v)$ 是矩阵 $\boldsymbol{R}(v)$ 的元素,$\rho_{kj}(v)$ 的数学表达由式(4.7)~(4.9)给出,$\boldsymbol{R}(v)\in\boldsymbol{R}^{K\times K}$,$v\in\{-1,\ 0,\ +1\}$;令 $\boldsymbol{R}$ 为由式(4.13)表示的 $K(2M+1)\times K(2M+1)$ 矩阵。在同步的情形下,有 $M=0,\tau_k=0,\boldsymbol{R}=\boldsymbol{R}(0)$。若定义

$$\boldsymbol{H}=\boldsymbol{ARA} \tag{4.22}$$

则式(4.20)的最大化等价于在解空间选择信号向量 $\boldsymbol{b}$ 使

$$f(\boldsymbol{b})=2\int_{-MT_b}^{MT_b+2T_b}S(t,\ \boldsymbol{b})y(t)\mathrm{d}t-\int_{-MT_b}^{MT_b+2T_b}S^2(t,\ \boldsymbol{b})\mathrm{d}t$$
$$=2(\boldsymbol{A}y)^{\mathrm{T}}\boldsymbol{b}-\boldsymbol{b}^{\mathrm{T}}\boldsymbol{ARAb}=2(\boldsymbol{A}y)^{\mathrm{T}}\boldsymbol{b}-\boldsymbol{b}^{\mathrm{T}}\boldsymbol{Hb} \tag{4.23}$$

的值最大化。由于使联合最优决策表达式(4.23)最大化所用的观测值只能通过匹配滤波器输出,故接收向量 $y$ 是发送信号 $\boldsymbol{b}$ 的充分统计量。这个优化函数就是基于智能优化算法的多用户检测器的优化目标。

Verdu 等分析了同步 DS-CDMA 系统最优多用户检测器的渐近有效性为

$$\eta_k=\frac{1}{2A_k}\min_{\substack{\boldsymbol{b}\in\{-1,\ +1\}^K}}\min_{\substack{\boldsymbol{d}\in\{-1,\ +1\}^K\\d_k\neq b_k}}\left|\sum_{i=1}^{K}A_i b_i s_i(t)-\sum_{i=1}^{K}A_i d_i s_i(t)\right|^2=\frac{1}{A_k}\min_{\substack{\boldsymbol{a}\in\{-1,\ 0,\ 1\}^K\\a_k=1}}\boldsymbol{a}^{\mathrm{T}}\boldsymbol{Ha} \tag{4.24}$$

最优多用户检测器的渐近有效性是任何多用户检测器可以达到的最高有效性,因为当 $\sigma\to0$ 时,该检测器对每一用户而言都可达到最小误码率。但大于 2 个用户的渐近有效性没有定量的公式表达形式,在存在两个用户的情况下,渐近有效性的理论值为

$$\eta_1=\min\left[1,\ 1+\frac{A_2^2}{A_1^2}-2\rho_{12}\frac{A_2}{A_1}\right] \tag{4.25}$$

$$\eta_2 = \min\left[1,\ 1 + \frac{A_1^2}{A_2^2} - 2\rho_{21}\frac{A_1}{A_2}\right] \tag{4.26}$$

若第 $k$ 个用户的信号线性独立,令 $\boldsymbol{R}^+$ 是归一化互相关矩阵的 Moore-Penrose 广义逆矩阵,则最优多用户检测器的抗远近能力为

$$\overline{\eta}_k = \inf_{\substack{A_i \geqslant 0 \\ i \neq k}} \eta_k = \frac{1}{R_{kk}^+} \tag{4.27}$$

若第 $k$ 个用户的信号线性非独立,则有 $\overline{\eta}_k = 0, R_{kk}^+$ 是广义逆矩阵 $\boldsymbol{R}^+$ 的第 $(k,\ k)$ 个元素。

最优多用户检测器的抗远近效应能力是任何一种多用户检测器所能达到的抗远近能力的最小上界,也是任何一种次优检测器性能优劣的一个测度,因此又称最优多用户检测器的抗远近能力为最佳抗远近能力。

## 4.2　高斯噪声环境下的免疫量子算法多用户检测器

在多用户检测设计中,当前比较有效的人工免疫系统理论是免疫算法理论和免疫进化网络。免疫算法是基于免疫学理论和免疫机制开发的群体模型算法,应用最广泛且与其他演进算法有竞争力的算法是克隆选择算法和免疫算法,使其与一些智能计算方法互相借鉴和融合,可有效解决一些工程问题。

本节先根据基于智能优化算法的多用户检测器的特点,将其和免疫机理及神经网络的理论有机结合,给出一种使用神经网络制备疫苗的方法框架,在该框架下使一些智能优化算法可快速达到最优多用户检测的性能。然后将量子机制和免疫原理相结合设计了免疫量子算法,在同步 CDMA 系统进行智能多用户检测器的设计和试验仿真,证明了该理论框架的有效性和可靠性。使用智能计算算法给 Hopfield 神经网络提供一个较好的初值,同时神经网络快速收敛的局部极值提供给智能优化算法,使智能计算算法实现了用较低的计算复杂度获得较优的误码率检测性能。使用随机 Hopfield 神经网络进化量子个体的观测态制备疫苗,使观测态和量子态之间有互动的关系,可以大幅度提高量子进化算法的速度和性能。

### 4.2.1　免疫量子算法

1. 神经网络制备疫苗的算法框架

进行最优多用户检测器设计时,一种有效的方法框架就是由神经网络制备疫

苗,对每次迭代产生的新个体进行疫苗接种。与原智能算法相比,基于免疫机制的智能计算算法所特有的免疫操作主要有疫苗的制作、接种疫苗和疫苗的接种选择。

疫苗的制作:随机选出若干优秀个体放入制备疫苗的原料库。在恰当的时机在疫苗原料库中选择个体激活神经网络,激活的神经网络利用智能计算算法提供的良好初值迅速寻找到更好的解,由这些优良解作为母本去制备和抽取疫苗,即以整个个体或个体的绝大部分被抽取作为疫苗准备接种,将其放入制备疫苗的成品库。

为了减少最佳检测器的计算复杂度,可采用离散 Hopfield 神经网络(HNN)获得次优解。参考文献[17]可知,若每个神经元用 $v_i(i=1,2,\cdots,P)$ 表示,则在一个有 $P$ 个神经元的离散 Hopfield 神经网络中,如果与神经元相连的权值满足 $W_{kk}=0$,$W_{kj}=W_{jk}$ 时,其能量函数

$$E = -\frac{1}{2}\sum_{k=1}^{P}\sum_{j=1}^{P}v_k W_{kj}v_j - \sum_{k=1}^{P}\theta_k v_k = -\frac{1}{2}\boldsymbol{v}^{\mathrm{T}}\boldsymbol{W}\boldsymbol{v} - \boldsymbol{\theta}^{\mathrm{T}}\boldsymbol{v} \qquad (4.28)$$

是单调下降的,并且网络总能收敛到一稳定状态。

根据多用户检测的数据特点,其估计方程可改写为

$$\hat{\boldsymbol{b}} = \arg\left\{\min_{\boldsymbol{b}\in\{+1,-1\}^K}\left[\frac{1}{2}\boldsymbol{b}^{\mathrm{T}}\boldsymbol{A}(\boldsymbol{R}-\boldsymbol{I})\boldsymbol{A}\boldsymbol{b} - (\boldsymbol{A}\boldsymbol{y})^{\mathrm{T}}\boldsymbol{b}\right]\right\} \qquad (4.29)$$

其中 $\boldsymbol{I}$ 为单位阵,那么只要令 $P=K$,$\boldsymbol{\theta}=\boldsymbol{A}\boldsymbol{y}$,$\boldsymbol{W}=-\boldsymbol{A}(\boldsymbol{R}-\boldsymbol{I})\boldsymbol{A}$,$\boldsymbol{v}=\boldsymbol{b}$,就把最优多用户检测问题映射为 HNN 能量函数形式,通过求解能量函数最小值得到最优多用户检测的近似解。

接种疫苗:按一定比例在当前进化的个体集合中随机抽取一定数量的较差个体,并按先前提取的疫苗对这些个体的某些位或所有位置进行修改,使所得的新个体以较大的概率接近全局最优解。

接种选择:对接种了疫苗的个体进行适应度检测,若接种后该个体的适应度下降,说明接种失败,则取消疫苗接种;否则说明接种成功,保留接种的结果。

神经网络制备疫苗的智能多用户检测算法的框架为

步骤一:智能算法群体初始化。选择部分个体放入疫苗原料库,准备制作疫苗。

步骤二:计算目标函数,判断算法的迭代终止条件,若是,结束且输出最优个体;若否,进行下一步。

步骤三:根据不同的智能计算方法产生新的个体,与此同时选择疫苗原料库的个体激活神经网络,制备疫苗。

步骤四:计算目标函数,对新产生的个体进行疫苗接种和接种选择。

步骤五：判断算法的迭代终止条件，若是，结束且输出最优个体；若否，返回步骤三。

### 2. 免疫量子算法的基本演化规则

在免疫量子算法中，一个量子位的状态可表示为

$$| \psi \rangle = \alpha | 0 \rangle + \beta | 1 \rangle \tag{4.30}$$

其中，$\alpha$ 和 $\beta$ 分别是 $| 0 \rangle$ 和 $| 1 \rangle$ 的概率幅，且满足归一化条件：$| \alpha |^2 + | \beta |^2 = 1$。$| \alpha |^2$ 表示量子态的观测值为 0（多用户检测问题为 $-1$）的概率，$| \beta |^2$ 表示量子态的观测值为 1 的概率。满足式（4.30）和归一化条件的一对实数 $\alpha$ 和 $\beta$ 称为一个量子位的概率幅，记为 $[\alpha, \beta]^{\mathrm{T}}$。于是，在第 $t$ 代有 $P$ 个量子位标号为 $i$ 的量子个体的概率幅可表示为

$$\boldsymbol{Q}_i^t = \left[ \boldsymbol{Q}_{i1}^t, \boldsymbol{Q}_{i2}^t, \cdots, \boldsymbol{Q}_{iP}^t \right] = \begin{bmatrix} \alpha_{i1}^t & \alpha_{i2}^t & \cdots & \alpha_{iP}^t \\ \beta_{i1}^t & \beta_{i2}^t & \cdots & \beta_{iP}^t \end{bmatrix} \tag{4.31}$$

其中，$| \alpha_{ip} |^2 + | \beta_{ip} |^2 = 1, i = 1, 2, \cdots, n; p = 1, 2, \cdots, P$。量子逻辑门主要选用量子旋转门 $\boldsymbol{G}(\theta_{ip}^{t+1})$，即

$$\boldsymbol{G}(\theta_{ip}^{t+1}) = \begin{bmatrix} \cos \theta_{ip}^{t+1} & -\sin \theta_{ip}^{t+1} \\ \sin \theta_{ip}^{t+1} & \cos \theta_{ip}^{t+1} \end{bmatrix} \tag{4.32}$$

其中，$\theta_{ip}^{t+1}$ 为第 $t+1$ 次迭代量子门的旋转角。第 $i$ 个量子位的量子旋转角为 $\theta_{ip}^{t+1} = \Delta \theta_{ip}^{t+1} s(\alpha_{ip}^{t+1}, \beta_{ip}^{t+1})$，sgn 为取值为 $\{-1, 0, 1\}$ 的三值硬判决函数，其方向选择公式如式（4.33）所示。

$$s(\alpha_{ip}^{t+1}, \beta_{ip}^{t+1}) = \mathrm{sgn}\left[ (f(\boldsymbol{d}_i^t) - f(\bar{\boldsymbol{b}}^t))(d_{ip}^t - \bar{b}_p^t)\alpha_{ip}^t \beta_{ip}^t \right] \tag{4.33}$$

其中，$\Delta \theta_{ip}^{t+1}$ 为旋转步长，其大小的选择会影响算法的收敛速度和性能。该调整策略的思想就是将第 $t$ 代第 $i$ 个量子染色体的当前测量态 $\boldsymbol{d}_i^t = [d_{i1}^t, d_{i2}^t, \cdots, d_{iP}^t]^{\mathrm{T}}$ 的适应度 $f(\boldsymbol{d}_i^t)$ 与演化目标 $\bar{\boldsymbol{b}}^t = [\bar{b}_1^t, \bar{b}_2^t, \cdots, \bar{b}_P^t]^{\mathrm{T}}$ 的适应度 $f(\bar{\boldsymbol{b}}^t)$ 进行比较，如果 $f(\boldsymbol{d}_i^t) > f(\bar{\boldsymbol{b}}^t)$，则调整量子概率幅使测量态向着有利于 $\boldsymbol{d}_i^t$ 出现的方向演化；反之，如果 $f(\boldsymbol{d}_i^t) < f(\bar{\boldsymbol{b}}^t)$，则调整相应的量子概率幅使测量态向着有利于 $\bar{\boldsymbol{b}}^t$ 出现的方向演化。

利用量子旋转门进行量第 $i$ 个个体的量子态 $\boldsymbol{Q}_{ip}^t$ 更新过程可用下式描述：

$$\boldsymbol{Q}_{ip}^{t+1} = \boldsymbol{G}(\theta_{ip}^{t+1})\boldsymbol{Q}_{ip}^t \tag{4.34}$$

其中，$\boldsymbol{Q}_{ip}^t$ 为第 $t$ 代的第 $i$ 个个体的第 $p$ 个概率幅，$\boldsymbol{Q}_{ip}^{t+1}$ 为第 $t+1$ 代相应个体的第 $p$

个概率幅，$G(\theta_{ip}^{t+1})$ 为该量子概率幅在第 $t$ 代的量子旋转门。对于在一代中量子旋转角为 0 的量子位，可依一定概率通过式（4.35）采取混沌变异完成量子概率幅的变异。

$$\begin{cases} \alpha_{ip}^{t+1} = 4 \mid \alpha_{ip}^{t} \mid (1 - \mid \alpha_{ip}^{t} \mid) \\ \beta_{ip}^{t+1} = \sqrt{(1 - \alpha_{ip}^{t+1} \alpha_{ip}^{t+1})} \end{cases} \tag{4.35}$$

## 4.2.2　免疫量子算法多用户检测器的实现

多用户检测问题的解由$\lvert -1$ 或 $+1 \rvert$二进制数字串构成，故可使量子概率幅的测量态 0 对应于信号位 $-1$。与遗传量子算法相比，所设计的免疫量子算法是 Hopfield 神经网络、免疫操作和量子优化算法的融合设计，其特有的免疫操作为根据量子染色体及其观测态所进行疫苗的制作，疫苗接种和疫苗选择操作。

选出量子个体集合中适应度最高的一些量子个体，由这些优秀量子染色体及其观测态作为制备疫苗的母本。根据量子个体的观测态激活神经网络，演进观测态，根据观测态在神经网络作用前后的变化决定是否使用量子非门演进量子个体的概率幅。非门作用如公式（4.36）所示。

$$\begin{bmatrix} \alpha_{ip}^{t+1} \\ \beta_{ip}^{t+1} \end{bmatrix} = G_N \begin{bmatrix} \alpha_{ip}^{t} \\ \beta_{ip}^{t} \end{bmatrix} = \begin{bmatrix} 0 & 1 \\ 1 & 0 \end{bmatrix} \begin{bmatrix} \alpha_{ip}^{t} \\ \beta_{ip}^{t} \end{bmatrix} \tag{4.36}$$

按一定比例在当前量子染色体集合中随机抽取一定数量的适应度较差的量子个体，并按先前提取的疫苗对这些量子个体的全体或某些位进行修改，使所得的量子个体以较大的概率接近全局最优量子个体。对接种了疫苗的个体进行适应度检测，若接种后该个体的适应度下降，则取消疫苗接种，否则保留该个体进入下一代。

使用 Hopfield 神经网络解决最优多用户检测问题时，能量函数可写为

$$E(b) = -\frac{1}{2} b^T A (I - R) A b - (Ay)^T b \tag{4.37}$$

当采用免疫量子算法来解决此优化问题时，第 $i$ 个个体适应度函数（目标函数）可写为 $f(d_i^t) = -E(d_i^t)$。确定了适应度函数，多用户检测问题转化为使用免疫量子优化算法求解最优个体，则免疫量子算法的主要过程为

步骤一：量子种群初始化。确定量子种群大小 $n$ 和量子位的数目 $P$，包含 $n$ 个个体的种群 $Q^t = \lvert Q_1^t, Q_2^t, \cdots, Q_n^t \rvert$，其中，$Q_i^t(i = 1, 2, \cdots, n)$ 为种群的第 $i$ 个量子个体，所有的初始量子位均取 $1/\sqrt{2}$，表示在初始搜索时所有状态以相同概率进

行叠加。

步骤二：根据 $Q^t$ 中各个体的概率幅进行测量确定出量子叠加态的观测态 $D^t$，$D^t = \{d_1^t, d_2^t, \cdots, d_n^t\}$，其中 $d_i^t(i = 1, 2, \cdots, n)$ 为第 $i$ 个量子个体的观测态，为加快收敛速度，可取传统检测器的输出作为一个初始观测态，随机选择 $N_q$ 个量子个体及其观测态放入疫苗库的备用库，准备制作疫苗。

步骤三：用适应度函数对种群中的所有个体进行适应值评价。

步骤四：保留所搜索到的最佳观测个体作为进化目标，在疫苗库的备用库中使用备用量子染色体及其测量态制备疫苗，制成疫苗成品。对于多用户检测问题，为了加快收敛速度，观测态使用随机 Hopfield 神经网络进行更新，若任一选中量子染色体的观测状态为 $[u_{i1}(\bar{t}), u_{i2}(\bar{t}), \cdots, u_{iP}(\bar{t})]^T = d_i$，其中任一个观测态 $u_{ik}(k = 1, 2, \cdots, P)$ 可看作一个神经元，可通过下式进行异步更新：

$$u_{ik}(\bar{t} + 1) = \text{sign}\left[\theta_k + \sum_{j=1}^{k-1} W_{kj}u_{ij}(\bar{t} + 1) + \sum_{j=k}^{P} W_{kj}u_{ij}(\bar{t}) + x_{\bar{t}k}^-(\sigma)/(\bar{t}k)\right]$$

$$(4.38)$$

其中，$x_{\bar{t}k}^-(\sigma)$ 是均值为 0、方差为 $\sigma^2$ 的高斯随机数；$\bar{t}$ 为神经元更新的次数序号；把神经网络作用前后观测态发生变化的量子染色体使用量子非门进行倒置操作，把量子染色体和观测态制备的疫苗放入疫苗库中的疫苗成品库。

步骤五：根据公式确定量子旋转角，使用量子旋转门作用于种群中所有概率幅，对旋转角为 0 的概率幅依一定小概率进行混沌变异，更新量子种群 $Q^{t+1}$。

步骤六：对量子个体进行测量产生观测态，进行适应度计算。根据适应度选择较优秀的 $N_q$ 个量子个体及其观测态更新疫苗库中备用库的备用疫苗，准备制作疫苗。在当前种群中选择一定比例的量子染色体及其观测态使用成品疫苗进行疫苗接种和疫苗选择。

步骤七：判断算法是否满足迭代终止条件，如果是，算法终止；否则，进化代数增 1，转至步骤四。

## 4.2.3　多用户检测实验仿真

假设有 10 个用户的同步 DS－CDMA 通信系统，扩频码采用 31 位的 Gold 序列，最大的归一化互相关系数为 9/31。仿真中所使用的多用户检测器包括：传统检测器（CD）；基于 Hopfield 神经网络的多用户检测器（HNN）[16]；基于遗传算法的多用户检测器（GA）[2]；基于遗传量子算法[14]的多用户检测器（GQA）；基于免疫量子算法的多用户检测器（IQA）；最优多用户检测器（OMD）。

为了方便比较，GA、GQA 和 IQA 中的种群中个体个数都设为 10。免疫量子算法提取疫苗的最佳个体数为 $N_q = 4$，激活神经网络时每个神经元的更新次数随机选为 2~3 次，疫苗母本整体接种概率为 0.3，以疫苗母本长度的一半接种疫苗的概率为 0.1。在 IQA 中，量子旋转角的旋转步长为随机取自 $0.03\pi \sim 0.031\pi$。

在考察算法多址干扰存在时的收敛性能时，最大迭代代数设为 50。$E_b$ 为比特能量，则信噪比在此定义为 $E_b/N_0$，10 个用户的信号能量相等，信噪比固定在 5 dB，GA、GQA 和 IQA 等多用户检测器的误码率和迭代次数的关系如图 4.4 所示。定义远近比 $E_i/E_1$ 为干扰用户的能量 $E_i$ 和目标用户能量 $E_1$ 的比，在用户 1 的信噪比固定在 6 dB，远近比为 4 dB 时，则用户 1 的误码率和迭代次数的关系如图 4.5 所示。

从图 4.4 和图 4.5 可以看出，IQA 无论在多址干扰还是在远近效应存在条件下，其收敛速度和收敛性能都远优于使用 GA 和 GQA 的多用户检测器。

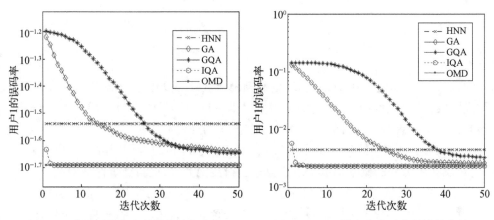

图 4.4　多址干扰存在时收敛性能曲线　　图 4.5　远近效应存在时收敛性能曲线

在考察免疫量子算法抗多址干扰能力时，GA 和 GQA 最大迭代次数设为 10，IQA 最大迭代次数设为 5，设定在严格功率控制下，10 个用户的信号能量相等，并选择每一用户的信噪比从 2 dB 增加到 10 dB 来逐一检验所选用的 6 种多用户检测器在不同信噪比下的平均误码率，所得结果如图 4.6 所示。在考察免疫量子算法抗远近效应能力时，GA 和 GQA 最大迭代次数设为 10，IQA 最大迭代次数设为 5，设定用户 1 信号能量 $E_1$ 保持单位能量不变且信噪比固定在 5 dB，干扰用户 2~10 的信号能量 $E_i$ 进行变化以得到不同的远近比 $E_i/E_1$，通过用户 1 的误码率来检验所给出的 6 种多用户检测器抗远近效应的能力，所得结果如图 4.7 所示。

从图 4.6 和图 4.7 可以看出，无论抗多址干扰能力还是抗远近效应能力，IQA 优于 CD、HNN、GA 和 GQA。引人注目的是 IQA 在不同远近比和信噪比迭代 5 次就达到全局收敛，而 GQA 和 GA 迭代 10 次时收敛性能还很差。

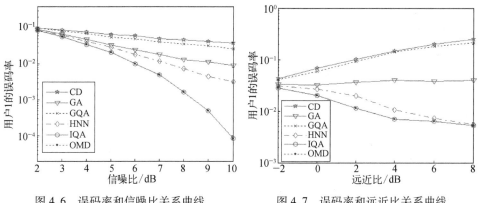

图 4.6　误码率和信噪比关系曲线　　　　图 4.7　误码率和远近比关系曲线

# 4.3　量子蜂群优化算法

量子蜂群优化(QBCO)算法[18-20]使用量子编码,称为量子比特或 Q - bit,用于基于量子比特概念的概率表示,量子位置被定义为一连串的量子比特。在第 $t$ 次迭代(循环)第 $i$ 只蜜蜂的量子位置被定义为

$$\boldsymbol{q}_i^t = \begin{bmatrix} v_{i1}^t & v_{i2}^t & \cdots & v_{iD}^t \\ \beta_{i1}^t & \beta_{i2}^t & \cdots & \beta_{iD}^t \end{bmatrix} \tag{4.39}$$

其中, $| v_{id}^t |^2 + | \beta_{id}^t |^2 = 1, d = 1, 2, \cdots, D$。在 QBCO 算法中, $v_{id}^t$ 和 $\beta_{id}^t$ 是实数,而且 $0 \leqslant v_{id}^t \leqslant 1, 0 \leqslant \beta_{id}^t \leqslant 1$。

量子位置的演化过程主要通过量子旋转门完成。使用量子旋转门更新量子位置的过程可由式(4.40)表述。如果量子旋转角为 $\theta_{id}^{t+1}$,量子比特位置 $\boldsymbol{q}_{id}^t$ 使用量子旋转门 $\boldsymbol{U}(\theta_{id}^{t+1})$ 更新。第 $i$ 个量子位置的第 $d$ 维量子比特位置更新为

$$\boldsymbol{q}_{id}^{t+1} = \mathrm{abs}(\boldsymbol{U}(\theta_{id}^{t+1})\boldsymbol{q}_{id}^t) = \mathrm{abs}\left( \begin{bmatrix} \cos\theta_{id}^{t+1} & -\sin\theta_{id}^{t+1} \\ \sin\theta_{id}^{t+1} & \cos\theta_{id}^{t+1} \end{bmatrix} \boldsymbol{q}_{id}^t \right) \tag{4.40}$$

其中,abs( )是把量子比特限制在实数域[0, 1]中的绝对值函数。

如果量子旋转角 $\theta_{id}^{t+1} = 0$,量子比特位置通过量子非门以一定小概率更新,更新过程描述如下:

$$\boldsymbol{q}_{id}^{t+1} = \boldsymbol{N}\boldsymbol{q}_{id}^t = \begin{bmatrix} 0 & 1 \\ 1 & 0 \end{bmatrix} \boldsymbol{q}_{id}^t \tag{4.41}$$

为了减少 QBCO 算法的计算量,设计简化量子蜂群算法(SQBCA),使用一系

列简化的量子比特来表示量子蜜蜂在 SQBCA 中的位置。第 $t$ 代第 $i$ 只量子蜜蜂的量子位置简化为 $\boldsymbol{v}_i^t = (v_{i1}^t, v_{i2}^t, \cdots, v_{iD}^t)$，其中量子比特 $0 \leqslant v_{id}^t \leqslant 1, d = 1, 2, \cdots, D$。随后给出了基于模拟量子旋转门和模拟量子非门的演化方程。

简化量子蜂群算法是一种受蜂群社会行为和量子演化机制启发的新型智能优化算法。每个量子个体根据自己和同伴的历史经验在 $D$ 维空间中飞行。在 SQBCA 算法中，量子蜂群包含两种蜜蜂：量子工蜂和量子观察蜂。量子蜂群前一半由量子工蜂组成，量子蜂群后一半由量子观察蜂组成。

量子蜂群中有 $h$ 只量子蜜蜂。量子蜜蜂的位置也代表食物源的位置，并且食物源位置的优劣是通过蜜量函数的蜜量来评估的。第 $t$ 代第 $i$ 只量子蜜蜂在 $D$ 维空间中的位置为 $\boldsymbol{x}_i^t = (x_{i1}^t, x_{i2}^t, \cdots, x_{iD}^t), i = 1, 2, \cdots, h$，其代表优化问题的一个潜在解。第 $i$ 只量子蜜蜂的量子位置为 $\boldsymbol{v}_i^t = (v_{i1}^t, v_{i2}^t, \cdots, v_{iD}^t), i = 1, 2, \cdots, h$。测量量子位置得到食物源位置。量子工蜂和量子观察蜂在蜂群中的不同位置获得不同的食物源信息。到目前 $t$ 代为止，第 $i$ 只蜜蜂的最优位置（局部最优位置）表示为 $\boldsymbol{p}_i^t = (p_{i1}^t, p_{i2}^t, \cdots, p_{iD}^t), i = 1, 2, \cdots, h$。到目前 $t$ 代为止，整个蜂群发现的全局最优位置表示为 $\boldsymbol{p}_g^t = (p_{g1}^t, p_{g2}^t, \cdots, p_{gD}^t)$，$\boldsymbol{p}_g^t$ 也是在第 $t$ 次循环中所有局部最优位置中的最优位置。通过局部最优位置 $\boldsymbol{p}_i^t$ 和全局最优位置 $\boldsymbol{p}_g^t$ 更新量子工蜂的量子旋转角。每次循环中，第 $i$ 只量子工蜂的量子比特位置更新方程如下：

$$\theta_{id}^{t+1} = e_1 \text{sign}(p_{id}^t - x_{id}^t) + e_2 \text{sign}(p_{gd}^t - x_{id}^t) \tag{4.42}$$

$$v_{id}^{t+1} = \begin{cases} 1 - v_{id}^t, & x_{id}^t = p_{id}^t = p_{gd}^t \text{ 且 } \mu_{id}^{t+1} < c_1 \\ \text{abs}[v_{id}^t \cos(\theta_{id}^{t+1}) - \sqrt{1 - (v_{id}^t)^2} \sin(\theta_{id}^{t+1})], & \text{其他} \end{cases}$$

$$\tag{4.43}$$

其中，$i = 1, 2, \cdots, h/2; d = 1, 2, \cdots, D; e_1$ 和 $e_2$ 是可以从参数范围中选择的常量，$c_1$ 是变异概率，取值为 $[0, 1/D]$ 之间的一个常数；$\mu_{id}^{t+1}$ 是 0 到 1 之间的均匀随机数，上标 $t+1$ 和 $t$ 代表循环（迭代）次数。$e_1$ 和 $e_2$ 的值分别表示飞行过程中 $\boldsymbol{p}_i^t$ 和 $\boldsymbol{p}_g^t$ 对量子位置更新的影响程度。

观察量子工蜂跳舞之后，第 $i(i = h/2+1, h/2+2, \cdots, h)$ 只量子观察蜂以一定概率选择食物源区域的 $\boldsymbol{p}_j^t = (p_{j1}^t, p_{j2}^t, \cdots, p_{jD}^t)(j \in \{1, 2, \cdots, h/2\})$，并根据一些经验信息，如自己记忆的经验和群体中其他个体的经验，选择一个邻近的食物源获取花蜜。量子观察蜂对食物源的偏好取决于局部最优位置的适应度 $fit(\boldsymbol{p}_j^t)$，适应度函数的值总是大于 0。因此，第 $i$ 只量子观察蜂根据轮盘赌选择 $\boldsymbol{p}_j^t$ 的概率表示为

$$\lambda_j^{t+1} = \frac{fit(\boldsymbol{p}_j^t)}{\sum_{l=1}^{h/2} fit(\boldsymbol{p}_l^t)} \tag{4.44}$$

每次迭代中,第 $i$ 只量子观察蜂的量子比特位置更新为

$$\theta_{id}^{t+1} = e_3 \text{sign}(p_{id}^t - x_{id}^t) + e_4 \text{sign}(p_{jd}^t - x_{id}^t) + e_5 \text{sign}(p_{gd}^t - x_{id}^t) \qquad (4.45)$$

$$v_{id}^{t+1} = \begin{cases} 1 - v_{id}^t, & p_{id}^t = x_{id}^t = p_{jd}^t = p_{gd}^t \text{ 且 } \mu_{id}^{t+1} < c_2 \\ \text{abs}[v_{id}^t \cos(\theta_{id}^{t+1}) - \sqrt{1 - (v_{id}^t)^2} \sin(\theta_{id}^{t+1})], & \text{其他} \end{cases}$$

$$(4.46)$$

其中,$i = h/2 + 1, h/2 + 2, \cdots, h$;$d = 1, 2, \cdots, D$;$e_3$、$e_4$ 和 $e_5$ 是可在参数范围内选择的常数;$c_2$ 是变异概率,取值为 $[0, 1/D]$ 之间的一个常数。$e_3$、$e_4$ 和 $e_5$ 的值分别表示在移动过程中 $\boldsymbol{p}_i^t$、$\boldsymbol{p}_j^t$ 和 $\boldsymbol{p}_g^t$ 对量子位置更新的影响程度。第 $i$ 只量子蜜蜂的食物源位置更新方程如式(4.47)。

$$x_{id}^{t+1} = \begin{cases} 1, & \varepsilon_{id}^{t+1} > (v_{id}^{t+1})^2 \\ \eta, & \varepsilon_{id}^{t+1} \leqslant (v_{id}^{t+1})^2 \end{cases} \qquad (4.47)$$

其中,$d = 1, 2, \cdots, D$;$\varepsilon_{id}^{t+1}$ 是 $[0, 1]$ 之间的均匀随机数;$v_{id}^{t+1}$ 代表在第 $t+1$ 个循环中量子比特出现"0"状态的概率;$\eta$ 为 $\{-1, 1\}$ 或 $\{0, 1\}$ 优化问题的常数值($\eta = -1$ 或 $\eta = 0$),对于多用户检测问题,$\eta = -1$。

在 SQBCA 中,量子蜜蜂的局部最优位置 $\boldsymbol{p}_i^t$ 和全局最优位置 $\boldsymbol{p}_g^t$ 按照以下规则更新。对于第 $i$ 只量子蜜蜂,如果 $\boldsymbol{x}_i^{t+1}$ 的蜜量优于 $\boldsymbol{p}_i^t$ 的蜜量,$\boldsymbol{p}_i^{t+1} = \boldsymbol{x}_i^{t+1}$;否则,$\boldsymbol{p}_i^{t+1} = \boldsymbol{p}_i^t$。如果 $\boldsymbol{p}_i^{t+1}$ 的蜜量优于 $\boldsymbol{p}_g^t$ 的蜜量,$\boldsymbol{p}_g^{t+1} = \boldsymbol{p}_i^{t+1}$,$\boldsymbol{p}_g^t = \boldsymbol{p}_i^{t+1}$;否则,$\boldsymbol{p}_g^{t+1} = \boldsymbol{p}_g^t$。

## 4.4　冲击噪声环境下的量子蜂群多用户检测器

### 4.4.1　冲击噪声环境下的多用户检测模型

考虑到基带信号 DS–CDMA 系统,采用相干 BPSK 调制,在冲击噪声环境下,接收端接收到的信号可以表示为

$$\boldsymbol{y} = \sum_{k=1}^K A_k b_k \boldsymbol{s}_k + \boldsymbol{n} = \boldsymbol{SAb} + \boldsymbol{n} \qquad (4.48)$$

其中,$\boldsymbol{s}_k = \dfrac{1}{\sqrt{N}}[s_{1k}, s_{2k}, \cdots, s_{Nk}]^T$ 为第 $k$ 个用户的信号波形;$A_k$ 为第 $k$ 个用户的幅度;$b_k \in \{-1, +1\}$ 为第 $k$ 个用户的数据比特;$\boldsymbol{b}$ 为 $K$ 个用户的数据矢量,定义为 $[b_1, b_2, \cdots, b_K]^T$;$\boldsymbol{A} = \text{diag}(A_1, A_2, \cdots, A_K)$ 为 $K \times K$ 维对角矩阵;$\boldsymbol{n}$ 为 $N \times 1$ 维噪声矢量矩阵,噪声假设为服从 SαS 分布且离差 $\gamma > 0$ 的冲击噪声;$\boldsymbol{S}$ 表示见式(4.49)。

$$S = [s_1, s_2, \cdots, s_K] \tag{4.49}$$

CDMA 系统的最优鲁棒解相关检测器（Optimal-RDD）可以表示为

$$\hat{\boldsymbol{b}}_{\mathrm{RDEC}} = \arg \min_{\boldsymbol{b}} \sum_{j=1}^{N} \left( y_j - \sum_{k=1}^{K} s_{jk} A_k b_k \right)^2 = \arg \min_{\boldsymbol{b}} \| \boldsymbol{y} - \boldsymbol{SAb} \|^2 \tag{4.50}$$

虽然在高斯噪声环境下，最优鲁棒去相关检测器（Optimal-RDD）是理论上的最优检测器，但是在非高斯环境下，最优鲁棒去相关检测器（Optimal-RDD）的性能较差。为了解决冲击噪声环境下多用户检测问题，最优鲁棒多用户检测器的最优解表达式为

$$\hat{\boldsymbol{b}}_{\mathrm{RMD}} = \arg \min_{\boldsymbol{b}} \sum_{j=1}^{N} \rho \left( y_j - \sum_{k=1}^{K} s_{jk} A_k b_k \right) \tag{4.51}$$

其中，$\rho(\ )$ 代表一种变换函数。一种鲁棒多用户检测器的实现可以用简单的变换函数来实现，其可以表示为

$$\hat{\boldsymbol{b}}_{\mathrm{RMD}} = \arg \min_{\boldsymbol{b}} \sum_{j=1}^{N} | y_j - \sum_{k=1}^{K} s_{jk} A_k b_k |^{\frac{3}{4}} \tag{4.52}$$

以上最优鲁棒多用户检测问题的穷尽搜索解需要搜索矢量 $\boldsymbol{b}$ 中所有 $2^K$ 个可能的组合，运算量巨大，需设计鲁棒的智能多用户检测器。

### 4.4.2　量子蜂群多用户检测器的实现

所有量子比特位置初始化为 $1/\sqrt{2}$，初始位置可以通过对量子态的测量得到，也可以以随机的方式产生。蜜源含量函数的目的是评估每个量子蜜蜂的状态。在鲁棒多用户检测中，位置优化的目标是多用户检测函数（蜜源含量函数）的极小值。

$$f(\boldsymbol{b}) = \sum_{j=1}^{N} | y_j - \sum_{k=1}^{K} s_{jk} A_k b_k |^{\frac{3}{4}} \tag{4.53}$$

则构造的适应度函数为

$$fit(\boldsymbol{b}) = 0.1 + f_{\max} - f(\boldsymbol{b}) \tag{4.54}$$

其中，$f_{\max}$ 为当前量子蜂群的最大蜜源含量值。

根据上述分析和介绍，基于简化量子蜂群算法（SQBCA）的多用户检测器的迭代过程总结如下。

步骤一：初始化量子蜂群，量子蜜蜂的量子位置中所有量子位均被初始化为 $1/\sqrt{2}$。测量量子位置的量子位得到食物源位置和量子蜜蜂的局部最优位置。

步骤二:根据蜜源含量函数计算量子蜜蜂所在位置的蜜源含量,确定量子蜂群的全局最优位置。

步骤三:更新量子工蜂的量子位置和食物源位置。

步骤四:量子观察蜂根据轮盘赌规则选择食物源,更新量子观察蜂的量子位置和食物源位置。

步骤五:对于量子蜜蜂的新位置,计算蜜源含量。

步骤六:确定每只量子蜜蜂的局部最优位置,同时找到迄今为止的全局最优位置作为下一循环量子位的共同演进方向。

步骤七:如果演进并没有终止(通常由预先设定的最大循环次数决定),返回步骤三;否则,输出全局最优位置,算法终止。

## 4.4.3 鲁棒多用户检测实验仿真

设有 $K$ 个用户的同步 DS - CDMA 系统。信号波形由长度为 31 位的 Gold 序列扩频得到。用于扩频的 Gold 序列码的最大归一化互相关系数为 9/31。使用 4 种智能算法设计的鲁棒多用户检测器在冲击噪声环境下进行了一系列仿真,GA 代表遗传算法;PSO 代表粒子群优化算法;QGA 代表量子遗传算法;SQBCA 代表简化量子蜂群算法。

设置四种智能算法的初始种群和最大迭代代数完全相同。对于 GA、QGA 和 PSO,其参数设置参考文献[21]。至于 SQBCA,设置 $e_1 = 0.06\pi, e_2 = 0.015\pi, e_3 = 0.06, e_4 = 0.015, e_5 = 0.005, c_1 = c_2 = 0.01/D$。为了比较的方便,所有的智能算法都设置为相同的终止迭代次数为 50,采用相同的初始化方式。GA 中,交叉概率和变异概率分别设置为 0.8 和 0.01。假设用户 1 为目标用户。设置所有智能优化算法的种群规模为 $h = 16$,用户数量 $K = 16$。由于 S$\alpha$S 随机变量以离差 $\gamma$ 为统计特征,利用 $\gamma$ 描述信噪比中的噪声。第 $i$ 个用户的广义信噪比 GSNR 定义为 $\mathrm{GSNR}_i = 10\lg[2A_i^2/(\gamma^2)]$,其中,$A_i$ 为第 $i$ 个用户的振幅。第一组仿真是在存在多址干扰的情况下进行的。

图 4.8 展示了 SQBCA 算法的性能增益,依据误码率(BER)和迭代次数关系给出了仿真结果。当所有用户的信号功率相等,特征指数 $\alpha = 1.6$,GSNR = 6 dB。从图 4.8 中也可以看出 GA、QGA 和 PSO 的性能差异,结果表明,SQBCA 算法具有较好的收敛性能。

图 4.9 给出了 $\alpha = 1.6$ 时 4 种算法误码率和广义信噪比关系比较图。因为严重的多用户干扰,GA 和 QGA 的性能颇差,SQBCA 性能最优。从图 4.10 中可以明显看出,在 $\alpha = 1.9$ 的情况下,SQBCA 在 0 dB 到 12 dB 之间性能达到近乎最优。对比图 4.8 和图 4.10,在存在多址干扰和不同特征指数($\alpha = 1.6$ 和 $\alpha = 1.9$)的冲击

噪声环境下,四种智能优化算法中,SQBCA 展现了良好的性能,性能优势明显。

最后一组仿真实验是在存在远近效应的情况下进行的。从图 4.11 中可以看出存在远近效应时的收敛性能,仿真结果给出了误码率和迭代次数的关系曲线。当用户 1 与其他用户功率(其他用户功率设置为相同)的远近比 NFR $= 10\lg[A_i^2/A_1^2] = 3$ dB,用户 1 的广义信噪比 $\text{GSNR}_1 = 10\lg[2A_1^2/\gamma^2] = 4$ dB 时,图 4.11 展示了 4 种智能优化算法的性能差距。显然,SQBCA 以较快的收敛速度使性能近乎最优。经过 30 代之后,SQBCA 的性能超过了其他优化算法在第 50 次迭代时达到的性能。明显,SQBCA 具有较快的收敛速度和较好的收敛性能。

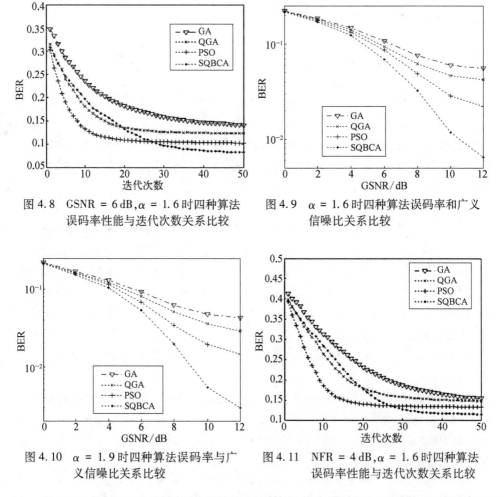

图 4.8 GSNR $= 6$ dB,$\alpha = 1.6$ 时四种算法误码率性能与迭代次数关系比较

图 4.9 $\alpha = 1.6$ 时四种算法误码率和广义信噪比关系比较

图 4.10 $\alpha = 1.9$ 时四种算法误码率与广义信噪比关系比较

图 4.11 NFR $= 4$ dB,$\alpha = 1.6$ 时四种算法误码率性能与迭代次数关系比较

图 4.12 和图 4.13 中展示了两种特征指数的冲击噪声下,四种算法误码率和远近比的关系比较。QGA、PSO 和 GA 的性能都很差,都陷入了局部最优,这是因为对于鲁棒多用户检测这个典型的离散优化问题,仿真中设置的种群大小和最大

迭代次数相对较小,不能获得最优检测性能,若设置过大,则检测时间又过长,很难做到收敛速度和收敛性能的均衡。SQBCA 的误码率要低于其他算法。虽然 GA、QGA 和 PSO 有较好的性能,但是在有限的迭代次数内无法达到最优解。根据 4 种基于智能优化算法的鲁棒多用户检测器的仿真结果可以看出,在不同特征指数($\alpha = 1.6$ 和 $\alpha = 1.9$) 情况下,SQBCA 展现了良好的性能。

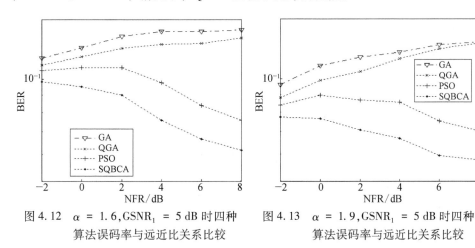

图 4. 12　$\alpha = 1.6, GSNR_1 = 5$ dB 时四种
算法误码率与远近比关系比较

图 4. 13　$\alpha = 1.9, GSNR_1 = 5$ dB 时四种
算法误码率与远近比关系比较

## 4.5　小　　结

在高斯噪声环境下,免疫量子算法把量子优化、免疫进化原理和 Hopfield 神经网络制备疫苗的方法结合,可以有效解决多用户检测所面临的时间和性能冲突难题,具有对参数选择不敏感,可在使用极少的迭代次数达到全局最优解的优点。给研究人员的启示:若想使用智能计算算法用极少的时间收敛,必须深入了解所研究的问题,将其和有效的策略结合,才能达到意想不到的效果。在冲击噪声环境下,基于简化量子蜂群方法的鲁棒多用户检测器不仅有好的抗多址干扰、远近效应和冲击噪声能力,但与高斯噪声环境下的迭代次数相比,计算量相对较大,这是因为高斯噪声环境下的最优多用户检测方程具有特殊结构,可以使用随机 Hopfield 神经网络作为加速算子,而冲击噪声环境下的鲁棒多用户检测最优方程不可以使用随机 Hopfield 神经网络加速收敛。

### 参 考 文 献

［1］　Verdu S. Minimum probability of error for asynchronous Gaussian multiple-access channels ［J］. IEEE Transactions on Information Theory, 1986, 32(1): 85 - 96.

［2］　Ergun C, Hacioglu K. Multiuser detection using a genetic algorithm in CDMA communications systems[J]. IEEE Transactions on Communications, 2000, 48(8): 1374-1383.

[ 3 ]  Abedi S, Tafazolli R. Genetically modified multiuser detection for code division multiple access systems[J]. IEEE Journal on Selected Areas in Communications, 2002, 20(2): 463-473.

[ 4 ]  高洪元,柴晓辉,刁鸣,等.基于免疫进化规划的多用户检测技术研究[J].智能系统学报,2007,2(2): 78-80.

[ 5 ]  高洪元.多用户检测中的智能信息理论研究[D].哈尔滨工程大学博士论文,2010.

[ 6 ]  王焱滨.若干计算智能方法在CDMA多用户检测中的应用研究[D].电子科技大学博士论文,2003: 13-18,72-75.

[ 7 ]  高洪元,刁鸣,王冰.基于免疫克隆选择算法的多用户检测技术研究[J].系统仿真学报,2007,19(5): 983-986.

[ 8 ]  杨红孺,高洪元,庞伟正.基于离散粒子群优化算法的多用户检测器[J].哈尔滨工业大学学报,2005,37(9): 1303-1306.

[ 9 ]  常青,濮剑锋,高洪元,等.基于改进的克隆选择算法的多用户检测技术[J].航空学报,2007,28(2): 391-396.

[10]  刁鸣,高洪元,马杰,等.应用神经网络粒子群算法的多用户检测[J].电子科技大学学报,2008,37(2): 178-180.

[11]  刁鸣,邹丽.模拟退火遗传禁忌搜索的多用户检测算法[J].哈尔滨工程大学学报,2014,35(3): 373-377.

[12]  高洪元,刁鸣,赵忠凯.基于免疫克隆量子算法的多用户检测器[J].电子与信息学报,2008,30(7): 1566-1570.

[13]  Gao H Y, Diao M. Multiuser detection using immune ant colony optimization[C]. Chongqing: 2009 International Conference on Artificial Intelligence and Computational Intelligence, 2009, 2: 109-113.

[14]  Han K H, Kim J H. Genetic quantum algorithm and its application to combinatorial optimization problem[C]. California: Proceedings of the 2000 IEEE International Conference on Evolutionary Computation, 2000, 2: 1354-1360.

[15]  王磊,潘进,焦李成.免疫算法[J].电子学报,2000,28(7): 74-78.

[16]  Manolakos E S. Hopfield neural network implementation of the optimal CDMA multiuser detector[J]. IEEE Transactions on Neural Networks, 1996, 7(1): 131-141.

[17]  王永刚,焦李成.基于随机Hopfield神经网络的最优多用户检测器[J].电子学报,2004,32(10): 1630-1634.

[18]  高洪元,梁炎松,刘丹丹.新量子蜂群算法的鲁棒多用户检测[J].计算机工程,2016,42(9): 48-51.

[19]  Gao H Y, Li C W, Cui W. A simple quantum-inspired bee colony algorithm for discrete optimization problems[J]. International Journal of Computer Applications in Technology, 2013, 46(3): 244-251.

[20]  Gao H Y, Liu Y Q, Diao M. Robust multi-user detection based on quantum bee colony optimization[J]. International Journal of Innovative Computing and Applications, 2011, 3(3): 160-168.

[21]  Zhao Z J, Peng Z, Zheng S L, et al. Cognitive radio spectrum allocation using evolutionary algorithms[J]. IEEE Transactions on Wireless Communications, 2009, 8(9): 4421-4425.

# 第5章 文化杂草算法在小波数字水印中的应用

对图像数字水印的研究分类主要是基于嵌入域的不同划分的[1]。早期的数字图像水印算法嵌入的位置都是空域也称时域,即直接在图像的像素值上进行嵌入操作。最具代表性的算法有最低有效比特位(LSB)方法,使用该方法嵌入水印后,一般的中值滤波等处理方法就会使水印信息丢失,鲁棒性差,因而并不适合应用到版权保护等领域[2]。另一个空域水印方法是Patchwork算法,该方法借用了统计学的知识,适当调整部分区域的亮度值,在图像整体亮度保持不变的前提下嵌入水印。该方法在图像的鲁棒性上取得了一些进步,但嵌入的水印信息不能太多[3]。空域水印具有较好的抗几何失真能力,但抗信号失真能力弱,不能嵌入太多信息。变换域水印是通过修改载体数据的变换域系数来实现水印的嵌入,水印信息分布在图片的所有像素点上,不可感知性较好,同时也具有一定的鲁棒性。

小波分析和傅里叶分析相比,最大的优点是它是对信号的一种多分辨率时频分析,有"数学显微镜"之称。这使得小波分析和人类观察问题、分析问题的方法非常相似,因而被广泛地运用到多个领域。另一方面,由于小波变换与国际上一些主流压缩标准兼容,所以在图像的小波变换域嵌入水印不仅能够拥有很好的隐藏效果,同时也具有一定的抗压缩能力[4]。根据对水印算法的小波基的选择和性质研究发现,Haar小波更适合于图像水印,所以利用Haar小波变换产生的水印具有良好的不可感知性和鲁棒性。

数字图像水印的不可感知性和鲁棒性是一对相互矛盾的性能指标。传统小波数字图像水印嵌入和提取方法都是基于大量实验后根据经验选择适当的嵌入强度和嵌入位置去嵌入和提取水印,这种方法具有一定的成效,但所耗费的物力和人力是非常巨大的。对于水印这个复杂系统,近年来提出的一些自适应算法往往专注于提高水印系统的不可感知性和鲁棒性等某一方面的性能,不能有效的兼顾两者的统一,提出的一些方法仅适合部分要求,工程应用时受到限制。

为此,本章介绍了一种基于文化杂草算法[5]的小波数字水印嵌入和提取方法,其同时考虑了数字图像水印的不可感知性和鲁棒性,通过合理的选择两者合成目标函数的权重系数,把一个连续的多目标优化问题转化为单目标优化问题,通过选择最优嵌入位置和嵌入强度,将水印信息嵌入到载体图像小波变换域的不同区域,并结合文化算法和杂草算法搜寻机制[6]设计了文化杂草算法,自适应的对嵌入参数实现优化。最后根据已优化的嵌入参数实现数字图像的多点嵌入和提取。基于文化杂草算法的小波数字水印嵌入和提取方法与现有方法比较具有更好的不可感知性,且在高斯噪声和椒盐噪声环境下,基于文化杂草算法的小波数字水印嵌入和提取方法提取出来的水印鲁棒性更强。

# 5.1  文化杂草算法

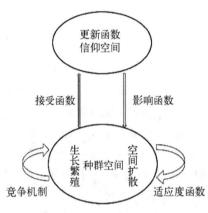

图 5.1  文化杂草算法基本结构图

文化入侵杂草算法(CIWA)可简称为文化杂草算法,有机地结合了文化算法收敛速度快和入侵杂草收敛精度高的优点,充分模拟自然界的杂草产生子代的多种情况。文化杂草算法模拟了自然界中杂草产生种子以及种子传播的多种方式,并结合文化算法的双层进化机制,构造了基于文化杂草算法的信仰空间结构[7],采用三种演进机制来产生子代杂草。其基本结构如图 5.1 所示。

一定数目($H$)的杂草随机分布在 $D$ 维空间中,文化杂草算法被设计去解决最大值优化问题,该问题可表示为

$$\max f(z_i) ,\ i = 1,\ 2,\ \cdots,\ H \tag{5.1}$$

其中, $z_i = (z_{i1},\ z_{i2},\ \cdots,\ z_{iD})$ 表示第 $i$ 个杂草个体, $f(z_i)$ 表示第 $i$ 个杂草个体的适应度函数值。

在文化杂草算法中,信仰空间的结构可用 $\{G_d^g,\ s^g,\ d = 1,\ 2,\ \cdots,\ D\}$ 表示,其中 $G_d^g$ 代表在第 $g$ 代第 $d$ 维变量的规范知识,包含杂草群体的规范知识范围信息, $s^g = [s_1^g,\ s_2^g,\ \cdots,\ s_D^g]$ 是到第 $g$ 代为止适应度函数值最优的杂草个体,代表形势知识。 $G_d^g$ 可以表示为 $\langle I_d^g,\ L_d^g,\ U_d^g \rangle$ ,其中 $I_d^g = [l_d^g,\ u_d^g]$ ,第 $d$ 维规范知识的下限 $l_d^g$ 和上限 $u_d^g$ 根据变量的取值范围初始化并在进化过程中通过接受函数选择优秀个体不断更新。 $L_d^g$ 和 $U_d^g$ 分别表示位于第 $d$ 维下限 $l_d^g$ 和上限 $u_d^g$ 上的杂草个体的相应适应度值。对于最大值优化问题,初始值为 $L_d^g \mid_{g=0} = -\infty$ , $U_d^g \mid_{g=0} = -\infty$ 。接受函数选择前30%的适应度值最优的杂草个体来更新当前信仰空间。形势知识通过式(5.2)更新:

$$s^{g+1} = \begin{cases} z_{\text{best}}^{g+1}, & \text{如果}(z_{\text{best}}^{g+1}) > f(s^g) \\ s^g, & \text{其他} \end{cases} \tag{5.2}$$

其中，$z_{\text{best}}^{g+1}$ 代表 $g+1$ 代群体空间中的最优个体。规范知识 $G_d^g(d = 1, 2, \cdots, D)$ 更新通过以下方式：对于通过接受函数获得的杂草 $i$，首先产生一个 $[0, 1]$ 之间的均匀随机数，且 $p_1$ 是 $[0, 1]$ 之间的一个固定常数，如果这个随机数 $r_i < p_1$，第 $i$ 株杂草将被用来更新 $l_d^g$ 和 $L_d^g$，具体的更新规则如下：

$$l_d^{g+1} = \begin{cases} z_{id}^{g+1}, & \text{如果 } z_{id}^{g+1} \leqslant l_d^g \text{ 或 } f(z_i^{g+1}) > L_d^g \\ l_d^g, & \text{其他} \end{cases} \tag{5.3}$$

$$L_d^{g+1} = \begin{cases} f(z_i^{g+1}), & \text{如果 } z_{id}^{g+1} \leqslant l_d^g \text{ 或 } f(z_i^{g+1}) > L_d^g \\ L_d^g, & \text{其他} \end{cases} \tag{5.4}$$

如果 $r_i \geqslant p_1$，第 $i$ 株杂草将被用来更新 $u_d^g$ 和 $U_d^g$，具体更新规则如下：

$$u_d^{g+1} = \begin{cases} z_{id}^g, & \text{如果 } z_{id}^{g+1} \geqslant u_d^g \text{ 或 } f(z_i^{g+1}) > U_d^g \\ u_d^g, & \text{其他} \end{cases} \tag{5.5}$$

$$U_d^{g+1} = \begin{cases} f(z_i^{g+1}), & \text{如果 } z_{id}^{g+1} \geqslant u_d^g \text{ 或 } f(z_i^{g+1}) > U_d^g \\ U_d^g, & \text{其他} \end{cases} \tag{5.6}$$

生长繁殖：种群空间的每一株杂草都能够产生种子，每一株杂草产生的种子数依赖于它自身的适应度函数值以及种群中的最优和最劣杂草的适应度函数值，由式(5.7)确定。

$$P_i^g = F_{\text{floor}}\left(\frac{f(z_i^g) - f_{\min}^g}{f_{\max}^g - f_{\min}^g}(P_{\max} - P_{\min}) + P_{\min}\right) \tag{5.7}$$

其中，$P_i^g$ 表示杂草 $z_i^g$ 产生的种子数，$P_{\min}$ 和 $P_{\max}$ 分别表示杂草可产生的最小和最大种子数。$f_{\min}^g$ 和 $f_{\max}^g$ 分别表示第 $g$ 代种群的最小和最大适应度函数值。$F_{\text{floor}}(\ )$ 为向下取整函数。

空间扩散：为了增加种群的多样性，产生的种子通过三种演进策略扩散到 $D$ 维搜寻空间中，对于第 $g$ 代的第 $i$ 个杂草扩散产生 $P_i^g$ 个种子，$\gamma_i$ 是一个 $[0, 1]$ 之间的随机数，$p_2$ 和 $p_3$ 是两个 $[0, 1]$ 之间的常数，且满足 $0 < p_2 < p_3 < 1$。

如果 $0 < \gamma_i \leqslant p_2$，在第 $g$ 代，第 $d$ 维的标准差通过式(5.8)确定：

$$\sigma_d^g = \sigma_d^{\text{final}} + \left(\frac{g_{\max} - g}{g_{\max}}\right)^\beta \times (\sigma_d^{\text{initial}} - \sigma_d^{\text{final}}) \tag{5.8}$$

其中，$\sigma_d^{\text{initial}}$ 和 $\sigma_d^{\text{final}}$ 第 $d$ 维变量的初始标准差和最终的标准差，$d = 1, 2, \cdots, D$；$\sigma_d^{\text{initial}} > \sigma_d^{\text{final}}$，$g_{\max}$ 是最大迭代次数，$\beta$ 叫做非线性指数，是一个常数。这一步骤确

保种子散落的区域随着迭代次数的增加而减小。第 $i$ 个杂草的第 $h$ 颗种子通过式(5.9)成长为杂草：

$$z_{id}^{g+1}(h) = z_{id}^{g} + N(0, (\sigma_d^g)^2) \tag{5.9}$$

其中，$N(0, (\sigma_d^g)^2)$ 为服从均值为 0，方差为 $(\sigma_d^g)^2$ 的标准正态分布随机数。

如果 $p_2 < \gamma_i \leqslant p_3$，第 $i$ 个杂草的第 $h$ 颗种子通过式(5.10)成长为杂草：

$$z_{id}^{g+1}(h) = \begin{cases} z_{id}^g + \mid (u_d^g - l_d^g) \times N(0, 1) \mid, & z_{id}^g < l_d^g \\ z_{id}^g - \mid (u_d^g - l_d^g) \times N(0, 1) \mid, & z_{id}^g > u_d^g \\ z_{id}^g + \eta \cdot (u_d^g - l_d^g) \times N(0, 1), & \text{其他} \end{cases} \tag{5.10}$$

其中，$N(0, 1)$ 表示服从均值为 0，方差为 1 的高斯分布随机数，$\eta$ 为常数。

如果 $p_3 < \gamma_i \leqslant 1$，第 $i$ 个杂草的第 $h$ 颗种子通过式(5.11)成长为杂草：

$$z_{id}^{g+1}(h) = z_{id}^g + \varepsilon_{id}^g \cdot (s_d^g - z_{id}^g) + \mid b_d^g - z_{id}^g \mid \cdot N(0, 1) \tag{5.11}$$

其中，$\varepsilon_{id}^g (d = 1, 2, \cdots, D)$ 为 $[0, 1]$ 之间的均匀随机数，$b_d^g$ 是第 $g$ 代所有杂草个体的第 $d$ 维的平均值。

竞争排斥：如果种群规模超过了最大种群规模 $(H_{\max})$，根据新旧两代杂草的适应度排序，保留适应度函数值最优的 $H_{\max}$ 株杂草个体，选择出的最优杂草记作 $z_1^{g+1}, z_2^{g+1}, \cdots, z_H^{g+1}$，其余杂草皆被淘汰。

## 5.2　小波数字水印的嵌入与提取

### 1. 小波数字水印的嵌入

Arnold 变换可以把图像中各像素点的位置进行置换，使其达到加密的目的，多应用在多媒体混沌加密中。为了提高私密信息的安全性，把水印图像像素矩阵通过多次 Arnold 置乱加密使水印内容完全不可读。然后对置乱加密后的水印图像像素数据矩阵进行 $L'$ 级小波分解，得到水印的小波系数序列。与此同时对载体图像像素数据矩阵用 $L(L' < L$ 且 $L \geqslant 3)$ 级小波分解，得到载体图像的小波系数序列。然后在载体图像小波变换的中频带适宜位置嵌入水印，最后对嵌入水印后的小波系数序列进行小波重构，得到嵌入水印后的图像。小波数字水印的嵌入流程如图 5.2 所示。

假设载体图像和原始水印的图像系数矩阵分别为 $v$ 和 $w$，大小分别为 $M \times M$ 和 $\bar{M} \times \bar{M}$。对原始图像进行 $L(L \geqslant 3)$ 级小波变换，每一级分解得到四个子带，而每一级的低频子带又可分解，最后总共得到 $(3L-1)$ 个子带。水印的嵌入位置是从嵌入位置参数 $T$ 开始的连续 $m$ 个连续位置中小波系数最大的 $\bar{M} \times \bar{M}$ 个位置，记做 $X_0$ 和 $T_0$。

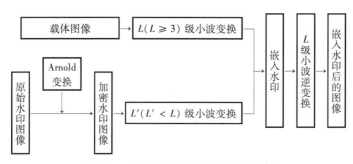

图 5.2　小波数字图像水印的嵌入流程

对原始水印图像进行多次 Arnold 变换加密,并对加密后的水印图像进行 $L'(L' \le L)$ 级小波变换,得到对应的小波系数矩阵。常用的嵌入方法有加性法则 $X_w = X_0 + \alpha\,\overline{w}$ 或者乘性法则 $X_w = X_0 \times (1 + \alpha\,\overline{w})$,其中 $\alpha$ 表示水印的嵌入强度,$\overline{w}$ 表示嵌入加密后的水印系数矩阵。$X_w$ 表示 $X_0$ 嵌入加密水印后的系数矩阵。最后对嵌入加密水印后的图像小波系数矩阵通过 $L$ 级小波逆变换变换到时域中,得到嵌入水印后的图像。

**2. 小波数字图像水印的提取**

水印的提取过程与嵌入过程相似,从认证图像(嵌入水印后的图像)中提取出水印信息。通过 $L$ 级小波变换将嵌入水印后的图像变换到小波域中,得到其小波系数矩阵。嵌入参数(嵌入位置和嵌入强度)在水印的提取过程中,可以视为一种密钥。常用的提取规则有 $w' = (X'_w - X_0)/\alpha$ 和 $w' = (X_w/X_0 - 1)/\alpha$。其中 $w'$ 表示提取出来的小波系数矩阵,$X'_w$ 是嵌入水印后的系数矩阵或被攻击后的系数矩阵,对 $w'$ 进行 $L'$ 级小波逆变换重构加密后的水印,随后进行 Arnold 置乱恢复,得到嵌入的水印图像,完成提取。水印的提取过程示意图如图 5.3 所示。

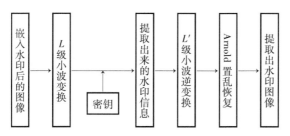

图 5.3　数字图像水印提取过程示意图

在嵌入水印前后,原始图像和嵌入水印后的图像的相似度用 $f_1(\alpha, T)$ 表示,嵌入的水印和提取出来的水印的相似度用 $f_2(\alpha, T)$ 表示,如式(5.12)和式(5.13)所示。

$$f_1(\alpha, T) = \frac{\sum\limits_{x=1}^{M}\sum\limits_{y=1}^{M} F_{xor}(\,\mathrm{sign}(\,|\,v(x, y) - v'(x, y)\,|\,),1)}{M \times M} \tag{5.12}$$

$$f_2(\alpha, T) = \frac{\sum\limits_{x=1}^{\overline{M}}\sum\limits_{y=1}^{\overline{M}} F_{xor}(\,\mathrm{sign}(\,|\,w(x, y) - w'(x, y)\,|\,),1)}{\overline{M} \times \overline{M}} \tag{5.13}$$

其中,$v(x, y)$ 和 $v'(x, y)$ 分别表示嵌入水印前后图像在 $x$ 行 $y$ 列处的系数,$w(x, y)$ 为原始的水印在 $x$ 行 $y$ 列处的系数,$w'(x, y)$ 提取出来的水印在 $x$ 行 $y$ 列处的系数,$v'(x, y)$ 和 $w'(x, y)$ 均与嵌入位置参数 $T$ 及嵌入强度 $\alpha$ 有关。$\mathrm{sign}(\ )$ 函数表示符号函数,$F_{xor}(\ )$ 表示异或逻辑函数。

## 5.3　基于文化杂草算法的小波数字水印

利用 CIWA 来优化小波数字水印最佳系统参数问题,每一个杂草个体是解空间中的一个解,每一株杂草的适应度值通过式(5.14)来确定。

$$f(z_i^g) = \overline{u}_1 \times f_1(z_i^g) + \overline{u}_2 \times f_2(z_i^g) \tag{5.14}$$

其中,$\overline{u}_1$ 和 $\overline{u}_2$ 表示 $f_1(z_i^g)$ 和 $f_2(z_i^g)$ 所占的权重。用适应度值来对每一株杂草进行评价,在数字水印的设计中,目标函数被确定为最大值优化。最优的杂草个体就代表最优的数字水印嵌入和提取参数。基于 CIWA 的数字水印方法的具体实施步骤如下。

步骤一:初始化杂草种群空间和信仰空间。

步骤二:计算每株杂草的适应度值,并找到直到目前为止适应度最优的全局最优杂草,记为 $s^g$。

步骤三:种群空间的所有杂草通过式(5.7)确定种子繁殖数。

步骤四:以确定的概率采用三种策略,根据式(5.9)～(5.11)完成更新,对应嵌入位置的参量要进行取整操作。

步骤五:根据式(5.14)计算所有杂草的适应度值并排序,更新全局最优杂草。

步骤六:根据适应度选择当前新旧两代中适应度最优的 $H_{\max}$ 株草,其余杂草被淘汰。

步骤七:通过式(5.2)～(5.6)更新信仰空间。

步骤八:当迭代次数小于最大迭代次数,返回步骤三;否则输出最优解,结束算法。

## 5.4　实验仿真与分析

在实验仿真中,载体图像为 256×256 的 Lena 女士灰度图像,原始水印图像为

32×32 的印有"我的大学"四字的灰度图像,其他参数设置如下:$L = 3$, $L' = 1$, $\bar{u}_1 = \bar{u}_2 = 0.5$, $m = 3\,072$。 使用文化算法、粒子群算法和入侵杂草算法来和所设计的文化杂草算法来对比测试。所有智能优化算法的种群规模被设置为 $H_{max} = 20$,最大迭代次数为 100。在文化杂草算法中,主要参数设置为 $H = 20$, $P_{max} = 3$, $P_{min} = 1$, $p_2 = 0.4$, $p_3 = 0.7$, $\beta = 3$, $\eta = 0.06$, $\sigma^{initial} = [1, 100]$, $\sigma^{finial} = [0.01, 1]$。 文化算法的参数设置参考文献[7],粒子群算法的参数设置参考文献[8]。入侵杂草优化算法的参数设置参考文献[6],主要参数设置如下:$H_{max} = 20$, $P_{max} = 3$, $P_{min} = 1$, $\beta = 3$。 表 5.1、表 5.2 展示了不同方法在不同噪声攻击情况下进行水印嵌入和提取以后,嵌入水印后的图像和提取出来的水印图像对比。图 5.4 给出了适应度曲线对比图的仿真结果,仿真结果取自 100 次独立重复试验的均值。

在表 5.1 中,很难直观地看出四种算法在嵌入水印后视觉上的不同,且通过人眼很难看到嵌入水印后图像质量的优劣,说明上述所有算法都能满足不可感知性的基本要求,但是通过比较四幅图片与原始图像的相似度($f_1$)可以发现,文化杂草算法得到的结果是最好的。

**表 5.1　使用四种算法得到的嵌入水印后的图像**

| | PSO | CA | IWO | CIWA |
|---|---|---|---|---|
| 使用不同智能优化算法得到的嵌入水印后的图像 | | | | |
| 目标函数 $f_1$ | 0.847 6 | 0.830 3 | 0.848 6 | 0.8486 |

在表 5.2 中,可以直观地看出,使用 CIWA 算法提取得到的水印比其他三种算法鲁棒性更好,因此,文化杂草优化算法具有更高的抗高斯噪声和抗椒盐噪声能力。

**表 5.2　使用四种算法提取出来的水印(不同噪声环境下)**

| | PSO | CA | IWO | CIWA |
|---|---|---|---|---|
| 高斯噪声强度为 0.000 3 | | | | |
| 椒盐噪声强度为 0.01 | | | | |

图 5.4 给出了四种智能优化算法独立实验 100 次的平均最优适应度和迭代次数关系曲线,比较四种算法的仿真结果可以知道,文化杂草优化算法具有更高的收敛精度和收敛速度。

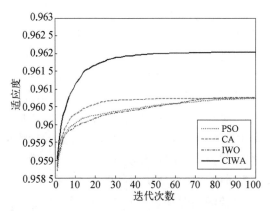

图 5.4 四种算法的收敛性能曲线对比图

## 5.5 小 结

针对小波数字水印系统的嵌入位置和嵌入强度难以确定的问题,给出基于文化杂草算法的小波数字水印方法,与经典的基于传统智能优化算法的小波数字水印方法相比较,该数字水印技术有最好的不可感知性和抗攻击能力。最后仿真结果证明了基于文化杂草算法在解决小波数字水印这个工程实际问题中的重要价值。

**参 考 文 献**

[ 1 ] Ghosh S, Chatterjee S, Maity S P, et al. A new algorithm on wavelet based robust invisible digital image watermarking for multimedia security[C]. Shillong: International Conference on Electronic Design, Computer Networks & Automated Verification, 2015: 72 − 77.

[ 2 ] Bamatraf A, Ibrahim R, Salleh M N M. A new digital watermarking algorithm using combination of least significant bit (LSB) and inverse bit[J]. Computer Science, 2011, 3 (4): 1 − 8.

[ 3 ] Sato A, Onishi J, Ozawa S. Improvement of a digital watermarking method by patchwork (image processings technologies for security)[J]. Journal of the Institute of Image Information & Television Engineers, 1998, 52(12): 1852 − 1855.

[ 4 ] Panda J, Maurya S, Dang R, et al. Analysis of robustness of an image watermarking algorithm using the dual tree complex wavelet transform and just noticeable difference [C]. Noida: 2016 International Conference on Signal Processing and Communication (ICSC), 2016: 255 − 260.

［5］　Gao H Y, Chi P F, Du Y N, et al. Digital watermarking based on wavelet transform and cultural invasive weed algorithm ［C］. Harbin: Proceedings of the 2017 International Conference on Communications, Signal Processing, and Systems, 2017, 463: 1628 − 1635.

［6］　Mehrabian A R, Lucas C. A novel numerical optimization algorithm inspired from weed colonization ［J］. Ecological Informatics, 2006, 1(4): 355 − 366.

［7］　Awad N H, Ali M Z, Duwairi R M. Cultural algorithm with improved local search for optimization problems ［C］. Cancun: IEEE Evolutionary Computation, 2013: 284 − 291.

［8］　Naffouti S, Homri H, Sakly A, et al. An additive image watermarking method based on particle swarm optimization［C］. Sousse: International Conference on Sciences and Techniques of Automatic Control and Computer Engineering, 2013: 501 − 508.

# 第 6 章　基于量子雁群算法的 PCNN 图像分割方法

近年来,基于脉冲耦合神经网络(pulse coupled neural networks, PCNN)的图像分割技术越来越受到相关专家的关注,并进行了较深入研究。脉冲耦合神经网络是由 Eckhorn 等在 20 世纪 90 年代提出,他们在研究猫的视觉皮层神经元的过程中发现脉冲串同步振荡现象,由此提出了一种有效进行图像处理的脉冲耦合神经网络。PCNN 可以对图像二维空间位置相似且灰度值相似的像素进行分组,同时可计算图像局部灰度值的差,从而补偿局部微小间断,具有传统图像处理方法不能比拟的优势。PCNN 可以进行图像分割、图像融合、目标识别、图像去噪、边缘信息提取和特征提取等[1-3],而且其应用领域和范围在进一步扩展。当前,基于 PCNN 模型,已经设计出军事目标识别系统、大型图像诊断系统和目标分类系统等,具有优异的性能。

设计基于 PCNN 的图像分割系统,一些关键的系统参数需要合理设置才能获得最优系统性能。连接矩阵的设置根据经验容易获得,若要联合求解衰减系数、连接系数和阈值的幅度等参数需要较复杂的优化算法,计算较复杂,故其参数一般通过尝试而粗略获得,这导致基于 PCNN 分割系统性能不能达到最优[4]。因此,如何根据熵理论设计出合适的目标函数,设计智能计算新算法自动确定 PCNN 系统参数,大幅度提高 PCNN 分割系统性能,具有重要的理论价值和现实意义[5]。因此,一个优异的优化算法对 PCNN 智能图像自动进行分割具有重要的价值。

当前对于 PCNN 分割系统参数设置问题,经常采用的方法有人工交互试验法和基于智能计算理论的最优参数求解法。由于人工交互试验法效率低且效果差,基于智能计算理论的最优参数求解法得到广泛关注,其不仅能自动确定分割系统参数,相对于人工交互试验法其效率大大提高,因此结合雁群算法[6]和量子演进机制[7]设计基于量子雁群算法的 PCNN 自动图像分割方法具有重要的意义和价值。

## 6.1　量子雁群算法

设定量子雁群算法的种群规模为 $M$,第 $t$ 代大雁种群中的第 $\overline{m}$ 只大雁用 $\{u_{\overline{m}}^t,$ $\overline{u}_{\overline{m}}^t, E_{\overline{m}}^t, b_{\overline{m}}^t, \overline{b}_{\overline{m}}^t, A_{\overline{m}}^t\}$ 表示。其中, $\overline{u}_{\overline{m}}^t = [\overline{u}_{\overline{m},1}^t, \overline{u}_{\overline{m},2}^t, \cdots, \overline{u}_{\overline{m},D}^t]$ 表示第 $t$ 代第 $\overline{m}$ 只大雁的量子位置,$0 \leqslant \overline{u}_{\overline{m}d}^t \leqslant 1, \overline{m} = 1, 2, \cdots, M; d = 1, 2, \cdots, D; D$ 是量子位置

向量的最大维数;第 $t$ 代第 $\overline{m}$ 只大雁的相应位置为 $\boldsymbol{u}_{\overline{m}}^{t} = [u_{\overline{m},1}^{t}, u_{\overline{m},2}^{t}, \cdots, u_{\overline{m},D}^{t}]$,其中,$a_d \leqslant u_{\overline{m},d}^{t} \leqslant c_d, u_{\overline{m},d}^{t}$ 是 $\boldsymbol{u}_{\overline{m}}^{t}$ 的第 $d$ 维变量,$a_d$ 和 $c_d$ 分别是 $u_{\overline{m},d}^{t}$ 的下限和上限。第 $t$ 代第 $\overline{m}$ 只大雁位置的适应度用 $E_{\overline{m}}^{t}$ 表示,$\boldsymbol{b}_{\overline{m}}^{t} = [\overline{b}_{\overline{m},1}^{t}, \overline{b}_{\overline{m},2}^{t}, \cdots, \overline{b}_{\overline{m},D}^{t}]$ 是第 $t$ 代第 $\overline{m}$ 只大雁至今搜索到的历史最优量子位置,$b_{\overline{m}}^{t}$ 是第 $t$ 代第 $\overline{m}$ 只大雁至今搜索到的历史最优位置,$A_{\overline{m}}^{t}$ 是第 $t$ 代时第 $\overline{m}$ 只大雁的历史最优适应度值。把所有大雁按照历史最优位置的适应度优劣进行排列,根据适应度分配标号。

第 $t$ 代所有大雁历史最优量子位置的均值为 $\overline{\boldsymbol{p}}^{t} = \sum_{\overline{m}=1}^{M} \overline{b}_{\overline{m}}^{t}/M$。第 $t$ 代所有大雁中适应性最佳的大雁的量子位置位置为 $\overline{u}_{1}^{t}$,其量子旋转角更新过程描述如下:

$$\overline{\theta}_{1,d}^{t+1} = \varepsilon \cdot \log(\varphi_{1,d}^{t}) \cdot \delta^{t} \cdot |\overline{p}_{d}^{t} - \overline{u}_{1,d}^{t}| + \gamma_{1,d}^{t} \cdot (\overline{b}_{1,d}^{t} - \overline{u}_{1,d}^{t}) \tag{6.1}$$

其中,$d = 1, 2, \cdots, D$;$\delta^{t}$ 是惯性系数,随着迭代代数 $t$ 增加逐渐减小,$\delta^{t} = \tilde{c}_1 + \tilde{c}_2 \cdot [(N-t)/N]$,$\tilde{c}_1$ 和 $\tilde{c}_2$ 为常数,$N$ 为最大迭代次数;$\overline{\theta}_{1,d}^{t+1}$ 代表第 $t+1$ 代最优量子大雁的第 $d$ 维的量子旋转角,$\overline{p}_{d}^{t}$ 代表第 $t$ 代所有大雁的历史最优量子位置第 $d$ 维的均值,$\overline{b}_{1,d}^{t}$ 代表第 $t$ 代所有大雁的历史最优量子位置中适应度最佳的量子位置的第 $d$ 维,$\overline{u}_{1,d}^{t}$ 代表第 $t$ 代所有大雁的量子位置中适应性最佳的量子位置的第 $d$ 维,$\varepsilon$ 随机地取+1 或-1,$\varphi_{1,d}^{t}$ 和 $\gamma_{1,d}^{t}$ 均是在[0,1]内的随机数,$\overline{\boldsymbol{b}}_{1}^{t} = [\overline{b}_{11}^{t}, \overline{b}_{12}^{t}, \cdots, \overline{b}_{1D}^{t}]$ 代表雁群中头雁(历史最优解的适应度值最佳的大雁)的历史最优量子位置。

利用量子旋转门对头雁量子位置进行更新:

$$\overline{u}_{1,d}^{t+1} = \left| \sqrt{1 - (\overline{b}_{1,d}^{t})^2} \cdot \sin(\theta_{1,d}^{t+1}) + \overline{b}_{1,d}^{t} \cdot \cos(\theta_{1,d}^{t+1}) \right| \tag{6.2}$$

其中,$\overline{u}_{1,d}^{t+1}$ 是更新后的第 1 只大雁量子位置的第 $d$ 维变量,$\overline{b}_{1,d}^{t}$ 是更新前的全局最优量子位置的第 $d$ 维,头雁在整个群体经验和其历史最优量子位置指引下在其邻域飞行。

对于种群中其他大雁的量子位置,可以依照概率选择以下两种方式。方式一根据式(6.3)计算量子旋转角为

$$\overline{\theta}_{\overline{m},d}^{t+1} = \varepsilon \cdot \log(\varphi_{\overline{m},d}^{t}) \cdot \delta^{t} \cdot |\overline{p}_{d}^{t} - \overline{u}_{\overline{m},d}^{t}| + \gamma_{\overline{m},d}^{t} \cdot (\overline{b}_{\overline{m}-1,d}^{t} - \overline{u}_{\overline{m},d}^{t}) \tag{6.3}$$

其中,$\overline{\theta}_{\overline{m},d}^{t+1}$ 是第 $\overline{m}(\overline{m} = 2, 3, \cdots, M)$ 只大雁第 $d$ 维的量子旋转角,$\overline{p}_{d}^{t}$ 代表第 $t$ 代所有历史最优量子位置均值的第 $d$ 维,$\overline{b}_{\overline{m}-1,d}^{t}$ 是第 $t$ 代第 $\overline{m}-1$ 只大雁历史最优量子位置的第 $d$ 维,除了标号为 1 的头雁,其余大雁的量子位置都在其标号减 1 的大雁的经验指引下进行更新,$\varepsilon$ 随机地取+1 或-1,$\varphi_{\overline{m},d}^{t}$、$\gamma_{\overline{m},d}^{t}$ 均是在[0,1]内的均匀随机数,$\delta^{t}$ 是惯性系数,随着迭代次数 $t$ 增加 $\delta^{t}$ 逐渐减小。雁群在解空间中不断变换位置搜索最优解。式中第一项是雁群群体历史经验对第 $\overline{m}$ 只大雁位置更新的

影响,第二项是其前面优秀大雁历史最优量子位置。个体经验对大雁位置更新的影响使用模拟的量子旋转门对大雁量子位置进行更新,如式(6.4)所示。

$$\bar{u}_{m,d}^{t+1} = \left| \sqrt{1 - (\bar{u}_{m,d}^{t})^2} \cdot \sin(\theta_{m,d}^{t+1}) + \bar{u}_{m,d}^{t} \cdot \cos(\theta_{m,d}^{t+1}) \right| \qquad (6.4)$$

其中,$\bar{u}_{m,d}^{t+1}$是更新后第$\bar{m}$只大雁量子位置的第$d$维变量。

方式二根据式(6.5)计算量子旋转角为

$$\theta_{m,d}^{t+1} = \varepsilon \cdot \log(\varphi_{m,d}^{t}) \cdot \delta^t \cdot |\bar{p}_d^t - \bar{b}_{m,d}^t| + \gamma_{m,d}^t \cdot (\bar{b}_{m-1,d}^t - \bar{b}_{m,d}^t) \qquad (6.5)$$

其中,$\bar{b}_{m,d}^t$代表第$\bar{m}$只大雁历史最优量子位置的第$d$维变量,相应的量子位置更新方程为

$$\bar{u}_{m,d}^{t+1} = \left| \sqrt{1 - (\bar{b}_{m,d}^t)^2} \cdot \sin(\theta_{m,d}^{t+1}) + \bar{b}_{m,d}^t \cdot \cos(\theta_{m,d}^{t+1}) \right| \qquad (6.6)$$

更新大雁历史最优位置的具体方式为:将雁群中每只大雁当前位置的适应度值$E_m^{t+1}$与其历史最优适应度值$A_m^t$进行对比,若$E_m^{t+1}$优于$A_m^t$,即当$E_m^{t+1} < A_m^t$时,则令$A_m^{t+1} = E_m^{t+1}$,$\bar{b}_m^{t+1} = \bar{u}_m^{t+1}$;否则,历史最优位置和其对应的适应度保留到下一代,即$A_m^{t+1} = A_m^t$,$\bar{b}_m^{t+1} = \bar{b}_m^t$。

每次迭代后对第$\bar{m}$只大雁根据其历史最优位置的适应度值$A_m^{t+1}$由优到劣的顺序排列,排在第1的大雁的历史最优位置$b_1^{t+1}$即为至本次迭代的全局最优位置。

# 6.2 基于PCNN的图像分割模型

PCNN的工作原理:当某神经元输出一个脉冲后,其动态门限阈值会忽然变大,就会阻止接下来的脉冲输出,随后门限阈值会衰减变小,衰减规律满足指数形式,只有内部活动项超过动态门限值的时候,神经元才可以再次输出脉冲,如此反复,得到输出脉冲串。脉冲串可以由神经元间的突触连接,并可传导到其他神经元上,进而改变了周围神经元的激发状态。

如果树突的反馈输入用$F_{ij}[n]$代表,线性连接输入用$L_{ij}[n]$代表,内部活动项用$U_{ij}[n]$代表,内部活动项是由非线性连接调制产生,脉冲输出用$Y_{ij}[n]$代表。简化PCNN模型用数学关系式(6.7)~(6.11)表示如下。

$$F_{ij}[n] = I_{ij} \qquad (6.7)$$

$$L_{ij}[n] = \sum \omega_{ijkl} Y_{kl}[n-1] \qquad (6.8)$$

$$U_{ij}[n] = F_{ij}[n](1 + \beta L_{ij}[n]) \qquad (6.9)$$

$$Y_{ij}[n] = \begin{cases} 1, U_{ij}[n] > \theta_{ij}[n-1] \\ 0, U_{ij}[n] \le \theta_{ij}[n-1] \end{cases} \tag{6.10}$$

$$\theta_{ij}[n] = \exp(-\alpha_\theta)\theta_{ij}[n-1] + V_\theta Y_{ij}[n] \tag{6.11}$$

其中，$F_{ij}[n]$ 表示位置为 $(i,j)$ 的像素的第 $n$ 代反馈输入；$I_{ij}$ 表示外部输入的激励信号，这里是图像像素构成的矩阵中位第 $(i,j)$ 像素的灰度值，作为来自外部的直接激励信号；$\omega_{ijkl}$ 代表连接权矩阵中的元素；$L_{ij}[n]$ 表示位置为 $(i,j)$ 的像素的第 $n$ 次线性连接输入；$\theta_{ij}[n-1]$ 表示能否激发产生脉冲输出的动态阈值；$U_{ij}[n]$ 表示神经元内部活动项；$\beta$ 为突触之间连接强度系数；$Y_{ij}[n]$ 表示脉冲耦合神经网络的脉冲输出；$V_\theta$ 代表幅度系数。

线性连接输入 $L_{ij}[n]$ 和反馈输入 $F_{ij}[n]$ 经过神经元的非线性调制得到内部活动项 $U_{ij}[n]$，当 $U_{ij}[n]$ 大于动态阈值 $\theta_{ij}[n-1]$ 时产生脉冲输出 $Y_{ij}[n]$。

对于 PCNN 模型，神经元模型 $N_i$ 输入一个恒定的反馈 $F_i = I_i$，反馈被设置为归一化像素的灰度值，且无连接输入 $L$ 或 $\beta = 0$，PCNN 会产生稳定周期脉冲序列 $Y_i[n]$。如果其周围的神经元 $N_j$ 与 $N_i$ 相互联结，且 $F_i > F_j$。若在 $\bar{t} = 0$ 时 $N_j$ 和 $N_i$ 被复位，也就是 $I_i$ 和 $I_j$ 为非零，阈值 $\theta$ 和线性连接输入 $L$ 都是零，第一次运算的时候两个神经元输出的脉冲为 $Y_i$ 和 $Y_j$，之后动态阈值 $\theta_j$ 和 $\theta_i$ 以指数的方式逐渐衰减。在某个时刻 $\bar{t}$，$N_i$ 被激发输出脉冲为 $Y_i[n]$，$Y_i[n]$ 会使神经元 $N_j$ 的内部活动项 $U_j$ 变大，此刻如果 $U_j > \theta_j$，则 $N_j$ 将会激发脉冲输出。则神经元 $N_j$ 和 $N_i$ 产生了脉冲耦合，同步震荡。

## 6.3　基于量子雁群算法的 PCNN 图像分割方法

对于 PCNN 分割问题，$\boldsymbol{u}_m^t$ 是 $D(D \ge 3)$ 维向量，PCNN 参数连接系数 $\beta$、幅度系数 $V_\theta$、衰减系数 $\alpha_\theta$ 为必求变量，$m \times m$ 维权重矩阵 $\boldsymbol{\omega}_{i,j}$ 中的各个变量可采用固定矩阵，也可采用变量优化的方式得到。为求 PCNN 模型分割后图像构造最小值优化的组合加权熵 $H$，PCNN 模型在一定参数的情况下对图像进行分割，然后求分割后图像的最小组合加权熵，使用量子雁群算法确定系统最优参数[8]。具体步骤如下。

步骤一：图像分割数学模型的建立。

1）设定 PCNN 模型的连接系数 $\beta$、幅度系数 $V_\theta$、衰减系数 $\alpha_\theta$ 和连接矩阵 $\boldsymbol{\omega}_{i,j}$，初始化标记矩阵 $o,o$ 为与被分割图像大小相同的全零矩阵，$o$ 用来标记已激活的像素。

2）求线性连接输入 $L_{ij}$。对于大小为 $p \cdot q$ 的被分割图像，以第 $(i,j)$ 个像素为中心，用 $m \times m$ 矩阵扫描所有该图像被 PCNN 模型分割的输出图像的像素，把输出图像矩阵加上 $(m-1)/2$ 像素宽的边缘，把边缘像素灰度值设置为零，要使 $m \times m$ 矩阵的中心像素可以到达输出图像的每个像素。矩阵中输出 $Y_{ij}$ 与权重矩阵 $\boldsymbol{\omega}_{i,j}$ 相乘求和后得到神经元的线性连接输入 $L_{ij}$。$L_{ij}[n] = \sum\sum \omega_{i,j,k,l} \cdot Y_{i,j,k,l}[n]$,

$$\boldsymbol{\omega}_{i,j} = \begin{bmatrix} \omega_{i,j,1,1} & \cdots & \omega_{i,j,1,m} \\ \vdots & \ddots & \vdots \\ \omega_{i,j,m,1} & \cdots & \omega_{i,j,m,m} \end{bmatrix}。$$

3）求反馈输入 $F_{ij}[n]$。将被分割图像中位置为 $(i,j)$ 的像素的像素值 $I_{ij}$ 作为反馈输入,即 $F_{ij}[n] = I_{ij}$。

4）求内部活动项 $U_{ij}$。输入经神经元进行内部非线性调制就可以得到神经元的内部活动项 $U_{ij}$。若内部调制强度系数为 $\beta$,则 $U_{ij}[n] = F_{ij}[n](1 + \beta \cdot L_{ij}[n])$。

5）把内部活动项 $U_{ij}[n]$ 和动态阈值 $\theta_{ij}[n-1]$ 进行比较,如果内部活动项比动态阈值大,激活神经元 $(i,j)$,则 $Y_{ij} = 1$,在标记矩阵 $o$ 中将 $(i,j)$ 处的像素设置成 1,并将神经元 $(i,j)$ 动态阈值设置为 1 000 000,以避免已经激发的神经元再次激发。若内部活动项小于动态阈值,则神经元没有被激活,$Y_{ij} = 0$。在 $n = 1$ 时不需要对 $o$ 进行设置和标记,这是因为在第一代时 $Y_{ij}$ 的值为全 0,PCNN 还没有正常开始工作,从第二代开始若 $Y_{ij} = 1$,则将 $o$ 中的 $(i,j)$ 像素标为 1。

6）更新动态阈值。第 $(i,j)$ 个像素第 $n$ 次迭代的阈值根据更新公式进行更新。

7）令迭代次数加 1,同时判断是否所有神经元被激活,也就是 $o$ 中所有元素是否为全 1,如果所有神经元都被激活,则终止迭代,执行步骤 8）；否则,执行步骤 2）。

8）把 PCNN 图像中所有像素值进行取反操作,就可以获得所需的分割图像。

9）求交叉熵函数 $H_1$。交叉熵函数是分割前后图像的信息量损失的度量,它是一个下凸函数,交叉熵函数越小说明分割后的图像与原图越接近,具体定义如公式

$$H_1 = \sum_{z=0}^{\tilde{t}} \left[ z \cdot g(z) \cdot \ln \frac{z}{\mu_1(\tilde{t})} + \mu_1(\tilde{t}) \cdot g(z) \cdot \ln \frac{\mu_1(\tilde{t})}{z} \right] + \sum_{z=\tilde{t}+1}^{z_m} \left[ z \cdot \right.$$

$\left. g(z) \cdot \ln \dfrac{z}{\mu_2(\tilde{t})} + \mu_2(\tilde{t}) \cdot g(z) \cdot \ln \dfrac{\mu_2(\tilde{t})}{z} \right]$ 所示,且 $\mu_1(\tilde{t}) = \displaystyle\sum_{z=0}^{\tilde{t}} z \cdot$

$g(z) / \displaystyle\sum_{z=0}^{\tilde{t}} g(z)$, $\mu_2(\tilde{t}) = \displaystyle\sum_{z=\tilde{t}+1}^{z_m} z \cdot g(z) / \sum_{z=\tilde{t}+1}^{z_m} g(z)$, 其中, $z$ 是图像像素的灰度值, $g(z)$ 是图像中灰度值为 $z$ 的像素个数占总像素个数的比例, $z_m$ 是图像最大灰度值, $\mu_1(\tilde{t})$ 是原始图像中灰度值小于 $\tilde{t}$ 的背景区域的平均灰度, $\mu_2(\tilde{t})$ 是原始图像中灰度值大于 $\tilde{t}$ 的目标区域的平均灰度。$\tilde{t}$ 是分割后图像对应于阈值分割方法所分割图像的等效分割阈值。

10）求 $H_4$ 香农熵。香农熵是分割后图像信息量的度量,它的取值范围为 $[0,$

1]，香农熵越接近于 1，图像的信息量越大。$H_4 = -p_1 \cdot \log(p_1) - p_2 \cdot \log(p_2)$，$H_2 = 1/H_4$。其中 $p_1$ 和 $p_2$ 是分别代表分割后图像中像素值为 1 和 0 的所占的比例，$H_2$ 是香农熵的倒数。

11）求 $H_3$ 比熵。比熵为交叉熵与香农熵的比。$H_3 = H_1/H_4$。

12）设定权值 $d_1$、$d_2$、$d_3$，得到组合加权熵 $H = d_1 \cdot H_1 + d_2 \cdot H_2 + d_3 \cdot H_3$。

步骤二：设定量子雁群算法的参数和初始化量子雁群的种群空间。

步骤三：计算每个大雁量子位置的适应度，初始化最优量子位置，按其历史最优量子位置的适应度值由小到大的顺序排序。为求每个大雁位置的适应度值需要首先将大雁位置所对应的参数带入 PCNN 模型对图像进行分割，然后再计算出分割后图像组合加权熵，此组合加权熵值即为此大雁位置的适应度值。

步骤四：使用量子旋转角和量子旋转门对每只大雁的位置的量子态进行更新得到 $\overline{u}_m^{t+1}$。

步骤五：把每只大雁量子位置映射为位置，每只大雁新位置都对应一个 PCNN 系统参数，激活 PCNN 系统进行图像分割，计算每只大雁新位置 $u_m^{t+1}$ 的适应度值 $E_m^{t+1}$。

步骤六：更新大雁历史最优量子位置。具体方式为：将雁群中每只大雁当前位置的适应度值 $E_m^{t+1}$ 与其历史最优适应度值 $A_m^t$ 进行对比，若 $E_m^{t+1}$ 优于 $A_m^t$，即当 $E_m^{t+1} < A_m^t$ 时，则令 $A_m^{t+1} = E_m^{t+1}$，$\overline{b}_m^{t+1} = \overline{u}_m^{t+1}$；否则，历史最优位置和其对应的适应度保留到下一代，即 $A_m^{t+1} = A_m^t$，$\overline{b}_m^{t+1} = \overline{b}_m^t$。对第 $m$ 只大雁根据其历史最优位置的适应度值 $A_m^{t+1}$ 由小到大的顺序排列。排在第一的大雁的历史最优位置 $b_1^{t+1}$ 即为本次迭代的最优位置。

步骤七：判断是否应该终止迭代，若已经到达最大迭代次数，则迭代终止，执行步骤八；否则，令迭代次数加 1，即 $t = t + 1$，返回步骤四。

步骤八：输出全局最优量子位置，映射得到全局最优位置，也即为量子雁群算法所搜索到的最优分割参数，将全局最优位置中的 $D$ 个参数代入 PCNN 模型对图像进行分割并输出分割后的图像。

# 6.4　实验仿真与分析

粒子群算法（PSO）、文化算法（CA）和量子雁群算法（QGSO）的种群规模为 20，最大迭代次数为 20 代。对于 QGSO，$\tilde{c}_1 = 0.5$，$\tilde{c}_2 = 0.5$；粒子群算法的其他参数参考文献[9]；文化算法的其他参数参考文献[10]。设定权重矩阵为

$$\boldsymbol{\omega}_{i,j} = \begin{bmatrix} \omega_{i,j,1,1} & \omega_{i,j,1,2} & \omega_{i,j,1,3} \\ \omega_{i,j,2,1} & \omega_{i,j,2,2} & \omega_{i,j,2,3} \\ \omega_{i,j,3,1} & \omega_{i,j,3,2} & \omega_{i,j,3,3} \end{bmatrix} = \begin{bmatrix} 0.25 & 1 & 0.25 \\ 1 & 0 & 1 \\ 0.25 & 1 & 0.25 \end{bmatrix} \tag{6.12}$$

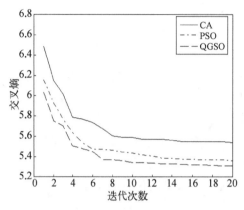

图 6.1　10 次分割的组合加权熵
平均收敛曲线图

图 6.1 利用文化算法、粒子群优化算法和连续量子雁群算法对 PCNN 分割参数优化进而对 rice256. tif 图像分别进行 10 次分割的组合加权熵平均收敛曲线图。权值为 $d_1 = 1, d_2 = 0, d_3 = 0$。可以看出无论收敛速度还是全局收敛性能,所设计的连续量子雁群算法都是最优的。

图 6.2 的被分割图像选择 rice. tif,因为此图像为光照不均匀图像,非常容易导致误分割,分割难度比较大,利用不同优化算法使用最小交叉熵( $d_1 = 1, d_2 = 0, d_3 = 0$ 组合加权熵的一种特例)为优化准则进行 PCNN 自动图像分割的结果。

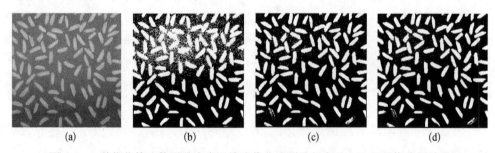

图 6.2　3 种优化算法使用最小交叉熵为优化准则进行自动 PCNN 图像分割结果

(a) 原图像;(b) 用文化算法确定 PCNN 参数所得到的分割图像;(c) 用粒子群优化算法确定 PCNN 参数得到的分割图像;(d) 用量子雁群算法确定 PCNN 参数得到的分割图像

　　利用量子雁群算法确定 PCNN 参数方法进而进行图像分割时图像误分割很少,只有极少的噪点,视觉效果较佳,优于已有的基于文化算法和粒子群算法确定系统参数的智能图像分割方法。

　　图 6.3 为组合加权熵取不同权值的图像分割结果,给出不同组合加权熵在极端形式取值时获得的分割效果。

　　利用量子雁群算法确定 PCNN 参数进而进行图像分割时,不同的熵获得的分割效果是不同的,在实际应用的时候,可以根据具体的分割要求,设置合适的权值,

（a）　　　　　　（b）　　　　　　（c）　　　　　　（d）

图 6.3　组合加权熵取不同权值的图像分割结果

（a）原图像；（b）代表组合加权熵的权值为 $d_1 = 1$、$d_2 = 0$、$d_3 = 0$ 时分割结果；（c）代表组合加权熵的权值为 $d_1 = 0$、$d_2 = 1$、$d_3 = 0$ 时分割结果；（d）代表组合加权熵的权值为 $d_1 = 0$、$d_2 = 0$、$d_3 = 1$ 时分割结果

以满足不同的应用需求。

# 6.5　小　　结

　　针对 PCNN 图像分割系统不能快速高性能的确定 PCNN 系统参数的缺点，给出了一种基于连续量子雁群算法的 PCNN 自动确定系统参数的图像分割系统，使用较少的计算量就达到最优的性能。仿真结果证明了基于量子雁群算法的 PCNN 自动图像分割方法在解决工程实际问题时有重要的价值。

## 参 考 文 献

［1］王芳.基于脉冲耦合神经网络的图像增强算法研究[D].武汉科技大学硕士学位论文,2009.

［2］Kuntimad G, Ranganath H S. Perfect image segmentation using pulse coupled neural networks [J]. IEEE Transactions on Neural Networks, 1999, 10(3)：591－598.

［3］马义德,李廉,绽琨,等.脉冲耦合神经网络与数字图像处理[M].北京：科学出版社,2008.

［4］Subashini M M, Sahoo S K. Pulse coupled neural networks and its applications[J]. Expert Systems with Applications, 2014, 41(8)：3965－3974.

［5］马义德,齐春亮.基于遗传算法的脉冲耦合神经网络自动系统的研究[J].系统仿真学报,2006,18(3)：722－725.

［6］刘金洋,郭茂祖,邓超.基于雁群启示的粒子群优化算法[J].计算机科学,2006,33(11)：166－168.

［7］Gao H Y, Cao J L, Diao M. A simple quantum-inspired particle swarm optimization and its application[J]. Information Technology Journal, 2011, 10(12)：2315－2321.

［8］Gao H Y, Su X, Liang Y S, et al. Automatic image segmentation based on PCNN and quantum geese swarm optimization [C]. Harbin：Proceedings of the 2017 International

Conference on Communications, Signal Processing, and Systems, 2017, 463：1620－1627.

[9]　卢桂馥,王勇,窦易文.一种参数自动寻优的 PCNN 图像分割算法[J].计算机工程与应用.2010,46(13)：145－146.

[10]　沈蔚.基于文化算法的 PCNN 参数标定的研究[D].哈尔滨工程大学硕士学位论文,2008.

# 第7章 量子智能优化算法在中继选择中的应用

中继是一种新兴有效的协作通信技术,它可以克服小区覆盖、小区边缘用户的吞吐量的限制,能够改进无线通信网络的整体性能[1]。对于点对点的通信网络和无线传感器网络等,中继节点均起着十分重要的作用。中继节点可以改善系统多样性并增加网络寿命[2-4],为利用中继节点在无线通信网络中的优点,研究人员分别对中继选择、中继节点能量控制和中继节点带宽分配等问题进行了研究,其中中继选择是协作中继网络中无线资源管理最为关键的问题之一[5]。传统的中继选择问题大多数针对系统的物理距离、信道衰落或信噪比等方面进行了深入研究,在这种场景下,中继选择准则是直接传输且传输过程中不存在任何外在干扰,仅仅是对单个源节点、单个目的结点和多个中继节点场景的讨论[6-9]。近年来,人们对多个源结点和多个目的节点的复杂中继网络越来越感兴趣,这种网络被称为多用户中继协作网络。典型的多用户中继网络包括点对点式网络、传感器网络和网状网络。然而,由于多用户协作中继网络性能估计困难、用户之间竞争加剧和计算复杂度的增加,单用户多中继的中继选择方法很难简单地推广到多用户协作中继网络[10]。

过去,对于多用户网络中继选择方法的研究是十分有限的。对于多用户网络,文献[11]设计了一种最大化用户最小网络效益(网络总速率)的中继选择算法。文献[12]提出一种可以最大化所有用户最小网络效益的中继选择方法,但其假设的多用户之间是没有共道干扰(co-channel interference,CCI)的。文献[13]提出了一种存在共道干扰的多用户中继选择方法,然而所提的中继选择方法仅能够获得一个次优解。如何获得多用户中继选择这一整数优化问题的全局最优解和多目标优化的 Pareto 前端解,是具有挑战性的难题。

对于多用户最优中继选择这一典型的整数优化问题,许多现存的连续智能优化算法不能直接推广去解决这个问题。为了对这一问题进行求解,一些智能优化算法通过在每次迭代后进行取整运算,将连续解转化为整数解。人工蜂群算法(artificial bee colony,ABC)[14]和搜寻者算法[15]和差分进化算法[16]等连续优化算法都可用来求解这个问题。文献[17]提出了基于量子蜂群算法的多用户中继选择方法,但是所提的量子蜂群算法对于复杂的中继选择问题存在收敛速度慢、收敛精度不高的缺点。

对于单目标中继选择问题,本章介绍了量子花授粉算法(quantum flower

pollination algorithm, QFPA)[18]和量子差分演化算法(quantum differential evolutionary algorithm, QDEA)[19]。量子花授粉算法结合了花授粉算法和量子演进计算的优点,量子差分演化算法结合了差分演化算法和量子演进计算的优点,对于多用户中继选择这一整数优化问题可取得良好的性能。本章也对多用户中继选择的多目标优化问题进行了讨论。原则上,多目标优化问题不同于单目标优化问题。在单目标优化问题中,目标是获得最好的设计或决策方案,通常是根据优化算法来获得全局最大值或者全局最小值。然而,在多个目标冲突多目标优化问题中,通常不存在一个解可以使所有的目标函数都达到最优值。对于一个典型的多目标优化问题,当所有目标均考虑时,在解空间中有一系列解优于空间中的其他解,但是对于某一个或者多个目标函数时,它们要比一些解差,这些解被称为 Pareto 前端解或者非支配解,除 Pareto 前端解以外的解被称为支配解。文献[20-22]中提出了一些典型多目标优化算法,文献[23]提出一种混合演化多目标优化问题的结构框架。这些算法在多目标优化领域是有效的,很多研究人员将它们应用到了不同的领域,但是这些算法不能直接用于求解中继选择这个有约束整数优化问题。为了解决多目标中继选择问题,将在 NSGA II 中提出的非支配解排序概念进行了推广,将其应用到量子差分演化算法中,设计 NSQDEA(non-dominated sorting quantum differential evolutionary algorithm)算法去解决多目标中继选择这一整数多目标优化问题。

## 7.1　中继网络的中继选择系统模型

考虑一个协作多用户中继系统模型,$N$ 个源节点(signal nodes, SNs)将信息传输给它们的目的节点(destination nodes, DNs),即有 $N$ 个 SN-DN 传输对,具体模型如图 7.1 所示。此外,有 $M$ 个候选中继节点(relay nodes, RNs)用于信息的传输,通常 $M$ 大于 $N$。每个 SN-DN 传输对选择一个中继节点参与协作通信,每一个 RN 至多帮助一个 SN-DN 传输对进行信息传输。信号传输时使用译码转发(decode and forward, DF)方式。一帧分为两个时隙 TS1 和 TS2,源节点在 TS1 进行信息传输,中继节点在 TS2 进行信息传输。在 TS1 中,SN 向 DN 和 RN 发送信号。在 TS2 中,RN 向 DN 发送信号,DN 将在 TS1 中接收到的 SN 信号与在 TS2 中从 DN 接收到的信号进行最大比值合并(maximum ratio combining, MRC)。

在 TS1 中,从第 $i(i=1, 2, \cdots, N)$ 个 SN 到第 $i$ 个 RN 的信道状态信息(channel state information, CSI)表示为 $G_{s_i, r_i}$,从第 $i$ 个 SN 到第 $i$ 个 DN 的 CSI 表示为 $G_{s_i, d_i}$,从第 $j(j \neq i)$ 个 SN 到第 $i$ 个 RN 的 CCI 表示为 $G_{s_j, r_i}$,从第 $j(j \neq i)$ 个 SN 到第 $i$ 个 DN 的 CCI 表示为 $G_{s_j, d_i}$。在 TS2 中,从第 $i$ 个 RN 到第 $i$ 个 DN 的 CSI 表示为 $G_{r_i, d_i}$,从第 $j$ 个 RN 到第 $i$ 个 DN 的 CCI 表示为 $G_{r_j, d_i}$。对于每个传输过程而言,SN$i$ 和 RN$i$ 的发送功率分别为 $P_{s_i}$ 和 $P_{r_i}$,SN$j$ 和 RN$j$ 的发送功率分别为 $P_{s_j}$ 和 $P_{r_j}$。在

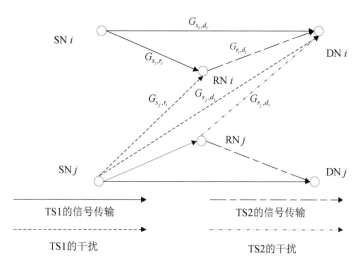

图 7.1　多用户无线中继网络系统模型

TS1 中,SN$i$ 发送信号 $z_i$ ,其中 $z_i$ 表示要发送的信号。通常令 $z_i$ 为归一化信号,即 $E \mid z_i \mid^2 = 1$。在 TS1 中,DN$i$ 接收的信号为

$$y_i^{(sd)} = \sqrt{G_{s_i, d_i}} \sqrt{P_{s_i}} z_i + \sum_{j=1, j \neq i}^{N} \sqrt{G_{s_j, d_i}} \sqrt{P_{s_j}} z_j + w_{s_i, d_i} \qquad (7.1)$$

其中,$w_{s_i, d_i}$ 是 SN$i$ 与 DN$i$ 间功率为 $\eta_1$ 的加性高斯白噪声(additive white gaussian noise, AWGN)。因此,在 SN - DN 链路产生的信号干扰噪声比(signal to interference plus noise ratio, SINR)为

$$\gamma_i^{(sd)} = G_{s_i, d_i} P_{s_i} \Big/ \Big( \sum_{j=1, j \neq i}^{N} G_{s_j, d_i} P_{s_j} + \eta_1 \Big) \qquad (7.2)$$

在 TS1 中,RN$i$ 接收到的信号可以表示为

$$y_i^{(sr)} = \sqrt{G_{s_i, r_i}} \sqrt{P_{s_i}} z_i + \sum_{j=1, j \neq i}^{N} \sqrt{G_{s_j, r_i}} \sqrt{P_{s_j}} z_j + w_{s_i, r_i} \qquad (7.3)$$

其中,$w_{s_i, r_i}$ 是 SN$i$ 与 RN$i$ 间功率为 $\eta_2$ 的加性高斯白噪声。因此,SN - RN 链路的 SINR 为

$$\gamma_i^{(sr)} = G_{s_i, r_i} P_{s_i} \Big/ \Big( \sum_{j=1, j \neq i}^{N} G_{s_j, r_i} P_{s_j} + \eta_2 \Big) \qquad (7.4)$$

在 TS2 中,RN 接收并译码接收到的信息,然后重新编码并转发信息给 DN,因此在 DN$i$ 接收到的信息为

$$y_i^{(rd)} = \sqrt{G_{r_i,\,d_i}} \sqrt{P_{r_i}} z'_i + \sum_{j=1,\,j\neq i}^{N} \sqrt{G_{r_j,\,d_i}} \sqrt{P_{r_j}} z'_j + w_{r_i,\,d_i} \tag{7.5}$$

其中,$z'_i$ 是 $z_i$ 重新编码后的信号。$w_{r_i,\,d_i}$ 为 RN$i$ 与 DN$i$ 间功率为 $\eta_3$ 的加性高斯白噪声。因此,RN - DN 链路的 SINR 可以表示为

$$\gamma_i^{(rd)} = G_{r_i,\,d_i} P_{r_i} \Big/ \Big( \sum_{j=1,\,j\neq i}^{N} G_{r_j,\,d_i} P_{r_j} + \eta_3 \Big) \tag{7.6}$$

对于 DF 中继转发方式,两个时隙结构下发送端到接收端的吞吐量可以通过下式表示[15]:

$$R_i = \frac{1}{2}W\log_2(1 + \gamma_i) = \frac{1}{2}W\log_2(1 + \min\{\gamma_i^{(sr)},\ \gamma_i^{(sd)} + \gamma_i^{(rd)}\})$$

$$= \frac{1}{2}W\min\{\log_2(1 + \gamma_i^{(sr)}),\ \log_2(1 + \gamma_i^{(sd)} + \gamma_i^{(rd)})\} \tag{7.7}$$

其中,$W$ 是信道的可用带宽;$\gamma_i$ 是第 $i$ 个用户的 SINR;$\gamma_i^{(sr)}$ 是 TS1 中第 $i$ 个 SN - RN 传输对的 SINR;$\gamma_i^{(sd)}$ 是 TS1 中第 $i$ 个 SN - DN 传输对的 SINR;$\gamma_i^{(rd)}$ 是 TS2 中第 $i$ 个 RN - DN 传输对的 SINR。中继协作网络的三个单目标优化问题:最大化平均网络效益(maximal average reward,MAR)、最大化公平网络效益(maximal proportional fair,MPF)和最大化最小网络效益(maximal minimal reward,MMR)。目标 MAR 是最大化中继协作网络每个用户的平均吞吐量,MAR 优化问题可以由下式表示:

$$\max_{r}\Big\{U_{\mathrm{MAR}}(\boldsymbol{r}) = \frac{1}{N}\sum_{i=1}^{N} R_i = \frac{1}{N}\sum_{i=1}^{N} \frac{1}{2}W\log(1 + \gamma_i)\Big\} \tag{7.8}$$

$$\mathrm{s.t.}\quad r_i \neq r_j,\ \forall i \neq j$$

目标 MPF 是最大化中继协作网络不同用户之间的公平性,MPF 优化问题可以由下式定义:

$$\max_{r}\Big\{U_{\mathrm{MPF}}(\boldsymbol{r}) = \Big(\prod_{i=1}^{N} R_i\Big)^{\frac{1}{N}} = \Big(\prod_{i=1}^{N} \frac{1}{2}W\log(1 + \gamma_i)\Big)^{\frac{1}{N}}\Big\}$$

$$\mathrm{s.t.}\ r_i \neq r_j,\ \forall i \neq j \tag{7.9}$$

目标 MMR 是最大化中继协作网络中所有用户中吞吐量最小的用户,MMR 优化问题由下式表示:

$$\max_{r}\Big\{U_{\mathrm{MMR}}(\boldsymbol{r}) = \min_{1\leqslant i\leqslant N}\{R_i\} = \min\Big\{\frac{1}{2}W\log(1 + \gamma_i)\Big\}\Big\}$$

$$\mathrm{s.t.}\ r_i \neq r_j,\ \forall i \neq j \tag{7.10}$$

其中, $\boldsymbol{r} = [r_1, r_2, \cdots, r_N]$ 是中继选择方案,约束条件表明每个 RN 最多只能帮助一个 SN - DN 传输对。矩阵 $\boldsymbol{r}$ 中的每个元素 $r_i(i = 1, 2, \cdots, N)$ 表示第 $i$ 个 SN - DN 传输对选择的中继节点标号。因此如果第 $i$ 个 SN - DN 传输对选择了第 $k$ 个中继节点,则 $r_i = k$。

因为 MAR 仅仅考虑了中继协作网络的平均网络效益,拥有最大 MAR 的中继选择方法不能同时获得最大的 MPF 或者 MMR。同样的,拥有最大的 MMR 的中继选择方法不能够同时达到最大的 MAR 或者 MPF。当同时考虑两个目标时,给出中继选择三个多目标优化问题如下所示:

$$\max_{\boldsymbol{r}}\left\{U_{\mathrm{MAR}}(\boldsymbol{r}) = \frac{1}{N}\sum_{i=1}^{N} R_i, \ U_{\mathrm{MPF}}(\boldsymbol{r}) = \Big(\prod_{i=1}^{N} R_i\Big)^{\frac{1}{N}}\right\}, \ \mathrm{s.t.} \quad r_i \neq r_j, \ \forall\, i \neq j$$

$$(7.11)$$

$$\max_{\boldsymbol{r}}\left\{U_{\mathrm{MAR}}(\boldsymbol{r}) = \frac{1}{N}\sum_{i=1}^{N} R_i, \ U_{\mathrm{MMR}}(\boldsymbol{r}) = \min_{1 \leqslant i \leqslant N} R_i\right\}, \ \mathrm{s.t.} \quad r_i \neq r_j, \ \forall\, i \neq j$$

$$(7.12)$$

$$\max_{\boldsymbol{r}}\left\{U_{\mathrm{MPF}}(\boldsymbol{r}) = \Big(\prod_{i=1}^{N} R_i\Big)^{\frac{1}{N}}, \ U_{\mathrm{MMR}}(\boldsymbol{r}) = \min_{1 \leqslant i \leqslant N} R_i\right\}, \ \mathrm{s.t.} \quad r_i \neq r_j, \ \forall\, i \neq j$$

$$(7.13)$$

由于共道干扰(CCI)的存在,去优化这三个多目标中继选择问题是一个很难的过程。为了解决这一多目标中继选择问题,可以采用穷尽搜索方法,通常穷尽搜索方法包括以下步骤:① 对于所有的中继选择方式,首先需要计算在 SNs、DNs 和 RNs 之间的信噪比。② 通过得到的信噪比可以计算出目标函数值。但是在这个计算过程中,应该被计算并比较 $M!\,/(M-N)!$(从一组 $M$ 个元素中选择 $N$ 个有序元素的数量)个中继选择方案。随着 $M$ 和 $N$ 的增加,其计算量以指数形式增长,因此对于实际的 $M$ 和 $N$,这种穷尽搜索方法的计算量是巨大的。

## 7.2　基于量子花授粉的单目标中继选择方法

### 7.2.1　整数编码的量子花授粉算法

在量子花授粉算法(QFPA)中有 $H$ 个量子花朵,$H$ 个量子花朵在 $N$ 维空间使用授粉行为去获得最优秀的花朵,$N$ 代表优化问题的最大维数。在第 $t$ 次迭代第 $h$ 个量子花朵被定义为 $\boldsymbol{x}_h^t = [x_{h1}^t, x_{h2}^t, \cdots, x_{hN}^t]$,其中,$0 \leqslant x_{hn}^t \leqslant 1, h = 1, 2, \cdots, H; n = 1, 2, \cdots, N$。在 QPFA 中有两个关键演化算子,一个是全局授粉,另一个是局部授粉[18]。

在全局授粉过程中,第 $h$ 个量子花朵采取异花授粉的方式在一个较大的变化区间产生新的量子花朵,并且受至第 $t$ 代为止所找到的全局最优量子花朵 $\boldsymbol{p}_g^t = [p_{g1}^t, p_{g2}^t, \cdots, p_{gN}^t]$ 的指引,则新的量子花朵产生方程为

$$\theta_{hn}^{t+1} = c_1 \cdot \xi_{hn}^{t+1} \cdot (p_{gn}^t - m_n^t) + c_2 \cdot \varepsilon_{hn}^{t+1} \cdot (p_{gn}^t - x_{hn}^t) \tag{7.14}$$

$$x_{hn}^{t+1} = \begin{cases} \mathrm{abs}(x_{hn}^t \times \cos\varphi_{hn}^{t+1} + \sqrt{1 - (x_{hn}^t)^2} \times \sin\varphi_{hn}^{t+1}), \chi_{hn}^{t+1} < c_3 \\ \mathrm{abs}(x_{hn}^t \times \cos\theta_{hn}^{t+1} + \sqrt{1 - (x_{hn}^t)^2} \times \sin\theta_{hn}^{t+1}), 其他 \end{cases} \tag{7.15}$$

其中, $n = 1, 2, \cdots, N$ ; $c_1$ 和 $c_2$ 是权重因子; $\mathrm{abs}(\cdot)$ 为绝对值函数,可以保证量子态取在 $[0, 1]$ 间; $m_n^t = \dfrac{1}{H} \sum_{h=1}^{N} x_{hn}^t$ 代表所有量子花朵第 $n$ 维变量的均值; $\xi_{hn}^{t+1}$、$\varepsilon_{hn}^{t+1}$ 和 $\chi_{hn}^{t+1}$ 都是 0 到 1 之间的均匀随机数; $\varphi_{hn}^{t+1}$ 和 $\theta_{hn}^{t+1}$ 是量子旋转角; $c_3$ 代表高斯变异概率; $\varphi_{hn}^{t+1}$ 代表均值为 0 方差为 1 的高斯随机数。

在局部授粉过程中,第 $h$ 个量子花朵采取异花授粉产生新的量子花朵,其演化方程为

$$\theta_{hn}^{t+1} = \delta_{hn}^{t+1} \cdot (x_{jn}^t - x_{hn}^t) \tag{7.16}$$

$$x_{hn}^{t+1} = \begin{cases} \mathrm{abs}(x_{hn}^t \times \cos\varphi_{hn}^{t+1} + \sqrt{1 - (x_{hn}^t)^2} \times \sin\varphi_{hn}^{t+1}), \chi_{hn}^{t+1} < c_4 \\ \mathrm{abs}(x_{hn}^t \times \cos\theta_{hn}^{t+1} + \sqrt{1 - (x_{hn}^t)^2} \times \sin\theta_{hn}^{t+1}), 其他 \end{cases} \tag{7.17}$$

其中, $n = 1, 2, \cdots, N$ ; $j$ 代表 1 到 $H$ 之间的随机整数; $c_4$ 代表高斯变异概率; $\delta_{hn}^{t+1}$ 代表均值为 0 方差为 1 的高斯随机数。量子花朵在更新后,量子花朵的每个变量都映射到确定范围的实数区间,映射规则如下:

$$\overline{x}_{hn}^{t+1} = l_n + x_{hn}^{t+1}(u_n - l_n) \tag{7.18}$$

其中, $l_n$ 是第 $n$ 维变量的下界, $u_n$ 是第 $n$ 维变量的上界。在多用户中继选择方案中,有 $M$ 个待选择的潜在中继,因此可设 $l_n = 0.5, u_n = M, n = 1, 2, \cdots, N$ 。

针对整数优化问题,应将量子花朵从实数区间映射到整数区间,其取整规则为

$$\overline{\overline{x}}_{hn}^{t+1} = \mathrm{ceil}(\overline{x}_{hn}^{t+1}) \tag{7.19}$$

其中, $n = 1, 2, \cdots, N$ ,其中向上取整函数 $\mathrm{ceil}(\overline{x}_{hn}^{t+1})$ 能返回一个大于 $\overline{x}_{hn}^{t+1}$ 的整数,且 $\overline{\overline{\boldsymbol{x}}}_h^t = [\overline{\overline{x}}_{h1}^t, \overline{\overline{x}}_{h2}^t, \cdots, \overline{\overline{x}}_{hN}^t]$ 。

### 7.2.2 基于量子花授粉的中继选择方法

针对中继网络的中继选择这一整数优化问题,使用网络效益和函数

$$\max_{r} \left\{ U(\boldsymbol{r}) = \sum_{i=1}^{N} R_i = \sum_{i=1}^{N} \frac{1}{2} W \log(1 + \gamma_i) \right\}, \ r_i \neq r_j, \ \forall i \neq j$$ 作为目标函数。在第 $t$ 次迭代第 $h$ 个量子花朵的适应度通过下面带有惩罚功能的适应度函数进行计算，

$$f(\bar{\boldsymbol{x}}_h^t) = \begin{cases} U(\bar{\boldsymbol{x}}_h^t); & \bar{x}_{hi}^t \neq \bar{x}_{hn}^t (\ \forall i \neq n; i, n = 1, 2, \cdots, N) \\ 0, & \text{其他} \end{cases}$$。在计算适应度时，惩罚因子用于惩罚不可行解。也就是说，如果一个解不满足每个 RN 最多只能帮助一个用户，即不满足 $\bar{x}_{hi}^t \neq \bar{x}_{hn}^t (\ \forall i \neq n; i, n = 1, 2, \cdots, N)$，其适应度被设置为 0。

QFPA 能被用来解决协作中继网络的多用户中继选择问题，基于 QFPA 的中继选择方案描述如下。

步骤一：假设中心控制器知道所有 CSI 和 CCI 信息且中心控制器可完成中继选择过程。

步骤二：对种群进行初始化，随机产生 $H$ 个基于量子编码机制的量子花朵。计算量子花朵的适应度并且找到初始种群最好的量子花朵作为全局最优量子花朵。

步骤三：对于每个量子花朵，依概率使用全局授粉或局部授粉去产生新的量子花朵，每个量子花朵根据选择概率选择演化规则。

步骤四：计算每个新量子花朵的适应度。对于当前代和上一代的量子花朵，使用贪婪选择机制选择较优秀的量子花朵进入下一代。

步骤五：更新整个量子种群中的最优量子花朵。

步骤六：判断算法是否应该终止：如果达到最大迭代次数，则算法终止，输出中继选择结果；否则，返回步骤三。

步骤七：中心控制器根据得到的中继选择方案向 SNs、RNs 和 DNs 发布中继任务，中继选择过程结束。

## 7.3　基于量子差分进化算法的中继选择方法

### 7.3.1　整数规划的 QDEA

QDEA 是一种由差分进化算法（differential evolution algorithm, DEA）演进出的新型智能优化算法。在 $N$ 维空间中有 $H$ 个量子个体，$N$ 代表优化问题的最大维数（针对多用户中继选择问题，$N$ 也代表 SN－DN 传输对的数目）。每个量子个体是由一系列的量子比特构成的。第 $t$ 代第 $h(h = 1, 2, \cdots, H)$ 个量子个体定义如下：

$$\boldsymbol{x}_h^t = \begin{bmatrix} \alpha_{h1}^t, \ \alpha_{h2}^t, \ \cdots, \ \alpha_{hN}^t \\ \beta_{h1}^t, \ \beta_{h2}^t, \ \cdots, \ \beta_{hN}^t \end{bmatrix} \tag{7.20}$$

其中，$|\alpha_{hn}^t|^2 + |\beta_{hn}^t|^2 = 1$ 且 $n = 1, 2, \cdots, N$。为了简化 QDEA，定义 $0 \leqslant \alpha_{hn}^t \leqslant$

$1, 0 \leq \beta_{hn}^{t} \leq 1$ 且 $\beta_{hn}^{t} = \sqrt{1 - (\alpha_{hn}^{t})^2}$。则第 $t$ 代第 $h$ 个量子个体可以被简化定义为[19]

$$\boldsymbol{x}_h^t = [\alpha_{h1}^t, \alpha_{h2}^t, \cdots, \alpha_{hN}^t] = [x_{h1}^t, x_{h2}^t, \cdots, x_{hN}^t] \tag{7.21}$$

其中,$0 \leq x_{hn}^t \leq 1(n = 1, 2, \cdots, N)$, $x_{hn}^t$ 代表量子比特。

将量子个体映射到个体的实数定义区间,映射规则如下所示。

$$\overline{x}_{hn}^t = l_n + x_{hn}^t(u_n - l_n) \tag{7.22}$$

其中,$l_n$ 表示第 $n$ 维变量的下界,$u_n$ 表示第 $n$ 维变量的上界。在多用户中继选择问题中,由于有 $M$ 个候选中继可以被选择,因此 $l_n = 0.5$, $u_n = M$ 且所有的 $n = 1$, $2, \cdots, N$。

因为多用户中继选择问题是一个整数优化问题,应该将实数解映射为整数解,映射规则:

$$\overline{\overline{x}}_{hn}^t = \mathrm{round}(\overline{x}_{hn}^t) \tag{7.23}$$

其中,$\mathrm{round}(\overline{x}_{hn}^t)$ 表示将 $\overline{x}_{hn}^t$ 向上取整为一个整数 $\overline{\overline{x}}_{hn}^t$,且 $\overline{\overline{x}}_h^t = [\overline{\overline{x}}_{h1}^t, \overline{\overline{x}}_{h2}^t, \cdots, \overline{\overline{x}}_{hN}^t]$。

针对中继网络的多用户中继选择问题,为满足约束条件,第 $h$ 个量子个体的适应度通过如下方程进行计算,$f(\overline{\overline{x}}_h^t) = \begin{cases} U(\overline{\overline{x}}_h^t); & \overline{\overline{x}}_{hi}^t \neq \overline{\overline{x}}_{hn}^t (\forall i \neq n; i, n = 1, 2, \cdots, N) \\ 0, & \text{其他} \end{cases}$。

在这个方程中,使用惩罚因子来惩罚不可行的解。也就是说,如果一个解不满足 $\overline{\overline{x}}_{hi}^t \neq \overline{\overline{x}}_{hn}^t (\forall i \neq n; i, n = 1, 2, \cdots, N)$,解的适应度就被设为零。

量子个体的演化过程主要是由量子旋转角和模拟量子旋转门来实现。直到第 $t$ 代,通过整个量子群体发现的全局最优量子个体表示为 $\boldsymbol{p}_g^t = [p_{g1}^t, p_{g2}^t, \cdots, p_{gN}^t]$。

对于第 $h$ 个($h = 1, 2, \cdots, H$)量子个体,生成一个均匀分布在$[0, 1]$之间的随机数 $\xi_h^t$。当 $\xi_h^t$ 小于 $0.5$ 时,第 $n$ 个($n = 1, 2, \cdots, N$)量子旋转角和第 $n$ 个量子比特更新方程:

$$\theta_{hn}^{t+1} = \hat{\xi}_{hn}^t(p_{gn}^t - x_{hn}^t) + \frac{1}{2} \cdot \overline{\xi}_{hn}^t \cdot \mathrm{sign}(f(\overline{\overline{x}}_a^t) - f(\overline{\overline{x}}_h^t)) \cdot (x_{an}^t - x_{hn}^t) \tag{7.24}$$

$$p_{hn}^{t+1} = \begin{cases} \mathrm{abs}(x_{hn}^t \cdot \cos\mu_{hn}^{t+1} + \sqrt{1 - (x_{hn}^t)^2} \cdot \sin\mu_{hn}^{t+1}), & \varepsilon_{hn}^{t+1} \leq c_5 \\ \mathrm{abs}(x_{hn}^t \cdot \cos\theta_{hn}^{t+1} + \sqrt{1 - (x_{hn}^t)^2} \cdot \sin\theta_{hn}^{t+1}), & \text{其他} \end{cases} \tag{7.25}$$

其中,$\hat{\xi}_{hn}^t$、$\overline{\xi}_{hn}^t$ 和 $\varepsilon_{hn}^{t+1}$ 是均匀分布在$[0, 1]$的随机数;$\mathrm{sign}(\cdot)$ 表示符号函数;$\mu_{hn}^{t+1}$ 是

一个均值为 0 方差为 1 的高斯分布的随机数；$a \in \{1, 2, \cdots, H\}$ 是一个随机整数。

当 $\xi_h^t$ 不小于 0.5 时，第 $h$ 个量子个体的第 $n$ 个量子旋转角和第 $n$ 个量子比特更新方程：

$$\theta_{hn}^{t+1} = \gamma_{hn}^{t+1} \cdot (x_{bn}^t - x_{hn}^t) \tag{7.26}$$

$$p_{hn}^{t+1} = \begin{cases} \text{abs}(x_{hn}^t \cdot \cos\varphi_{hn}^{t+1} + \sqrt{1 - (x_{hn}^t)^2} \cdot \sin\varphi_{hn}^{t+1}), & \eta_{hn}^{t+1} \leqslant c_6 \\ \text{abs}(x_{hn}^t \cdot \cos\theta_{hn}^{t+1} + \sqrt{1 - (x_{hn}^t)^2} \cdot \sin\theta_{hn}^{t+1}), & \text{其他} \end{cases} \tag{7.27}$$

其中，$\gamma_{hn}^{t+1}$、$\varphi_{hn}^{t+1}$ 是均值为 0 方差为 1 的高斯分布的随机数；$\eta_{hn}^{t+1}$ 是一个均匀分布在 $[0, 1]$ 的随机数；当 $n = 1, 2, \cdots, N$ 时，$b \in \{1, 2, \cdots, H\}$ 是一个不同于 $a$ 的随机整数。

为了增加量子群体的种群多样性，引入交叉过程：

$$v_{hn}^{t+1} = \begin{cases} x_{hn}^t, & \vec{\xi}_{hn}^t > CR \text{ 且 } d \neq n \\ p_{hn}^{t+1}, & \text{其他} \end{cases} \tag{7.28}$$

其中，$\vec{\xi}_{hn}^t$ 是一个均匀分布在 $[0, 1]$ 的随机数，$d \in \{1, 2, \cdots, N\}$ 是一个随机整数，$CR = 0.01 + (0.4t)/K$，$K$ 是最大迭代次数。

量子个体 $v_h^{t+1}$ ($h = 1, 2, \cdots, H$) 应被映射为整数向量 $\overline{v}_h^{t+1}$，$\overline{v}_h^{t+1}$ 的适应度通过适应度函数进行计算。如果 $\overline{v}_h^{t+1}$ 的适应度比 $\overline{x}_h^t$ 好，则 $x_h^{t+1} = v_h^{t+1}$；反之 $x_h^{t+1} = x_h^t$。最后，用至今为止所搜索到的最优量子个体记作全局最优量子个体。

## 7.3.2　基于 QDEA 的单目标中继选择方法

基于以上讨论，QDEA 可以用于解决协作中继网络单目标多用户中继选择问题。基于 QDEA 的中继选择问题步骤如下所示。

步骤一：假设中心控制器知道所有的 CSI 和 CCI，然后中心控制器可以完成中继选择过程。

步骤二：根据量子编码机制随机生成初始种群中的 $H$ 个量子个体。计算所有量子个体的适应度然后找出初始种群的全局最优量子个体。

步骤三：根据量子个体的演化机制对量子个体进行演化。

步骤四：计算演化出的量子个体的适应度，对每个量子个体和全局最优量子个体进行更新。

步骤五：判断算法是否应该终止：如果达到最大迭代次数，则算法终止，输出中继选择方法结果;否则,返回步骤三。

步骤六:中心控制器根据得到的中继选择方案向 SNs、RNs 和 DNs 发布中继任务,中继选择过程结束。

### 7.3.3 基于非支配解排序量子差分算法的多目标中继选择方法

1. 非支配解排序

为了同时优化两个目标,即 MAR 和 MPF,或 MAR 和 MMR,或 MMR 和 MPF。本节介绍非支配解排序量子差分算法(NSQDEA)来解决此多目标中继选择问题。NSQDEA 利用了 Pareto 支配的概念并选出了一系列的 Pareto 前端解。Pareto 前端解可以覆盖所权衡的目标问题不同类型的情况。NSQDEA 是基于非支配解排序和拥挤度来提出的;通过这种方式,整个种群被分为不同的非支配等级。通过非支配等级可以获得一种更好的选择前端解方法,因此,要提供必要的压力使得种群向Pareto 前端解方向移动。

首先,介绍一下非支配解的定义。对于一个最大化优化问题 $f_i(\boldsymbol{x})$($i = 1, \cdots, m$),其中,$m$ 是优化目标的最大维数。假设存在两个解 $\boldsymbol{u}$ 和 $\boldsymbol{v}$。如果 $\forall i \in \{1, \cdots, m\}, f_i(\boldsymbol{u}) \geqslant f_i(\boldsymbol{v})$,且 $\exists k \in \{1, \cdots, m\}, f_k(\boldsymbol{u}) > f_k(\boldsymbol{v})$,则定义 $\boldsymbol{u}$ 支配 $\boldsymbol{v}$,$\boldsymbol{u}$ 是 $\boldsymbol{v}$ 的非支配解。这意味着对于每个目标而言,$\boldsymbol{u}$ 都比 $\boldsymbol{v}$ 要好。以下为非支配解排序过程:获得 $\boldsymbol{u}$ 这个解的一些信息,对于每个解 $\boldsymbol{u}$,可以计算出它的支配解数目 $u_{\text{count}}$ 和 $\boldsymbol{u}$ 支配的个体集合 $\boldsymbol{S}_u$。支配个体数目 $u_{\text{count}}$ 通过以下方式进行计算:对于每一个解 $\boldsymbol{u}$,初始化 $u_{\text{count}} = 0$。然后通过与整个种群 $\boldsymbol{S}$ 中其他每个解 $\boldsymbol{v}$ 进行比较,如果 $\boldsymbol{v}$ 是 $\boldsymbol{u}$ 的非支配解,则令 $u_{\text{count}} = u_{\text{count}} + 1$。如果 $\boldsymbol{u}$ 是 $\boldsymbol{v}$ 的非支配解,则将 $\boldsymbol{v}$ 放入支配集合 $\boldsymbol{S}_u$ 中,然后可以得到 $\boldsymbol{u}$ 的支配解数目。如果 $u_{\text{count}} = 0$,则表明没有解支配 $\boldsymbol{u}$ 且 $\boldsymbol{u}$ 为非支配等级为 1 的解。将这个解放入一个单独的集合 $\boldsymbol{F}_1$ 中,然后对于非支配等级为 1 的每个解 $\boldsymbol{u}$,要对它支配的个体集合 $\boldsymbol{S}_u$ 进行以下处理:对于每一个在 $\boldsymbol{S}_u$ 中的解,将它的支配解数目减 1。通过执行这个步骤,如果它的支配解数目变为 0,则将这个解放入另外一个单独的集合 $\boldsymbol{F}_2$ 中。在 $\boldsymbol{F}_2$ 中的解属于非支配等级为 2 的解。对在 $\boldsymbol{S}_u$ 中其他解的 $u_{\text{count}}$ 再减 1,此时支配解数目为 0 的解为非支配等级为 3 的解,这些解将被放入集合 $\boldsymbol{F}_3$ 中。这一过程将一直持续下去直到每个解都在对应的集合中且 $\boldsymbol{S}_u$ 中再也没有解。在 $\boldsymbol{F}_1$ 中的解就是整个种群所有解的非支配解。

2. 拥挤度计算

本节讨论如何计算拥挤度。为了使得算法的解均匀分布并可以收敛到 Pareto最优前端解上,可以通过计算每个目标函数两个邻近点的距离进行处理。通过计算拥挤度可以保证种群的多样性。计算拥挤度需要将整个种群按照每个目标函数值的大小进行排序,每个前端解应该按照升序进行排序。对于每个目标函数,初始化边界解(对应于目标函数最大值或最小值的解)的拥挤度为无穷,初始化其他所有解的拥挤度为 0。然后,根据式(7.29)计算其余每个解拥挤度:

$$I_i(k)_{\text{distance}} = \frac{I(k+1)_i - I(k-1)_i}{f_i^{\max} - f_i^{\min}} \tag{7.29}$$

其中,$I_i(k)_{\text{distance}}$ 是第 $k$ 个解在第 $i$ 个目标的拥挤度;$I(k+1)_i$ 是第 $k+1$ 个解对应于第 $i$ 个目标函数的值;$f_i^{\max}$ 是第 $i$ 个目标函数的最大值;$f_i^{\min}$ 是第 $i$ 个目标函数的最小值。

以此类推,其他的目标函数依然按照这种方式进行计算。最后,整体拥挤度的值是通过每个目标函数的拥挤度值相加得到。根据拥挤度值的大小,种群中的所有解按照降序进行排列。通过非支配解排序和拥挤度计算可以看出,支配等级越高、拥挤度越大的解要优于其他的解。

### 3. 非支配解排序量子差分算法(NSQDEA)

NSQDEA 是一种可以解决多目标问题的算法。NSQDEA 采用所介绍的 QDEA 和非支配解排序的思想。在 $N$ 维空间中存在着三个种群,分别是 $S$、$S_2$ 和 $S_3$。每个种群有 $H$ 个量子个体且不同种群有着自己的演进方式。演进过程如下所述。

步骤一:在 $N$ 维空间中初始化 $S$、$S_2$ 和 $S_3$。种群 $S$ 用来演化非支配解。对于种群 $S$,要对整个种群进行非支配解排序和拥挤度计算。

步骤二:对于种群 $S$ 中的每个量子个体,通过 QDEA 的演进方式对其进行演化,可以得到 $H$ 个新的量子个体。在演化新的量子个体过程中,全局最优量子个体是依照一定规则从精英解集中选择一定比例优秀非支配解,取符号函数的目标函数根据要优化的第 1 个目标函数进行计算,演化出的 $H$ 个量子个体被放入种群 $S$ 中。

步骤三:通过 QDEA 的演进方式,全局最优量子个体是依照一定规则从精英解集中选择一定比例优秀非支配解,取符号函数的目标函数根据要优化的第 2 个目标函数进行计算,生成 $H$ 个新的量子个体,这些量子个体也放入种群 $S$ 中。

步骤四:对种群 $S$ 中的所有量子个体进行非支配解排序和拥挤度计算,选取种群 $S$ 中 $H$ 个最好的量子个体作为精英解集 $S_E$。然后,令 $S = S_E$。

步骤五:对于种群 $S_2$,根据要优化的两个目标函数中的第 1 个目标函数,通过 QDEA 演化每个量子个体。

步骤六:对于种群 $S_3$,根据要优化的两个目标函数中的第 2 个目标函数,通过 QDEA 对每个量子个体进行演化。

步骤七:在迭代过程中,每隔 $K/10$ 代进行以下操作。根据第 1 个目标函数 $f_1$,

比较在精英解集 $S_E$ 和种群 $S_2$ 中的最优量子个体,如果在精英解集 $S_E$ 中的量子个体的适应度优于在种群 $S_2$ 中最优量子个体的适应度,则将 $S_2$ 中的最优量子个体替换为 $S_E$ 中的量子个体。将 $S_E$ 中的量子个体和 $S_2$ 中量子个体进行非支配解排序和拥挤度计算,选择 $H$ 个最好量子个体作为 $S_E$ 和 $S$。此外,根据要优化的第 2 个目标函数 $f_2$,比较在精英解集 $S_E$ 和种群 $S_3$ 中的最优量子个体,如果在精英解集 $S_E$ 中的量子个体的适应度优于在种群 $S_3$ 中最优量子个体的适应度,则将 $S_3$ 中的最优量子个体替换为 $S_E$ 中的量子个体。将 $S_E$ 中的量子个体和 $S_3$ 中量子个体进行非支配解排序和拥挤度计算,选 $H$ 个最好量子个体作为 $S_E$ 和 $S$。

步骤八:如果达到最大迭代次数,停止迭代,输出精英解集 $S_E$ 中的非支配解;反之,返回步骤二,直到达到最大迭代次数。

在上述过程中,每次迭代仅仅选择当前种群的非支配解并舍弃被支配的解,通过迭代演进过程,可以得到 Pareto 前端解。

**4. 基于 NSQDEA 的多目标中继选择方法**

根据上述说明,NSQDEA 可以解决多目标中继选择问题,具体过程如下所示。

步骤一:假设中心控制器知道所有的信道状态信息,中心控制器将完成中继选择。

步骤二:使用 NSQDEA 得到 Pareto 前端解。

步骤三:中心控制器根据不同目标(MAR 和 MPF,MAR 和 MMR 或 MMR 和 MPF)的权重来从 Pareto 前端解中选择中继选择方法。中心控制器根据得到的中继选择方案向 SNs、RNs 和 DNs 发布中继任务,中继选择过程结束。

# 7.4 计算机仿真

## 7.4.1 基于量子花授粉的中继选择仿真

该部分给出 4 种基于智能优化算法的最优中继选择方法的仿真结果。所选择的中继选择方法如下:基于粒子群算法的最优中继选择(PSO - ORS);基于人工蜂群算法的最优中继选择(ABC - ORS);基于量子蜂群优化算法的中继选择(QBCO - ORS)[17];基于 Gale - Shapley 的中继选择和基于量子花授粉算法的中继选择(QFPA - ORS)。人工蜂群算法的参数设置可参考文献[14],粒子群算法可参考文献[24]。基于 Gale - Shapley 的中继选择方案被用于仿真比较证明所设计方法的优越性,包括基于 Gale - Shapley - Min 方法[使 $\min(G_{s_i, r_j}, G_{r_j, d_i})$ 最大化的中继选择]和 Gale – Shapley – Harmonic 方法 $\left(选择中继使 \dfrac{2G_{s_i,\,r_j} G_{r_j,\,d_i}}{G_{s_i,\,r_j} + G_{r_j,\,d_i}} 最大化\right)$ [13]。

仿真过程中,信道的可用带宽为 10 MHz。无线链路和各个节点均匀分布在 $D×D$ 的方形区域内,在仿真中,设置 $D = 100$ m。在每次仿真中,$N$ 个源节点是随机生成的,它们对应的目的节点在源节点周围区域内随机生成,源节点和目的节点在距离为 $[d_{min},\ d_{max}]$ 的范围内均匀分布。在仿真实验中,$d_{min} = 25$ m,$d_{max} = 35\ m$。此外,在方形区域内随机生成 $M$ 个候选中继节点。仿真中不同的源节点功率是相同的,不同中继节点的功率也是相同的。对于所有的节点来说,高斯白噪声的功率是相同的,均为 $10^{-3}$ W,也就是说,$\eta_1 = \eta_2 = \eta_3 = 10^{-3}$ W。对于 QBCO – ORS、PSO – ORS、ABC – ORS 和 QFPA – ORS,设置最大迭代次数是 500,种群规模 $H$ 均设置为 20。对于 QBCO – ORS 和 ABC – ORS 的参数设计可以参考文献[17]。对于 PSO – ORS,参数设置可以参考文献[19]。对于 QFPA – ORS,$c_1 = 0.2,c_2 = 1.5,c_3 = 0.01,c_4 = 0.01$。所有结果是 200 次仿真运行的均值。

图 7.2 给出了 QBCO – ORS、PSO – ORS、ABC – ORS 和 QFPA – ORS 根据最大网络效益和函数获得的总吞吐量和迭代次数的变化曲线。仿真中假设 $N = 10,M = 30$,SN 功率为 20 W 而 RN 功率为 18 W。从图 7.2 可以看出,QFPA – ORS 在少于 150 代时性能就超过 Gale – Shapley – Min 和 Gale – Shapley – Harmonic 方案,与 Gale – Shapley 选择方案比较,当迭代次数达到 500 时,QFPA – ORS 的总吞吐量增益超过 Gale – Shapley 选择方案 3 Mbit/s。与 PSO – ORS、ABC – ORS 和 QBCO – ORS 比较,QFPA – ORS 具有最好的收敛速度和性能。

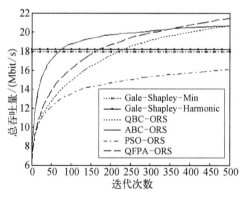

图 7.2　6 种方案收敛性能比较

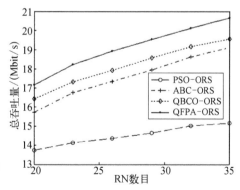

图 7.3　不同 RN 数目的吞吐量比较(10SNs)

图 7.3 考虑了总吞吐量随 RN 数变化的情况,仿真中 $N = 10,M$ 从 20 变化到 35。SN 功率设为 20 W 而 RN 功率设为 10 W。从图 7.3 可以看出,总吞吐量随着 RN 数增加而接近线性的增加,这是可以理解的,随着潜在中继节点数的增加,每个

SN - DN 传输链路可以选择更加合适的中继去获得较好的吞吐量。对比 QFPA - ORS、PSO - ORS、QBCO - ORS 和 ABC - ORS 的性能，PSO - ORS 性能最差而 QFPA - ORS 性能最好。对于不同的 RN 数目，QFPA - ORS 的性能增益几乎超过 QBCO - ORS 约 1 Mbit/s。

图 7.4 给出了总吞吐量和 RN 功率的变化曲线。仿真中 $N = 10, M = 30$，SN 功率为 20 W。针对不同的 RN 功率，QFPA - ORS 的性能明显优于 PSO - ORS、QBCO - ORS 和 ABC - ORS。

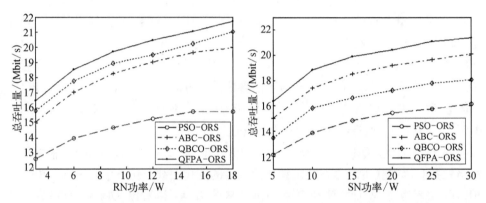

图 7.4　不同 RN 功率吞吐量比较(30RN)　　图 7.5　不同 SN 功率吞吐量比较(30RN)

图 7.5 给出了总吞吐量和不同 SN 功率的性能对比曲线。仿真中假设 $N = 10$, $M = 30$，RN 功率为 10 W，SN 的功率从 5 W 增加到 30 W。从图 7.5 可明显地看出 QFPA - ORS 的性能优于 PSO - ORS、QBCO - ORS 和 ABC - ORS。

从图 7.2~图 7.5 可以看出，QFPA - ORS 和其他 3 种智能选择方案的总系统吞吐量性能差别是明显的，所有仿真结果均证明在不同的仿真条件下 QFPA - ORS 都具有最好的性能。

## 7.4.2　基于量子差分进化算法的中继选择仿真

### 1. 基于 QDEA 的单目标中继选择方法仿真结果

在此部分介绍最优单目标协作中继网络的仿真结果时，使用的中继选择方法：基于量子蜂群算法( quantum bee colony optimization, QBCO)的最优中继选择[17]，基于差分进化算法的最优中继选择( differential evolutionary algorithm, DEA)[19]，基于人工蜂群算法( artificial bee colony, ABC)的最优中继选择以及基于量子差分进化算法(QDEA)的最优中继选择。人工蜂群算法的详细内容，可参考文献[14]。

仿真过程中，信道的可用带宽为 10 MHz。无线链路和各个节点均匀分布在 $D×D$ 的方形区域内，在仿真中，设置 $D = 100$ m。在每次仿真中，$N$ 个源节点是随机生成的,它们对应的目的节点在源节点周围区域内随机生成,源节点和目的节点在距离为 $[d_{\min}, d_{\max}]$ 范围内均匀分布,这样可以保证源节点和目的节点彼此之间的距离不是太远。在仿真实验中, $d_{\min} = 25\ \mathrm{m}, d_{\max} = 35\ \mathrm{m}$,接下来在方形区域内生成 $M$ 个候选中继节点。不同源节点的功率是相同的,不同中继节点的功率也是相同的。对于所有的节点来说,高斯白噪声的功率是相同的,均为 $10^{-3}\ \mathrm{W}$,也就是说, $\eta_1 = \eta_2 = \eta_3 = 10^{-3}\ \mathrm{W}$。对于 QBCO、DEA、ABC 和 QDEA,最大迭代次数设为 1 000,种群规模 $H$ 均设置为 20。ABC 的参数设置可以参考文献[14],DEA 的参数设置可以参考[16]。QBCO 的参数设置参考文献[17]。在 QDEA 中 $c_5 = 0.01, c_6 = 0.01$。在瑞利衰落信道中,信道的增益 $G_{s_i, d_i}$、$G_{s_i, r_i}$ 和 $G_{r_i, d_i}$ 将服从指数分布。指数分布的参数分别为 $\lambda_{s_i, d_i}$、$\lambda_{s_i, r_i}$ 和 $\lambda_{r_i, d_i}$。因此, $G_{s_i, d_i}$ 的概率密度函数可以表示为

$$f_{s_i, d_i}(x) = \lambda_{s_i, d_i} \mathrm{e}^{-\lambda_{s_i, d_i} x} \tag{7.30}$$

其中, $\lambda_{s_i, d_i} = E\{G_{s_i, d_i}\} = d_{s_i, d_i}^{-\beta}$; $d$ 是两个节点之间的距离; $\beta$ 是信道衰落系数。基于本章使用的信道模型,可以得到如下仿真结果。

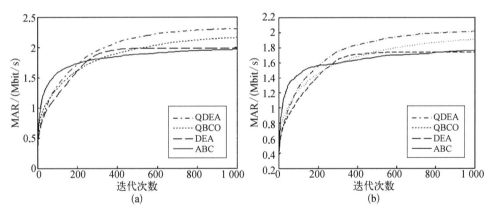

图 7.6　随机瑞利衰落下的收敛曲线(MAR)(a)和
固定瑞利衰落下的收敛曲线(MAR)(b)

图 7.6(a)说明当考虑信道满足随机瑞利衰落、协作中继数目为 20 个的条件下,4 种不同中继选择算法的收敛性曲线。为了保证仿真结果的正确性,仿真结果为 5 000 次仿真结果的均值。指数分布的参数为 $\lambda_{s_i, d_i} = E\{G_{s_i, d_i}\} = d_{s_i, d_i}^{-\beta}$。在仿真过程中, $\beta$ 等于 3。从仿真结果可以看出,所介绍的基于 QDEA 的中继选择方法性能优于 QBCO、DEA 和 ABC。为了简化瑞利衰落的随机性,可以使信道状态信息 $G_{s_i, d_i}$、$G_{s_i, r_i}$ 和 $G_{r_i, d_i}$ 为瑞利衰落的期望值。也就是说, $G_{s_i, d_i}$ 等于 $\lambda_{s_i, d_i}$, $G_{s_i, r_i}$ 等于 $\lambda_{s_i, r_i}$, $G_{r_i, d_i}$ 等于 $\lambda_{r_i, d_i}$。图 7.6(b)为考虑固定瑞利衰落且在协作中继数目为 20 的情况下,4 种不同中继选择算法的收敛性曲线。仿真结果为 5 000 次仿真结果的平

均值。从图 7.6(a) 和图 7.6(b) 可以看出仿真结果的性能走势是相同的,也就是说,瑞利衰落仅仅是一个参数,它并不会影响仿真结果的性能对比,为了减少仿真的时间,接下来的仿真结果均为仅考虑固定瑞利衰落的情况,所有仿真结果均为 200 次仿真结果的平均值。

图 7.7 和图 7.8 为当目标函数为 MPF 或 MMR 时,QBCO、DEA、ABC 和 QDEA 随着迭代次数变化的性能曲线。此时 $N = 10, M = 20$, SN 的发送功率为 20 W,RN 的发送功率为 18 W。从仿真结果可以明显看出,QDEA 得到的中继选择结果的性能优于其他算法得到的中继选择结果性能,这是因为所介绍的 QDEA 将量子计算的理论应用于传统的差分进化算法并对其进行改进。传统的差分进化算法可以在搜索区间中找到合适的搜索区域,但是这一过程对于找到近似最优解是十分慢的,此外由于传统的差分进化算法更新方程是在搜索区域内随机地找近似最优解,因此很容易陷入局部最优。然而对于 QDEA,其具备差分进化算法和量子计算两者的优点,每个量子个体通过使用差分演进策略和量子计算的思想进行更新。因此 QDEA 对比于其他的智能算法,更容易发现近似最优解。此外,QDEA 在演化过程中,采用了两种演进方式,不仅增加了收敛的速度,也增加了种群的多样性。总体而言,QDEA 可以克服其他已有智能优化算法的缺点。

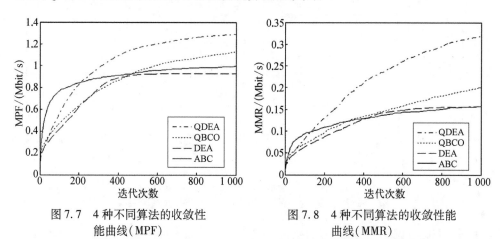

图 7.7　4 种不同算法的收敛性　　　　图 7.8　4 种不同算法的收敛性能
　　　　能曲线(MPF)　　　　　　　　　　　　曲线(MMR)

图 7.9、图 7.10 和图 7.11 考虑了随着中继数目的变化,当目标函数分别为 MAR、MPF 或 MMR 时,4 种中继选择算法的性能曲线。在仿真过程中, $N = 10, M$ 从 20 变化到 35。SN 的功率是 20 W,RN 的功率为 18 W。从图 7.9、图 7.10 和图 7.11 可以看出,随着中继数目的增加,MAR、MPF 或 MMR 是近乎线性增加的。通过对比四种中继选择方法可以发现,ABC 中继选择方法的性能比 QDEA、QBCO 和 DEA 的性能都要差,QBCO 的性能优于 DEA 和 ABC,但是 QDEA 的性能是最好的。当考虑 MAR 时,相比于 QBCO,QDEA 的吞吐量要比 QBCO 的吞吐量高 0.3 Mbit/s。

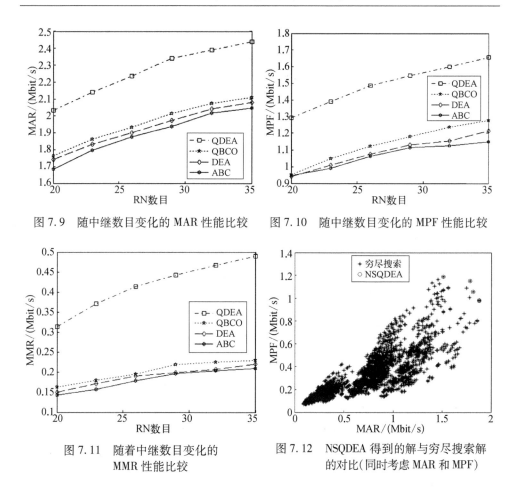

图 7.9　随中继数目变化的 MAR 性能比较　　　图 7.10　随中继数目变化的 MPF 性能比较

图 7.11　随着中继数目变化的　　　　　　图 7.12　NSQDEA 得到的解与穷尽搜索解
　　　　　MMR 性能比较　　　　　　　　　　　的对比(同时考虑 MAR 和 MPF)

**2. 基于 NSQDEA 的多目标中继选择方法仿真结果**

这一部分将介绍基于 NSQDEA 的多目标中继选择方法仿真结果。对于 NSQDEA 方法,最大迭代次数设置为 500,每个种群的量子个体数目是相同的,均为 50。其他的仿真参数与单目标中继选择算法的参数相同,NSQBCO 的仿真参数设计参考文献[25]。

图 7.12、图 7.13 和图 7.14 考虑了当 $N = 5, M = 7$ 时,多目标中继选择方法的性能。其中,SN 的发送功率为 20 W,RN 的发送功率为 18 W。图 7.12 考虑了当多目标为 MAR 和 MPF 时的情况,从仿真结果可以看出,没有一种 NSQDEA 获得中继选择的解可以同时在 MAR 和 MPF 上取得最大值。当某一解能够最大化一个目标时,它不能同时最大化另外一个目标。同时可以看出,通过 NSQDEA 得到的解是非支配解。图 7.13 考虑了 MAR 和 MMR,图 7.14 考虑了 MMR 和 MPF,可以得到相同的结论,也就是说,通过 NSQDEA 得到的解是所有解的非支配解。从 NSQDEA

得到的非支配解和穷尽搜索的解的支配关系可以看出,不存在一个其他的解可以在两个目标函数上性能上均优于 NSQDEA 得到的非支配解。仿真结果表明 NSQDEA 可以有效地解决多目标问题,可以和穷尽搜索的方法得到相同的非支配多目标中继选择方案。

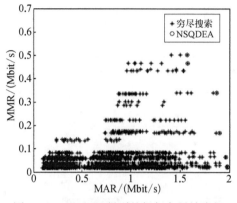 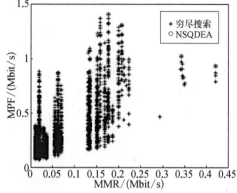

图 7.13　NSQDEA 得到的解与穷尽搜索解的比较(同时考虑 MAR 和 MMR)　　图 7.14　NSQDEA 得到的解与穷尽搜索解的比较(同时考虑 MMR 和 MPF)

图 7.15 和图 7.16 为当 $M = 20, N = 10$ 时,同时考虑 MAR 和 MPF 为多目标的 NSQDEA 性能。图 7.15 为针对同一中继选择问题,NSQDEA 得到的解(同时考虑 MAR 和 MPF)和 DEA、QBCO 和 ABC 得到的解(仅考虑 MAR)。图 7.16 为同一中继选择问题中,NSQDEA 得到的解(同时考虑 MAR 和 MPF)和 DEA、QBCO 和 ABC 得到的解(仅考虑 MPF)。QBCO、DEA 和 ABC 的最大迭代次数为 500,种群规模均为 50。SN 的发送功率为 20 W,RN 的发送功率为 18 W。其他仿真参数的设置和单目标仿真实验参数相同。从图 7.15 和图 7.16 可以看出 NSQDEA 演化出的多目标解可以支配 QBCO、DEA 和 ABC 演化出的单目标解。仿真结果表明,NSQDEA 对于解决多目标问题可具有良好的性能,通过 NSQDEA 得到的解是非支配解。

图 7.17 和图 7.18 考虑了 MAR 和 MMR 为多目标时 NSQDEA 的性能。QBCO、DEA 和 ABC 是用来优化单个目标(MAR 或 MMR)的。其他仿真参数的设置同图 7.15 和图 7.16。图 7.17 为同一中继选择问题中,NSQDEA 得到的解(同时考虑 MAR 和 MMR)和 DEA、QBCO 和 ABC 得到的解(仅考虑 MAR)。图 7.18 为同一中继选择问题中,NSQDEA 得到的解(同时考虑 MAR 和 MMR)和 DEA、QBCO 和 ABC 得到的解(仅考虑 MMR)。从图 7.17 和图 7.18 可以看出,被 NSQDEA 演化出的解可以支配 QBCO、DEA 和 ABC 演化出的解。仿真结果说明 NSQDEA 当考虑 MAR 和 MMR 为多目标时可以得到良好的性能。

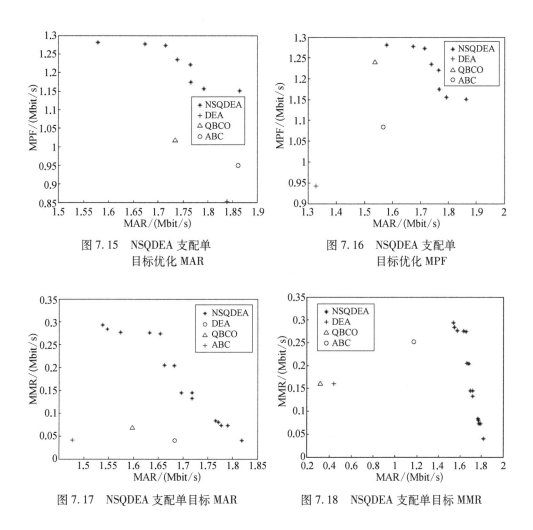

图 7.15　NSQDEA 支配单
目标优化 MAR

图 7.16　NSQDEA 支配单
目标优化 MPF

图 7.17　NSQDEA 支配单目标 MAR

图 7.18　NSQDEA 支配单目标 MMR

图 7.19 和图 7.20 考虑了当 $M = 20, N = 10$ 时,多目标为 MMR 和 MPF 时 NSQDEA 的性能。QBCO、DEA 和 ABC 得到的中继选择解用来比较 NSQDEA 得到的非支配解。SN 的发送功率为 20 W,RN 的发送功率为 18 W。其他仿真参数的设置与图 7.15 和图 7.16 相同。图 7.19 为同一中继选择问题中,NSQDEA 得到的解(同时考虑 MMR 和 MPF)和 DEA、QBCO 和 ABC 得到的解(仅考虑 MMR)。图 7.20 为同一中继选择问题中,NSQDEA 得到的解(同时考虑 MMR 和 MPF)和 DEA、QBCO 和 ABC 得到的解(仅考虑 MPF)。从仿真结果可以发现 NSQDEA 得到的解支配 DEA、QBCO 和 ABC 演化出的单目标解。多目标中继选择方法 NSQDEA 对于多目标问题有着广泛的应用,即便与单目标中继选择方法对比,NSQDEA 仍然有较好的性能。

图 7.21、图 7.22 和图 7.23 为当多目标为 MAR 和 MPF、MAR 和 MMR 或 MMR 和 MPF 时,NSQDEA 和 NSQBCO 的性能对比。图 7.21 为同一中继选择问题中,NSQDEA 得到的解和 NSQBCO 得到的解(同时考虑 MAR 和 MPF)。图 7.22 为同一中继选择问题中,NSQDEA 得到的解和 NSQBCO 得到的解(同时考虑 MAR 和 MMR)。图 7.23 为同一中继选择问题中,NSQDEA 得到的解和 NSQBCO 得到的解(同时考虑 MMR 和 MPF)。在仿真过程中,最大迭代次数为 500,SN 的发送功率为 20 W,RN 的发送功率为 18 W,NSQBCO 的仿真参数参考文献[25]。仿真结果表明针对多目标中继选择问题,NSQDEA 可以获得比 NSQBCO 更好的性能。从图 7.21 ~ 图 7.23 可以看出,当多目标问题不同时,NSQDEA 和 NSQBCO 之间的差距是显而易见的,针对不同的仿真场景,NSQDEA 均拥有最好的性能。

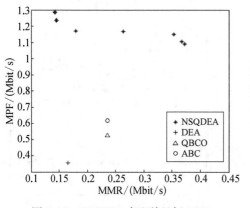

图 7.19 NSQDEA 支配单目标 MMR

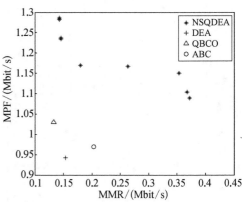

图 7.20 NSQDEA 支配单目标 MPF

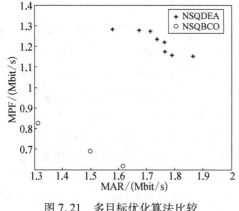

图 7.21 多目标优化算法比较
(MAR 和 MPF)

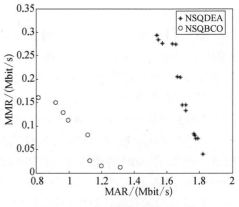

图 7.22 多目标优化算法比较
(MAR 和 MMR)

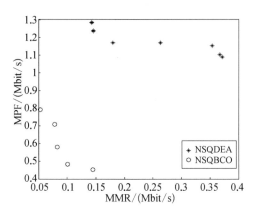

图 7.23　多目标优化算法比较（MMR 和 MPF）

# 7.5　小　　结

本章考虑了协作中继网络中有 CCI 的 SN - DN 传输场景,介绍了解决单目标中继选择问题的 QDEA 和 QFPA 与解决多目标中继选择问题的 NSQDEA。相比于基于 QBCO、DEA 和 ABC 的单目标中继选择方法,QDEA 在不同仿真情景、不同目标函数情况下有着更好的性能。多目标中继选择方法 NSQDEA 对于多目标函数优化问题,如 MAR 和 MPF、MAR 和 MPF、MPF 和 MMR,均可以获得最优 Pareto 非支配解。通过比较 NSQDEA 和 NSQBCO,仿真结果说明在多目标中继选择问题中,NSQDEA 比 NSQBCO 更加有效。此外,仿真结果也验证了基于 NSQDEA 的多目标中继选择方法具有广泛的应用价值。

## 参 考 文 献

[ 1 ]　Nosratinia A, Hunter T E, Hedayat A. Cooperative communication in wireless networks[J]. IEEE Communications Magazine, 2004, 42(10): 74 - 80.

[ 2 ]　Xu X, Li L, Yao Y, et al. Energy-efficient buffer-aided optimal relay selection scheme with power adaptation and inter-relay interference cancellation [J]. KSII Transactions on Internet & Information Systems, 2016, 10(11): 5343 - 5364.

[ 3 ]　Guo W, Zhang J, Feng G, et al. An amplify-and-forward relaying scheme based on network coding for deep space communication [J]. KSII Transactions on Internet and Information Systems, 2016, 10(2): 670 - 683.

[ 4 ]　Etezadi F, Zarifi K, Ghrayeb A, et al. Decentralized relay selection schemes in uniformly distributed wireless sensor networks [J]. IEEE Transactions on Wireless Communications, 2012, 11(3): 938 - 951.

[ 5 ]　Xiao L, Cuthbert L. Load based relay selection algorithm for fairness in relay based OFDMA

cellular systems [C]. Budapest Hungary: IEEE Wireless Communications and Networking Conference, 2009: 1280 - 1285.

[6] Cao J, Zhang T, Zeng Z, et al. Multi-relay selection schemes based on evolutionary algorithm in cooperative relay networks [J]. International Journal of Communication Systems, 2014, 27 (4): 571 - 591.

[7] Jing Y, Jafarkhani H. Single and multiple relay selection schemes and their achievable diversity orders[J]. IEEE Transactions on Wireless Communications, 2009, 8(3): 1414 - 1423.

[8] Michalopoulos D, Karagiannidis G. Performance analysis of single relay selection in rayleigh fading[J]. IEEE Transactions on Wireless Communications, 2008, 7(10): 3718 - 3724.

[9] Ng T C Y, Yu W. Joint optimization of relay strategies and resource allocations in cooperative cellular networks[J]. IEEE Journal on Selected Areas in Communications, 2007, 25(2): 328 - 339.

[10] Esli C, Wittneben A. A hierarchical AF protocol for distributed orthogonalization in multiuser relay networks[J]. IEEE Transactions on Vehicular Technology, 2010, 59(8): 3902 - 3916.

[11] Sharma S, Shi Y, Hou Y T, et al. An optimal algorithm for relay node assignment in cooperative Ad Hoc networks[J]. IEEE/ACM Transactions on Networking, 2011, 19(3): 879 - 892.

[12] Atapattu S, Jing Y, Jiang H, et al. Relay selection and performance analysis in multiple-user networks [J]. IEEE Journal on Selected Areas in Communications, 2013, 31(8): 1517 - 1529.

[13] Xu J, Zhou S, Niu Z. Interference-aware relay selection for multiple source-destination cooperative networks [C]. Shanghai: Asia-Pacific Conference on Communications, 2009: 338 - 341.

[14] Karaboga D, Basturk B. On the performance of artificial bee colony (ABC) algorithm [J]. Applied Soft Computing, 2008, 8(1): 687 - 697.

[15] 刘丹丹. 基于量子搜寻者优化算法的中继选择技术研究[D]. 哈尔滨工程大学硕士学位论文, 2018.

[16] Storn R, Price K. Differential evolution — a simple and effieient heuristic for global optimization over continuous spaces [J]. Jounal of Global Optimization, 1997, 11(4): 341 - 359.

[17] Li J Z, Diao M. Quantum bee colony optimization based relay selection scheme in cooperative relay networks[J] Journal of Computational Information Systems, 2015, 11(23): 8489 - 8499.

[18] Gao H Y, Du Y N, Zhang S B. Quantum flower pollination algorithm for optimal multiple relay selection scheme[J]. International Journal of Wireless and Mobile Computing, 2017, 13(4): 299 - 305.

[19] Gao H Y, Zhang S B, Du Y N, et al. Relay selection scheme based on quantum differential evolution algorithm in relay networks [J]. KSII Transactions on Internet and Information Systems, 2017, 11(7): 3501 - 3523.

[20] Srinivas N, Deb K. Mutiobjective optimization using nondominated sorting in genetic algorithms

［J］. Evolutionary Computation，1994，2(3)：221－248.

［21］　Zitzler E，Thiele L. Multiobjective evolutionary algorithms：A comparative case study and the strength Pareto approach［J］. IEEE Transactions on Evolutionary Computation，1999，3(4)：257－271.

［22］　Zitzler E，Laumanns M，Thiele L. SPEA2：Improving the strength Pareto evolutionary algorithm［C］. Athens：Evolutionary Methods for Design Optimization and Control with Applications to Industrial Problems，2001：95－100.

［23］　Sindhya K，Miettinen K，Deb K. A hybrid framework for evolutionary multi-objective optimization［J］. IEEE Transactions on Evolutionary Computation，2013，17(4)：495－511.

［24］　崔志华,曾建潮. 微粒群优化算法［M］.北京：科学出版社,2011.

［25］　Li J Z，Diao M. QBCO and NSQBCO based multi-user single-relay selection scheme in cooperative relay networks［J］. International Journal of Signal Processing，Image Processing and Pattern Recognition，2016，19(7)：407－424.

# 第8章 基于群智能的特殊阵列测向

阵列信号处理是信号处理学科的重要分支,有别于一般的信号处理手段,阵列信号处理是在空间位置上根据特定的规则或方法摆放一组传感器,形成传感器阵列,而不是采用单个传感器对信号进行采样观测。这种信号处理的方法具有高信号增益、强抗干扰能力及高空间分辨率等优点,在雷达、声呐、通信和地质勘探等多个领域具有广阔的应用前景[1]。

空间谱估计,又称波达方向估计或测向,是阵列信号处理中的重要研究方向之一,目前大多数测向方法都是在均匀线阵等简单模型下提出的,这是因为均匀线阵具有简单、易于处理的特点。但均匀线阵只适用于信源数小于阵元数的测向问题,而实际情况中,阵列的摆放常常受到空间的限制,如何减少系统造价、如何在特殊环境及复杂应用背景下进行高精度测向具有重要的研究价值,因此研究一些特殊非均匀线性阵列的设置及处理方法是十分必要的。

与此同时,研究动态波达方向估计方法是具有很重要的实际意义的研究方向。目前,多采用子空间跟踪及迭代的方法解决动态测向问题,此类算法实时性好且计算量小,基本手段是通过各种途径更新子空间(信号子空间或噪声子空间)[2],更新子空间之后还需要做进一步处理才能实现对入射角度的跟踪估计。但该类算法大多还不能直接对相干信源进行直接求解,并且在低信噪比和冲击噪声的环境下性能较差,故设计测向精度更高、适应范围更广的动态 DOA 估计方法是非常有必要的。

多年来,研究人员尝试把智能计算和测向方法结合以获得突破工程局限的测向新方法,获得了一些研究成果[3-9],但是大多都是在均匀线阵的前提下进行研究的。因此,本章首先针对高斯噪声环境下的特殊非均匀线阵测向,介绍了基于文化鸽群算法的特殊阵列测向方法,该方法在高斯噪声环境下具有阵列扩展和高性能的特点。然后针对冲击噪声环境下的特殊非均匀线阵动态测向,给出了基于量子猫群算法的动态测向方法,可以在强冲击噪声和弱冲击噪声环境下对信源波达方向进行有效的动态跟踪。

## 8.1 文化鸽群算法

鸽群算法是由地图算子、指南针算子和地标算子构成的一种连续优化算法[10-12],在一些工程问题中取得了较好的效果。把文化算法中的文化机制引入到鸽群算法中,形成文化鸽群算法以获得好的收敛性能。

　　将鸽群中的 $\overline{N}$ 只鸽子划分给 2 个子鸽群,基本鸽群和文化鸽群的鸽子数量分别为 $N_1$ 和 $N_2$,分别按照鸽群基本算子和文化机制进行演化,其中 $N_1 + N_2 = \overline{N}$。在文化鸽群算法的开始阶段,第 $h$ 个鸽群随机产生 $N_h$ 只鸽子,其中 $h = 1, 2$。每只鸽子搜索空间的维数定义为 $M$ 维,第 $t$ 次迭代中第 $h$ 个鸽群第 $i$ 只鸽子的位置为 $\boldsymbol{x}_i^t(h) = [x_{i,1}^t(h), x_{i,2}^t(h), \cdots, x_{i,M}^t(h)]$,到第 $t$ 次迭代为止第 $h$ 个鸽群第 $i$ 只鸽子的局部最优位置为 $\boldsymbol{p}_i^t(h) = [p_{i,1}^t(h), p_{i,2}^t(h), \cdots, p_{i,M}^t(h)]$ 和到第 $t$ 次迭代为止整个鸽群的全局最优位置为 $\boldsymbol{g}^t = [g_1^t, g_2^t, \cdots, g_M^t]$,其中 $h = 1, 2$。第 1 个鸽群中第 $i$ 只鸽子的速度为 $\boldsymbol{v}_i^t(1) = [v_{i,1}^t(1), v_{i,2}^t(1), \cdots, v_{i,M}^t(1)]$,其中 $1 \leqslant i \leqslant N_1$。

　　基本鸽群中,每只鸽子按照鸽群基本算子更新其速度和位置。第 $i$ 只鸽子第 $m$ 维速度的更新方程为

$$v_{i,m}^{t+1}(1) = v_{i,m}^t(1) \times \mathrm{e}^{-\tilde{R} \times t} + r_{i,m}^{t+1} \times [g_m^t - x_{i,m}^t(1)] \tag{8.1}$$

其中, $i = 1, 2, \cdots, N_1, m = 1, 2, \cdots, M, g_m^t$ 为鸽群全局最优位置的第 $m$ 维, $\tilde{R}$ 为地图和指南针因数, $r_{i,m}^{t+1}$ 为混沌方程所产生的混沌权重,具体方法为:初始的 $r_{i,m}^1$ 为 $[0, 1]$ 间的均匀随机数,初始值不能等于 1、0.75、0.5、0.25 和 0,其后 $r_{i,m}^t$ 按照如下规则更新:

$$r_{i,m}^{t+1} = 4 r_{i,m}^t (1 - r_{i,m}^t) \tag{8.2}$$

第 $i$ 只鸽子第 $m$ 维位置的更新方程为

$$x_{i,m}^{t+1}(1) = x_{i,m}^t(1) + v_{i,m}^{t+1}(1) \tag{8.3}$$

　　文化鸽群的信仰空间主要由规范知识构成,在第 $t$ 代第 $m$ 维规范知识区间可以表示为 $[l_m^t, u_m^t]$,规范知识的下限 $l_m^t$ 和上限 $u_m^t$ 根据待解决问题的变量取值范围来初始化; $L_m^t$ 表示第 $m$ 维变量的下限 $l_m^t$ 所对应的评价值, $U_m^t$ 表示第 $m$ 维变量的下限 $u_m^t$ 所对应的评价值。对于最大值优化问题, $L_m^t$ 和 $U_m^t$ 均初始化为 $-\infty$。

　　文化鸽群根据影响函数生成鸽子新位置,根据文化机制的规范知识和局部最优位置来调整位置变量变化步长及前进方向,第 $i$ 只鸽子第 $m$ 维的位置更新的影响函数定义为

$$x_{i,m}^{t+1}(2) = \begin{cases} p_{i,m}^t(2) + |\tilde{N}(0, 1) \cdot (u_m^t - l_m^t)|, & p_{i,m}^t(2) < l_m^t \\ p_{i,m}^t(2) - |\tilde{N}(0, 1) \cdot (u_m^t - l_m^t)|, & p_{i,m}^t(2) > u_m^t \\ p_{i,m}^t(2) + \eta \cdot \tilde{N}(0, 1) \cdot (u_m^t - l_m^t), & \text{其他} \end{cases} \tag{8.4}$$

其中, $\eta$ 为缩放比例因子, $\tilde{N}(0, 1)$ 为标准正态分布的随机数, $1 \leqslant i \leqslant N_2, 1 \leqslant$

$m \leqslant M_{\circ}$

鸽群设定接受函数,根据接受函数挑选鸽群中局部极值最优前 20% 的鸽子位置更新规范知识,更新信仰空间,若 $\boldsymbol{p}_k^{t+1}(h) = [p_{k,1}^{t+1}(h), p_{k,2}^{t+1}(h), \cdots, p_{k,M}^{t+1}(h)]$ 和 $\boldsymbol{p}_k^{t+1}(h) = [p_{k,1}^{t+1}(h), p_{k,2}^{t+1}(h), \cdots, p_{k,M}^{t+1}(h)]$ 分别为影响规范知识下界和上界更新的鸽子的局部最优位置,则其更新方程为

$$l_m^{t+1} = \begin{cases} p_{k,m}^{t+1}(h), & p_{k,m}^{t+1}(h) \leqslant l_m^t \text{ 或} f[\boldsymbol{p}_k^{t+1}(h)] > L_m^t \\ l_m^t, & \text{其他} \end{cases} \tag{8.5}$$

$$L_m^{t+1} = \begin{cases} f[\boldsymbol{p}_k^{t+1}(h)], & p_{k,m}^{t+1}(h) \leqslant l_m^t \text{ 或} f[\boldsymbol{p}_k^{t+1}(h)] > L_m^t \\ L_m^t, & \text{其他} \end{cases} \tag{8.6}$$

$$u_m^{t+1} = \begin{cases} p_{k,m}^{t+1}(h), & p_{k,m}^{t+1}(h) \geqslant u_m^t \text{ 或} f[\boldsymbol{p}_k^{t+1}(h)] > U_m^t \\ u_m^t, & \text{其他} \end{cases} \tag{8.7}$$

$$U_m^{t+1} = \begin{cases} f[\boldsymbol{p}_k^{t+1}(h)], & p_{k,m}^{t+1}(h) \geqslant u_m^t \text{ 或} f[\boldsymbol{p}_k^{t+1}(h)] > U_m^t \\ U_m^t, & \text{其他} \end{cases} \tag{8.8}$$

## 8.2　基于文化鸽群算法的特殊阵列测向

### 8.2.1　特殊阵列测向模型

特殊非均匀线阵是指阵元间隔具有一定规律的非等距的线阵,可实现阵列有效孔径的扩展,其中最小冗余阵列、最大连续延迟阵列以及最小间隙阵列都属于特殊非均匀线阵。若特殊非均匀线阵由 $M$ 个各向同性天线阵元构成,阵列中第 $m$ 个阵元相对于第一个阵元的间距设为 $d_m$ 且 $m = 1, 2, \cdots, M$,其中 $d_1 = 0 < d_2 < \cdots < d_M$,若最小阵元间距为 $\varepsilon$,则阵元坐标为 $\boldsymbol{d} = [d_1, d_2, \cdots, d_M] = \varepsilon[h_1, h_2, \cdots h_M]$,其中 $h_1, h_2, \cdots, h_M$ 都为整数,且集合 $\overline{\boldsymbol{H}} = \{h_m - h_w \mid m, w = 1, 2, \cdots, M; m > w\}$ 是一个连续的或近似连续的自然数集合。假设阵列远场有 $P$ 个窄带点源以波长为 $\lambda$ 的平面波入射到非均匀线阵,则特殊非均匀线阵接收的第 $k$ 次快拍数据可表示为

$$\boldsymbol{y}(k) = A(\boldsymbol{\theta})\boldsymbol{s}(k) + \boldsymbol{n}(k) \tag{8.9}$$

式中,$A(\boldsymbol{\theta}) = [\boldsymbol{a}(\theta_1), \boldsymbol{a}(\theta_2), \cdots, \boldsymbol{a}(\theta_P)]$ 为 $M \times P$ 维导向矩阵,其中第 $p$ 个导向矢量为 $\boldsymbol{a}(\theta_p) = [1, e^{-j2\pi d_2 \sin(\theta_p)/\lambda}, \cdots, e^{-j2\pi d_M \sin(\theta_p)/\lambda}]^T$,$p = 1, 2, \cdots, P$;$\boldsymbol{\theta} = (\theta_1, \theta_2, \cdots, \theta_P)$ 为来波方向矢量,$\boldsymbol{y}(k) = [y_1(k), y_2(k), \cdots, y_M(k)]^T$ 为 $M \times 1$ 维阵列

快拍数据,其中 $k$ 为快拍次数, $s(k) = [s_1(k), s_2(k), \cdots, s_P(k)]^T$ 为 $P \times 1$ 维信号, $n(k)$ 为 $M \times 1$ 维服从复高斯噪声分布矢量,j 为复数单位。根据特殊非均匀线阵接收信号得到的协方差矩阵为 $\overline{R} = E(y(k)y^H(k))$ ,其中上标 H 代表共轭转置, $E(\ )$ 表示数学期望。

把特殊非均匀线阵的协方差矩阵虚拟成更多阵元的均匀线阵或近似均匀线阵的协方差矩阵,扩展导向矩阵得到虚拟线阵的扩展导向矩阵。下面以虚拟出均匀线阵为例介绍其极大似然方程推导过程,协方差阶矩可以进一步表示为 $\overline{R} = [\overline{r}_1, \overline{r}_2, \cdots, \overline{r}_M]$ ,其中 $\overline{r}_m = [\overline{r}_{1m}^{(h_1-h_m)}, \overline{r}_{2m}^{(h_2-h_m)}, \cdots, \overline{r}_{Mm}^{(h_M-h_m)}]^T, m = 1, 2, \cdots, M$ 。根据特殊非均匀线阵的特点,非均匀线阵可虚拟成更多个阵元的均匀线阵或近似均匀线阵,若根据非均匀线阵计算得到的最大相关延迟为 $\overline{M} - 1$ ,则虚拟线阵的虚拟阵元个数为 $\overline{M}$ 个。若令 $r_{lq} = E[\overline{r}_{wm}^{(h_w-h_m)}], l - q = h_w - h_m; 1 \leq l, q \leq \overline{M}; 1 \leq w, m \leq M$ ;则扩展无穷范数低阶矩为 $R = [r_1, r_2, \cdots, r_{\overline{M}}]$ ,其中, $r_l = [r_{1l}, r_{2l}, \cdots, r_{\overline{M}l}]^T, 1 \leq l \leq \overline{M}$ 。扩展导向矩阵为 $B(\theta) = [b(\theta_1), b(\theta_2), \cdots, b(\theta_P)]$ ,第 $p$ 个扩展导向矢量为 $b(\theta_p) = [1, e^{-j2\pi\varepsilon\sin(\theta_p)/\lambda}, \cdots, e^{-j2\pi(\overline{M}-1)\varepsilon\sin(\theta_p)/\lambda}]^T, p = 1, 2, \cdots, P$ 。则基于特殊阵列的极大似然方程可写为

$$\hat{\theta} = \arg \max_{\theta} \mathrm{tr}(P_{B(\theta)}R) \tag{8.10}$$

其中,映射矩阵为 $P_{B(\theta)} = B(\theta)[B^H(\theta)B(\theta)]^{-1}B^H(\theta)$ ,tr( ) 为求矩阵迹的函数。

## 8.2.2 特殊非均匀线性阵列设置

本节主要介绍几种具有代表性的非等距线阵(NLA):最小冗余阵列、最大连续延迟阵列、最小间隙阵列和一种非等距双均匀阵列。设定阵元数为 $M$ ,以阵列的第一个阵元为参考点,即 $d_1 = 0$ ,那么阵元间的位置差为 $d_{mw} = (d_m - d_w) = (h_m - h_w)\varepsilon$ ,其中 $m, w = 1, 2, \cdots, M$ 且 $m \geq w$ ,即位置差与 $\varepsilon$ 比值是等于 0 或大于 0 的自然数,则定义相对位置差值集合为 $\overline{H} = \{h_{mw} = h_m - h_w \mid m, w = 1, 2, \cdots, M; m \geq w\}$ 。

### 1. 最小冗余阵列

最小冗余阵列是指阵元的相对位置差的集合是完全扩展的,可分为最优的最小冗余阵列和非最优的最小冗余阵列。

最优的最小冗余阵列满足:最大差值 $h_{M_1} = \dfrac{M(M-1)}{2}$ ;相对位置差集 $\overline{H}$ 中的自然数是连续的,且互不相同(除 0 外)。最优的最小冗余阵列的优点在于完全扩充了阵列孔径,在信源数大于阵元数的情况下可以完成测向,同时克服了非等距线

阵可能出现的模糊。

非最优的最小冗余阵列满足：最后一个阵元位置 $M\varepsilon \leqslant d_M < \dfrac{M(M-1)}{2}\varepsilon$，位置差 $d_{M_1} < \dfrac{M(M-1)}{2}\varepsilon$；相对位置差值集合 $\overline{H}$ 中的自然数是连续的，但是允许存在相同自然数，且尽可能少（除 0 外）。

最小冗余阵列的设置方法不是唯一的，且阵元数大于 4 时，最优最小冗余阵列是不存在的。表 8.1 给出了阵元数小于等于 4 时的最优最小冗余阵列和阵元数大于 4 时的非最优最小冗余阵列。

表 8.1　最小冗余阵列

| 阵元数 | 阵元位置 | | | | | | | | | |
| --- | --- | --- | --- | --- | --- | --- | --- | --- | --- | --- |
| 3 | 0 | 1 | 3 | | | | | | | |
| | 0 | 2 | 3 | | | | | | | |
| 4 | 0 | 1 | 4 | 6 | | | | | | |
| | 0 | 2 | 5 | 6 | | | | | | |
| 5 | 0 | 1 | 4 | 7 | 9 | | | | | |
| | 0 | 1 | 2 | 6 | 9 | | | | | |
| | 0 | 2 | 5 | 8 | 9 | | | | | |
| 6 | 0 | 1 | 2 | 6 | 10 | 13 | | | | |
| | 0 | 1 | 6 | 9 | 11 | 13 | | | | |
| | 0 | 1 | 4 | 5 | 11 | 13 | | | | |
| 7 | 0 | 1 | 2 | 6 | 10 | 14 | 17 | | | |
| | 0 | 1 | 2 | 3 | 8 | 13 | 17 | | | |
| | 0 | 1 | 2 | 8 | 12 | 14 | 17 | | | |
| | 0 | 1 | 2 | 8 | 12 | 15 | 17 | | | |
| | 0 | 1 | 4 | 10 | 12 | 15 | 17 | | | |
| | 0 | 1 | 8 | 11 | 13 | 15 | 17 | | | |
| 8 | 0 | 1 | 2 | 11 | 15 | 18 | 21 | 23 | | |
| | 0 | 1 | 4 | 10 | 16 | 18 | 21 | 23 | | |
| 9 | 0 | 1 | 2 | 14 | 18 | 21 | 24 | 27 | 29 | |
| | 0 | 1 | 4 | 10 | 16 | 22 | 24 | 27 | 29 | |
| | 0 | 1 | 3 | 6 | 13 | 20 | 24 | 28 | 29 | |
| 10 | 0 | 1 | 3 | 6 | 13 | 20 | 27 | 31 | 35 | 36 |
| 11 | 0 | 1 | 3 | 6 | 13 | 20 | 27 | 34 | 38 | 42 | 43 |

## 2. 最大连续延迟阵列

最大连续延迟阵列存在一个最大延迟数 $N_{\max}$，整个阵列的阵元相对位置差的集合从 0 到 $N_{max}$ 是连续的自然数且除 0 外互不相同,但当位置差大于 $N_{max}$ 时可能不连续,也就是说整个阵列相对位置差的最大连续延迟数是 $N_{max}$。最大连续延迟阵列的最后一个阵元位置 $d_M$ 应尽可能大。非最优最大连续延迟阵列允许 $\{h_{mv},\ m>w\}$ 的冗余度不为 1。表 8.2 给出了部分最大连续延迟阵列,其中有些为非最优最大连续延迟阵列。

**表 8.2　最大连续延迟阵列**

| 阵元数 | 阵元位置 | | | | | | | | | |
|---|---|---|---|---|---|---|---|---|---|---|
| 5 | 0 | 3 | 4 | 9 | 11 | | | | | |
| | 0 | 4 | 5 | 7 | 13 | | | | | |
| 6 | 0 | 1 | 4 | 10 | 12 | 17 | | | | |
| | 0 | 1 | 8 | 11 | 13 | 17 | | | | |
| | 0 | 4 | 5 | 6 | 13 | 16 | | | | |
| | 0 | 6 | 7 | 9 | 11 | 19 | | | | |
| 7 | 0 | 6 | 9 | 10 | 17 | 22 | 24 | | | |
| | 0 | 8 | 9 | 12 | 18 | 23 | 25 | | | |
| | 0 | 14 | 15 | 18 | 24 | 26 | 31 | | | |
| | 0 | 13 | 14 | 16 | 21 | 25 | 31 | | | |
| 8 | 0 | 8 | 18 | 19 | 22 | 24 | 31 | 39 | | |
| 10 | 0 | 7 | 22 | 27 | 28 | 31 | 39 | 41 | 57 | 64 |
| 11 | 0 | 18 | 19 | 22 | 31 | 42 | 48 | 56 | 58 | 63 | 91 |

### 3. 最小间隙阵列

最小间隙阵列的阵元相对位置差集合 $\overline{H}$ 中,除 0 外其余各自然数互不相同,且从小到大排列不一定是连续的,但是丢失的数应是最少,将丢失点前后分成两个组,每个组内数都是连续的。表 8.3 给出了部分最小间隙阵列。

**表 8.3　最小间隙阵列**

| 阵元数 | 阵元位置 | | | | | | | | |
|---|---|---|---|---|---|---|---|---|---|
| 5 | 0 | 3 | 4 | 9 | 11 | | | | |
| | 0 | 2 | 3 | 7 | 13 | | | | |
| 6 | 0 | 1 | 4 | 10 | 12 | 17 | | | |
| 7 | 0 | 1 | 4 | 10 | 18 | 23 | 25 | | |
| 8 | 0 | 7 | 10 | 16 | 18 | 30 | 31 | 35 | |
| 9 | 0 | 2 | 10 | 24 | 25 | 29 | 36 | 42 | 45 |
| 10 | 0 | 1 | 6 | 10 | 23 | 26 | 34 | 41 | 53 | 55 |

最大连续延迟阵列与最小间隙阵列的区别在于最大连续延迟阵列的设计目的是保证 $N_{max}$ 足够大,非最优的最大连续延迟阵列有一定的冗余度,而最小间隙阵列

的设计目的是保证除 0 外其余数的冗余度均为 1,可以不管有多少断点数及其位置。

4. 非等距双均匀阵列

为了在信源数大于阵元数情况下成功估计波达方向以及扩大阵列的有效孔径,可以使用两个不同阵元间隔的均匀线阵构成的非等距双均匀阵列。非等距双均匀阵列由 $\bar{A}$、$\bar{B}$ 两个子阵共 $M$ 个各向同性阵元构成,每个子阵均为均匀线阵,设子阵 $\bar{A}$ 有 $\bar{a}$ 个阵元,其中 $\bar{a} \geqslant 2$;子阵 $\bar{B}$ 有 $\bar{b}$ 个阵元,其中 $\bar{b} \geqslant 2$,$\bar{a} + \bar{b} = M$;子阵 $\bar{A}$ 的相邻阵元间距为 $\hat{a}\varepsilon$,子阵 $\bar{B}$ 的相邻阵元间距为 $\hat{b}\varepsilon = \bar{a} \cdot \hat{a}\varepsilon$;子阵 $\bar{A}$ 和子阵 $\bar{B}$ 的间隔为 $(\hat{b}+1)\varepsilon$;设最大相关延迟为 $\bar{M}$,则非等距双均匀线阵可以虚拟出 $\bar{M}+1$ 个阵元的均匀线阵。例如,阵元数 $M = 6$,阵元间距均设为半波长整数倍,均匀线阵的阵元位置设为 $0.5\lambda[0, 1, 2, 3, 4, 5]$,那么非等距双均匀阵列的阵元位置可以设为 $0.5\lambda[0, 3, 6, 10, 11, 12]$,这种情况下是 $\bar{a} = 3, \bar{b} = 3, \hat{a} = 1, \lambda$ 为信号源波长。若 $\bar{a} = 4, \bar{b} = 2, \hat{a} = 1$,那么非等距双均匀阵列的阵元位置可以设定为 $0.5\lambda[0, 4, 9, 10, 11, 12]$。

## 8.2.3 基于文化鸽群的特殊阵列测向

基于文化鸽群算法的特殊阵列极大似然测向方法被记作 CPSA-SA-ML,定义第 $h$ 个鸽群第 $i$ 只鸽子位置的适应度函数为 $f[\boldsymbol{x}_i^t(h)] = \mathrm{tr}\{\boldsymbol{P}_{\boldsymbol{B}[\boldsymbol{x}_i^t(h)]}\boldsymbol{R}\}$,其中,$\boldsymbol{P}_{\boldsymbol{B}[\boldsymbol{x}_i^t(h)]} = \boldsymbol{B}[\boldsymbol{x}_i^t(h)]\{\boldsymbol{B}^{\mathrm{H}}[\boldsymbol{x}_i^t(h)]\boldsymbol{B}[\boldsymbol{x}_i^t(h)]\}^{-1}\boldsymbol{B}^{\mathrm{H}}[\boldsymbol{x}_i^t(h)]$。设计完适应度函数之后,特殊阵列的波达方向估计问题就转化为使用文化鸽群算法求解全局最优位置。

步骤一:初始化鸽群。包括随机初始化位置和速度等,初始设 $t = 1$。

步骤二:计算鸽群中每只鸽子位置的适应度值,确定第 $h$ 个鸽群第 $i$ 只鸽子的局部最优位置 $\boldsymbol{p}_i^t(h) = [p_{i,1}^t(h), p_{i,2}^t(h), \cdots, p_{i,M}^t(h)]$ 和整个鸽群的全局最优位置 $\boldsymbol{g}^t = [g_1^t, g_2^t, \cdots, g_M^t]$,其中,$h = 1, 2$。鸽群根据知识空间的产生规则生成信仰空间的初始规范知识。

步骤三:基本鸽群中,每只鸽子按照鸽群基本算子更新其速度和位置。

步骤四:文化鸽群根据影响函数生成鸽子新位置,根据文化机制的规范知识和局部最优位置来调整位置变量变化步长及前进方向的影响函数进行位置更新。

步骤五:计算每只鸽子位置的适应度值,进行鸽群间信息交互,确定第 $h$ 个鸽群第 $i$ 只鸽子的局部最优位置 $\boldsymbol{p}_i^{t+1}(h) = [p_{i,1}^{t+1}(h), p_{i,2}^{t+1}(h), \cdots, p_{i,M}^{t+1}(h)]$ 和整个鸽群的全局最优位置 $\boldsymbol{g}^{t+1} = [g_1^{t+1}, g_2^{t+1}, \cdots, g_M^{t+1}]$,其中,$h = 1, 2$。利用 $f[\boldsymbol{x}_i^{t+1}(h)] = \mathrm{tr}\{\boldsymbol{P}_{\boldsymbol{B}[\boldsymbol{x}_i^{t+1}(h)]}\boldsymbol{R}\}$ 来计算第 $h$ 个鸽群第 $i$ 只鸽子位置的适应度值,将鸽群中鸽子位置

的适应度值与其相应的局部最优位置的适应度值比较,若鸽子位置的适应度值更大,则将其更新为鸽群的局部最优位置;将鸽群中最优鸽子位置的适应度值与全局最优位置的适应度值比较,若最优鸽子位置的适应度值更大,则将其更新为鸽群的全局最优位置。

步骤六:鸽群根据接受函数选择优秀位置,按照文化演进规则更新信仰空间中的规范知识。

步骤七:判断是否达到最大迭代次数,若没有达到,令 $t = t + 1$,返回步骤三继续进行;否则,输出鸽群全局最优位置 $\boldsymbol{g}^{t+1} = \left[ g_1^{t+1}, g_2^{t+1}, \cdots, g_M^{t+1} \right]$,即来波方向估计值。

## 8.2.4　文化鸽群测向方法实验仿真

为了验证基于文化鸽群的特殊阵列极大似然算法(CPSA – SA – ML)的有效性,进行如下计算机仿真实验。CPSA – SA – ML 方法使用的阵列是由 5 个非等距的阵元组成,阵元放置位置为 $0.5\lambda\begin{bmatrix} 0 & 1 & 4 & 7 & 9 \end{bmatrix}$ 的非均匀线阵。其他方法使用的阵列阵元数依旧是 5,但为等距均匀线阵。用于比较的算法有 MUSIC 算法,正交传播算子算法(OPM),基于文化算法的极大似然算法(CA – ML)[13],基于最小冗余线阵的 MUSIC 算法(MR – MUSIC)。文化鸽群算法的种群规模为 $\bar{N} = 100$,其中,基本鸽群种群规模 $N_1 = 50$,文化鸽群种群规模 $N_2 = 50$,最大迭代次数设为100,地图和指南针因子 $\tilde{R} = 2$,缩放比例因子 $\eta = 0.06$。

远场空间有 2 个目标,来波方向为 $\{20°, 30°\}$,采样点的快拍数为 100,图 8.1和图 8.2 分别给出了估计成功概率(误差 1 度之内为估计成功)和均方根误差与信噪比关系曲线,仿真结果是 200 次的统计平均。从 8.1 和图 8.2 可以看出,各种测向算法由优到劣依次为 CPSA – SA – ML、MR – MUSIC、CA – ML、MUSIC 和 OPM。

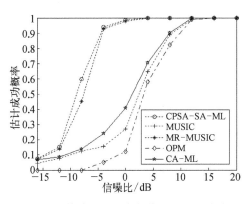

图 8.1　估计成功概率与信噪比关系曲线

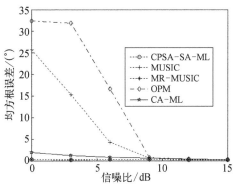

图 8.2　均方根误差与信噪比关系曲线

若设空间有 5 个目标和 7 个目标,来波方向取自 $\{50°,\ 20°,\ 0°,\ -30°,\ -50°\}$ 和 $\{50°,\ 20°,\ 10°,\ 0°,\ -10°,\ -30°,\ -50°\}$,采样点的快拍数为 100,信噪比为 10 dB 时,40 次仿真实验的方位角度的估计值和真实值的位置比较图如图 8.3 和图 8.4 所示。从图 8.3 和图 8.4 可以看出,CPSA - SA - ML 的阵列扩展能力较强,可在信源数超过阵元数限制的条件下有效进行信源波达方向估计,由于角度范围较大,直观上看,CPSA - SA - ML 和 MR - MUSIC 方法的点看起来近似重合,但基本都可有效估计出其多个信源的来波方向,可实现测向的阵列扩展。

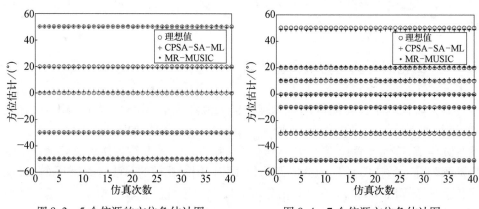

图 8.3　5 个信源的方位角估计图　　　　图 8.4　7 个信源方位角估计图

## 8.3　量子猫群算法

猫群算法通过将猫的搜寻模式和跟踪模式相结合[14-16],能较好地平衡全局搜索能力和局部搜索能力,但仍旧有局部收敛的不足,且演化过程中变量可能超越边界。故本节给出了量子猫群算法,用量子编码和模拟的量子旋转门设计新的猫群演化机制,加快收敛速度,能够更有效地搜寻全局最优解。

现考虑由 $Q$ 只猫组成的猫群,并假设待优化未知参数的个数为 $M$,则猫的位置 $\vec{z}_q^t = [\vec{z}_{q1}^t,\ \vec{z}_{q2}^t,\ \cdots,\ \vec{z}_{qM}^t]\ (q = 1,\ 2,\ \cdots,\ Q)$ 定义在 $M$ 维搜索空间中,猫的位置即为待优化问题的候选解。相应的量子位置可由双链的量子比特表示,则第 $q\ (q = 1,\ 2,\ \cdots,\ Q)$ 只猫的量子位置可定义为

$$z_q^t = \begin{bmatrix} z_{q1}^t,\ z_{q2}^t,\ \cdots,\ z_{qM}^t \\ \xi_{q1}^t,\ \xi_{q2}^t,\ \cdots,\ \xi_{qM}^t \end{bmatrix} \tag{8.11}$$

其中,$0 \leqslant z_{qm}^t \leqslant 1, 0 \leqslant \xi_{qm}^t \leqslant 1, m = 1,\ 2,\ \cdots,\ M$,且满足 $(z_{qm}^t)^2 + (\xi_{qm}^t)^2 = 1$。由于 $\xi_{qm}^t = \sqrt{1 - (z_{qm}^t)^2}$,为便于公式简化,可将双链的量子位置简化为单链的量子位

置,即 $z_q^t = [z_{q1}^t, z_{q2}^t, \cdots, z_{qM}^t]$。

分组率(mixture ratio, MR)可用 $M_R$ 表示,根据其值可将整个猫群分为两组,分别执行跟踪模式和搜寻模式,且大部分猫处于搜寻模式。下面将详细阐述两种模式的演进规则。

**1. 跟踪模式**

跟踪模式表征了猫跟踪目标时的状态,将采用速度-位移模型来移动更新,即利用全局最优量子位置来改变猫的当前量子位置,则可用如下步骤进行描述。

(1) 更新猫的速度

每只猫均有一个速度,第 $q(q = 1, 2, \cdots, Q)$ 只猫的速度记为 $\boldsymbol{v}_q^t = [v_{q1}^t, v_{q2}^t, \cdots, v_{qM}^t]$,则猫的速度更新方程为

$$v_{qm}^{t+1} = v_{qm}^t + c \times \mathrm{rand} \times (g_m^t - z_{qm}^t) \tag{8.12}$$

其中,$v_{qm}^t$ 为第 $t$ 次迭代第 $q$ 只猫速度的第 $m$ 维,$c$ 为一常数,rand 为 $[0, 1]$ 间的均匀随机数,$g_m^t$ 为整个猫群到第 $t$ 次迭代为止的最优量子位置 $\boldsymbol{g}^t = [g_1^t, g_2^t, \cdots, g_M^t]$ 的第 $m$ 维,$z_{qm}^t$ 为第 $t$ 次迭代第 $q$ 只猫的量子位置的第 $m$ 维。

为了防止速度过大,可以通过下式进行速度限制:

$$v_{qm}^{t+1} = \begin{cases} v_m^{\max}, & v_{qm}^{t+1} \geqslant v_m^{\max} \\ -v_m^{\max}, & v_{qm}^{t+1} \leqslant -v_m^{\max} \\ v_{qm}^{t+1}, & 其他 \end{cases} \tag{8.13}$$

其中,$v_m^{\max}$ 为猫的速度第 $m$ 维的速度限。

(2) 更新猫的量子位置

猫的量子位置需通过量子旋转门来进行更新,则猫的量子位置更新方程为

$$z_{qm}^{t+1} = |\, z_{qm}^t \cos(v_{qm}^{t+1}) + \sqrt{1 - (z_{qm}^t)^2} \sin(v_{qm}^{t+1}) \,| \tag{8.14}$$

(3) 将猫的量子位置映射到猫的位置,并计算位置的适应度

由于猫的量子位置在 $[0, 1]$ 之间取值,则应将猫的当前量子位置 $z_q^{t+1} = [z_{q1}^{t+1}, z_{q2}^{t+1}, \cdots, z_{qM}^{t+1}]$ 映射到猫的当前量子位置 $\bar{z}_q^{t+1} = [\bar{z}_{q1}^{t+1}, \bar{z}_{q2}^{t+1}, \cdots, \bar{z}_{qM}^{t+1}]$,其映射方程为

$$\bar{z}_{qm}^{t+1} = \bar{z}_m^{\mathrm{low}} + z_{qm}^{t+1}(\bar{z}_m^{\mathrm{high}} - \bar{z}_m^{\mathrm{low}}) \tag{8.15}$$

其中,$\bar{z}_{qm}^{t+1} \in [\bar{z}_m^{\mathrm{low}}, \bar{z}_m^{\mathrm{high}}]$,$\bar{z}_m^{\mathrm{low}}$ 为猫的位置第 $m$ 维的下限,$\bar{z}_m^{\mathrm{high}}$ 为猫的位置第 $m$ 维的上限。

(4) 执行贪婪选择算子

若新产生的位置的适应度值 $F(\bar{z}_q^{t+1})$ 较优,则猫将移动至较优的量子位置,该

算子可由下式表示。

$$z_q^{t+1} = \begin{cases} z_q^{t+1}, & F(\bar{z}_q^{t+1}) > F(\bar{z}_q^t) \\ z_q^t, & \text{其他} \end{cases} \tag{8.16}$$

### 2. 搜寻模式

搜寻模式表征了猫休息时环顾四周并寻找下一个转移地点的状态,其中定义了三个基本要素:记忆池(seeking memory pool, SMP)、变化域(seeking range of selected dimension, SRD)、变化数(counts of dimension to change, CDC)。则 $S_{MP}$ 为猫搜寻记忆池的大小;$S_{RD}$ 为量子位置各维的变化范围;$C_{DC}$ 为量子位置需要改变的维数,取值为 $[1, M]$ 之间的一个随机整数。基于以上概念,则搜寻模式可用如下步骤进行描述。

步骤一:将当前量子位置复制 $S_{MP}$ 份放入记忆池中。

步骤二:更新猫的量子位置。根据 $C_{DC}$,对所复制的 $S_{MP}-1$ 个量子位置的一些维产生随机扰动,余下的量子位置保持不变,$\vec{v}_{qm}^{t+1}(h) = S_{DR}(2 \times \text{rand} - 1)$,则量子位置的更新方程为

$$z_{qm}^{t+1}(h) = | z_{qm}^t \cos[\vec{v}_{qm}^{t+1}(h)] + \sqrt{1 - (z_{qm}^t)^2} \sin[\vec{v}_{qm}^{t+1}(h)] | \tag{8.17}$$

其中,$h = 1, 2, \cdots, S_{MP}$;$z_{hm}^t$ 为第 $t$ 次迭代记忆池中第 $h$ 只猫的量子位置的第 $m$ 维,$S_{RD}$ 为 $[0, 1]$ 之间的常数,rand 为 $[0, 1]$ 之间的均匀随机数。

步骤三:将这 $S_{MP}-1$ 个量子位置映射到猫的位置,并计算其适应度。

步骤四:根据适应度值,从记忆池中选择最优量子位置更新当前量子位置。

## 8.4 基于量子猫群算法的特殊阵列动态测向

对于冲击噪声下的动态测向问题,可以使用三种低阶矩阵,即共变矩阵、分数低阶协方差和分数低阶矩阵[17],但是在强冲击噪声背景下,适用于弱冲击噪声环境的三种低阶矩阵的测向效果会变恶劣,因此研究基于无穷范数的动态测向方法会更有价值和意义。

### 8.4.1 冲击噪声下特殊阵列动态测向模型

设置特殊非均匀线阵,根据接收信号构造无穷范数低阶矩,其中最小冗余阵列、最大连续延迟阵列以及最小间隙阵列都属于特殊非均匀线阵。若特殊非均匀线阵由 $M$ 个各向同性天线阵元构成,阵列中第 $m$ 个阵元相对于第一个阵元的间距

设为 $d_m$ 且 $m = 1, 2, \cdots, M$,其中 $d_1 = 0 < d_2 < \cdots < d_M$,若阵元最小间距为 $\varepsilon$,则阵元坐标为 $\boldsymbol{d} = [d_1, d_2, \cdots, d_M] = \varepsilon[h_1, h_2, \cdots, h_M]$,其中 $h_1, h_2, \cdots, h_M$ 都为整数。集合 $\overline{\boldsymbol{H}} = \{h_m - h_w \mid m, w = 1, 2, \cdots, M; m > w\}$ 是一个连续的或近似连续的自然数集合。假设阵列远场有 $P$ 个窄带点源以波长为 $\lambda$ 的平面波入射,则特殊非均匀线阵接收的第 $k$ 次快拍数据可以表示为

$$\boldsymbol{y}(k) = \boldsymbol{A}(\boldsymbol{\theta})\boldsymbol{s}(k) + \boldsymbol{n}(k) \tag{8.18}$$

其中,$\boldsymbol{A}(\boldsymbol{\theta}) = [\boldsymbol{a}(\theta_1), \boldsymbol{a}(\theta_2), \cdots, \boldsymbol{a}(\theta_P)]$ 为 $M \times P$ 维导向矩阵,第 $p$ 个导向矢量为 $\boldsymbol{a}(\theta_p) = [1, \mathrm{e}^{-\mathrm{j}2\pi d_2 \sin(\theta_p)/\lambda}, \cdots, \mathrm{e}^{-\mathrm{j}2\pi d_M \sin(\theta_p)/\lambda}]^{\mathrm{T}}$,$p = 1, 2, \cdots, P$,$\boldsymbol{\theta} = (\theta_1, \theta_2, \cdots, \theta_P)$ 为来波方位角矢量,$\boldsymbol{y}(k) = [y_1(k), y_2(k), \cdots, y_M(k)]^{\mathrm{T}}$ 为 $M \times 1$ 维阵列快拍数据,其中 $k$ 为快拍次数标号,$\boldsymbol{s}(k) = [s_1(k), s_2(k), \cdots, s_P(k)]^{\mathrm{T}}$ 为 $P \times 1$ 维信号,$\boldsymbol{n}(k)$ 为 $M \times 1$ 维服从 SαS 分布的复冲击噪声,j 为复数单位。则第 $k$ 次采样数据的加权无穷范数归一化信号可以表示为

$$\overline{\boldsymbol{y}}(k) = [\overline{y_1}(k), \overline{y_2}(k), \cdots, \overline{y_M}(k)]^{\mathrm{T}} = \boldsymbol{y}(k) \Big/ \max_{1 \leqslant m \leqslant M} \{|y_m(k)|\} \tag{8.19}$$

则第 $k$ 次快拍数据产生的无穷范数低阶矩增量为 $\overline{\boldsymbol{C}}(k) = \overline{\boldsymbol{y}}(k)\overline{\boldsymbol{y}}^{\mathrm{H}}(k)$,其中上标 H 代表共轭转置。

把特殊非均匀线阵的无穷范数低阶矩虚拟成更多阵元的均匀线阵或近似均匀线阵的扩展无穷范数低阶矩,扩展导向矩阵得到虚拟线阵的扩展导向矩阵。现在以虚拟出均匀线阵为例给出推导其极大似然方程的过程,无穷范数低阶矩增量可以表示为 $\overline{\boldsymbol{C}}(k) = [\overline{\boldsymbol{c}}_1(k), \overline{\boldsymbol{c}}_2(k), \cdots, \overline{\boldsymbol{c}}_M(k)]$,其中 $\overline{\boldsymbol{c}}_m(k) = [\overline{c}_{1m}^{(h_1-h_m)}(k), \overline{c}_{2m}^{(h_2-h_m)}(k), \cdots, \overline{c}_{Mm}^{(h_M-h_m)}(k)]^{\mathrm{T}}$,$m = 1, 2, \cdots, M$。根据特殊非均匀线阵的特点,非均匀线阵可虚拟成更多个阵元的线阵,若根据非均匀线阵计算得到的最大相关延迟为 $\overline{M} - 1$,则虚拟均匀线阵的虚拟阵元个数为 $\overline{M}$ 个。若令 $\tilde{c}_{lq}(k) = E[\overline{c}_{wm}^{(h_w-h_m)}(k)]$,$l - q = h_w - h_m$;$1 \leqslant l, q \leqslant \overline{M}$;$1 \leqslant w, m \leqslant M$;则第 $k$ 次快拍扩展无穷范数低阶矩为 $\tilde{\boldsymbol{C}}(k) = [\tilde{\boldsymbol{c}}_1(k), \tilde{\boldsymbol{c}}_2(k), \cdots, \tilde{\boldsymbol{c}}_{\overline{M}}(k)]$,其中,$\tilde{\boldsymbol{c}}_l(k) = [\tilde{c}_{1l}(k), \tilde{c}_{2l}(k), \cdots, \tilde{c}_{\overline{M}l}(k)]^{\mathrm{T}}$,$1 \leqslant l \leqslant \overline{M}$。扩展导向矩阵为 $\boldsymbol{B}(\boldsymbol{\theta}) = [\boldsymbol{b}(\theta_1), \boldsymbol{b}(\theta_2), \cdots, \boldsymbol{b}(\theta_P)]$,第 $p$ 个扩展导向矢量为 $\boldsymbol{b}(\theta_p) = [1, \mathrm{e}^{-\mathrm{j}2\pi\varepsilon\sin(\theta_p)/\lambda}, \cdots, \mathrm{e}^{-\mathrm{j}2\pi(\overline{M}-1)\varepsilon\sin(\theta_p)/\lambda}]^{\mathrm{T}}$,$p = 1, 2, \cdots, P$。

而接收第 $(k+1)$ 次快拍数据后的扩展无穷范数低阶矩阵的更新方程为

$$\boldsymbol{C}(k + 1) = \mu_1 \boldsymbol{C}(k) + \mu_2 \tilde{\boldsymbol{C}}(k + 1) \tag{8.20}$$

其中,$\boldsymbol{C}(k)$ 为第 $k$ 次快拍数据的扩展无穷范数低阶矩阵;$\tilde{\boldsymbol{C}}(k+1)$ 为第 $(k+1)$ 次接收快拍数据的扩展无穷范数低阶矩阵增量;$\mu_1$ 和 $\mu_2$ 为更新因子。

动态测向问题实质上是动态变化的波达方向 $\boldsymbol{\theta} = [\theta_1, \theta_2, \cdots, \theta_M]$ 的参数估计问题,则第 $k$ 次快拍信号源波达方向的极大似然估计值为

$$\hat{\boldsymbol{\theta}} = \arg \max_{\boldsymbol{\theta}} \mathrm{tr}[\boldsymbol{P}_{B(\boldsymbol{\theta})} \boldsymbol{C}(k)] \qquad (8.21)$$

其中, $\boldsymbol{P}_{B(\boldsymbol{\theta})} = \boldsymbol{B}(\boldsymbol{\theta})[\boldsymbol{B}^{\mathrm{H}}(\boldsymbol{\theta})\boldsymbol{B}(\boldsymbol{\theta})]^{-1}\boldsymbol{B}^{\mathrm{H}}(\boldsymbol{\theta})$ 为阵列流形矩阵 $\boldsymbol{B}(\boldsymbol{\theta})$ 的投影矩阵, $\boldsymbol{C}(k)$ 为第 $k$ 次快拍数据的扩展无穷范数低阶矩阵。

可以将特殊阵列的无穷范数极大似然方程(SA - INML)看作一个典型的连续优化问题,利用连续的量子猫群算法可以寻求其全局最优解,即可得到移动目标的方向。

## 8.4.2　基于量子猫群算法的动态测向方法

在 QCWA 中,初始搜索范围设置为信号源波达方向角的定义域,当目标移动时,搜索范围将随着之前的估计值和相关参数而改变,为加快收敛速度和保证准确跟踪,其搜索范围可动态减小为

$$\begin{cases} \bar{z}_m^{\min}(k+1) = \bar{z}_m^c(k+1) - \bar{\varepsilon}^k \mid \bar{z}_m^{\min}(k) - \tilde{z}_m(k) \mid - r \\ \bar{z}_m^{\max}(k+1) = \bar{z}_m^c(k+1) + \bar{\varepsilon}^k \mid \bar{z}_m^{\max}(k) - \tilde{z}_m(k) \mid + r \end{cases} \qquad (8.22)$$

其中, $\bar{\varepsilon}^k$ 为搜索空间中影响收敛速率的收敛因子; $r$ 为搜索空间的搜索半径; $\bar{z}_m^{\max}(k)$ 和 $\bar{z}_m^{\min}(k)$ 分别为第 $k$ 次快拍数据第 $m$ 维的搜索上限和搜索下限; $\tilde{z}_m(k)$ 为第 $k$ 次快拍数据第 $m$ 维的估计值; $\bar{z}_m^c(k+1)$ 为第 $(k+1)$ 次快拍数据第 $m$ 维的中心值,即:

$$\bar{z}_m^c(k+1) = \delta \bar{z}_m^c(k) + (1-\delta) \tilde{z}_m(k) \qquad (8.23)$$

其中, $\delta$ 为遗传因子。

假设第 $t$ 代第 $q$ 只猫的位置 $\bar{z}_q^t = [\bar{z}_{q1}^t, \bar{z}_{q2}^t, \cdots, \bar{z}_{qM}^t]$ 为量子位置 $z_q^t = [z_{q1}^t, z_{q2}^t, \cdots, z_{qM}^t]$ 的相应映射态,其中 $\bar{z}_{qm}^t = \bar{z}_m^{\min} + z_{qm}(\bar{z}_m^{\max} - \bar{z}_m^{\min})$ , $\bar{z}_{qm}^t \in [\bar{z}_m^{\min}, \bar{z}_m^{\max}]$ , $\bar{z}_m^{\max}$ 和 $\bar{z}_m^{\min}$ 分别为猫的位置第 $m$ 维的上限和下限。

量子猫群算法的初始种群在可行域内随机产生,并用适应度函数来评估每只猫的位置状态优劣,对于该跟踪方法,则第 $t$ 代第 $q$ 只猫的位置的适应度函数为

$$F(\bar{z}_q^t) = \mathrm{tr}(\boldsymbol{P}_{B(\bar{z}_q^t)} \boldsymbol{C}(k)) \qquad (8.24)$$

根据以上的介绍与分析,基于量子猫群算法的特殊阵列无穷范数极大似然动态测向方法(QCSA-SA-INML)可以描述如下。

步骤一:根据第 1 次快拍采样数据,初始化无穷范数低阶矩阵 $\boldsymbol{C}(1)$ ,其中 $\boldsymbol{C}(1) = \tilde{\boldsymbol{C}}(1)$ ,根据变量的定义域初始化搜索范围。

步骤二：设定算法参数：种群规模、分组率、常数 $c$、记忆池大小、变化域和变化维数；通过随机方法初始化量子位置和速度。

步骤三：计算每只猫的量子位置的适应度值，并初始化全局最优量子位置；第 $k$ 次快拍测向的迭代次数为 $t_{max} = H \cdot \text{round}\left[z_1^{max}(k) - z_1^{min}(k)\right]$，其中 $H$ 为常数；$\text{round}()$ 为取整函数。

步骤四：根据分组率，随机选择大部分猫执行搜寻模式，余下的猫执行跟踪模式，分别通过搜寻模式和跟踪模式更新猫的量子位置。

步骤五：根据相应的量子位置的映射态，计算相应的适应度值。

步骤六：更新全局最优量子位置。

步骤七：判断是否达到迭代次数：如果未达到，则令 $t = t + 1$，返回步骤四继续迭代，否则，输出全局最优位置并进入下一步。

步骤八：更新扩展无穷范数低阶矩阵和搜索范围。

步骤九：判断是否达到最大快拍采样次数：如果未达到，则令 $k = k + 1$，返回步骤二继续迭代；否则，结束迭代。

### 8.4.3　实验仿真

为了考察基于量子猫群算法的特殊阵列无穷范数极大似然动态测向方法 QCSA – SA – INML 的动态跟踪能力，使用的阵列是由 5 个非等距的阵元组成，阵元放置位置为 $0.5\lambda\begin{bmatrix} 0 & 1 & 4 & 7 & 9 \end{bmatrix}$ 的非均匀线阵。将其与 PSO – FLOM – ML 算法[18]进行比较，粒子群和量子猫群算法的种群规模设置为相同，粒子群算法的其他参数参考文献[18]。量子猫群算法的相关参数设置如下：种群规模 $Q = 30$，分组率 $M_R = 10\%$，常数 $c = 2$，搜索记忆池大小 $S_{MP} = 3$，搜索范围 $S_{RD} = 2\%$，变化维数 $C_{DC} = 80\%$。取快拍数 800 次，动态测向系统的其他参数为 $\bar{\varepsilon}^k = 0.995, \mu_1 = 0.95, \mu_2 = 0.05, r = 3, \delta = 0.8, H = 6$。

首先，考虑两个独立的动态信号的来波方向为 $\bar{\theta}_1(k) = \begin{bmatrix} 40 + 5\cos(2\pi k/500) \end{bmatrix}°$ 和 $\bar{\theta}_2(k) = \begin{bmatrix} -40 + 5\cos(2\pi k/500) \end{bmatrix}°$，图 8.5 和图 8.6 给出了两种动态测向方法在强冲击噪声特征指数 $\alpha = 0.9$ 且广义信噪比 GSNR = 15 dB 时方向跟踪的性能。从图中可以看出，QCSA-SA-INML 算法的鲁棒性明显优于 PSO – FLOM – ML 方法。

同样，考虑三个独立的信号源 $\bar{\theta}_1(k) = \begin{bmatrix} 40 + 5\cos(2\pi k/500) \end{bmatrix}°, \bar{\theta}_2(k) = \begin{bmatrix} 0 + 5\cos(2\pi k/500) \end{bmatrix}°$ 和 $\bar{\theta}_3(k) = \begin{bmatrix} -40 + 5\cos(2\pi k/500) \end{bmatrix}°$，图 8.7 和图 8.8 给出了两种动态测向算法在 $\alpha = 1.4$ 且 GSNR = 15 dB 时的测向性能，从图中可以看出，QCSA-SA-INML 算法的跟踪性能明显优于 PSO – FLOM – ML 算法。

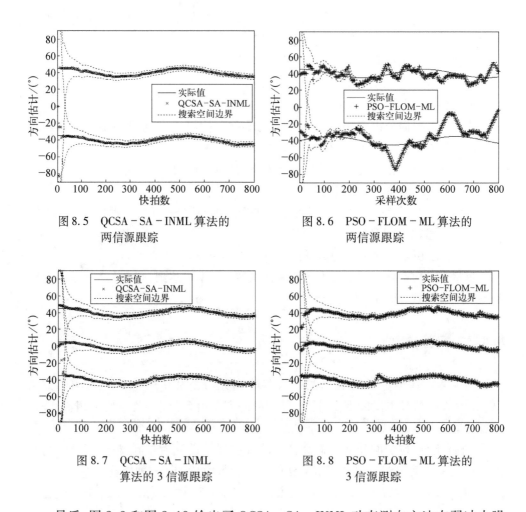

图 8.5　QCSA－SA－INML 算法的
　　　　两信源跟踪

图 8.6　PSO－FLOM－ML 算法的
　　　　两信源跟踪

图 8.7　QCSA－SA－INML
　　　　算法的 3 信源跟踪

图 8.8　PSO－FLOM－ML 算法的
　　　　3 信源跟踪

最后,图 8.9 和图 8.10 给出了 QCSA－SA－INML 动态测向方法在弱冲击噪声 $\alpha = 1.9$ 且 GSNR = 15 dB 时对于 5 个信号源方向 $\{\overline{\theta}_1(k) = [40 + 5\cos(2\pi k/500)]°$, $\overline{\theta}_2(k) = [10 + 5\cos(2\pi k/500)]°$, $\overline{\theta}_3(k) = [-10 + 5\cos(2\pi k/500)]°$, $\overline{\theta}_4(k) = [-30 + 5\cos(2\pi k/500)]°$, $\overline{\theta}_5(k) = [-50 + 5\cos(2\pi k/500)]°\}$ 和 6 个信号源方向 $\{\overline{\theta}_1(k) = [50 + 5\cos(2\pi k/500)]°$, $\overline{\theta}_2(k) = [30 + 5\cos(2\pi k/500)]°$, $\overline{\theta}_3(k) = [10 + 5\cos(2\pi k/500)]°$, $\overline{\theta}_4(k) = [-10 + 5\cos(2\pi k/500)]°$, $\overline{\theta}_5(k) = [-30 + 5\cos(2\pi k/500)]°$, $\overline{\theta}_6(k) = [-50 + 5\cos(2\pi k/500)]°\}$ 测向性能,在 PSO－FLOM－ML 失效的情况下,QCSA－SA－INML 方法仍具有阵列扩展能力。

从图 8.5 到图 8.10 可知,所设计的 QCSA－SA－INML 的收敛精度和抗冲击噪声能力都是最优秀的。

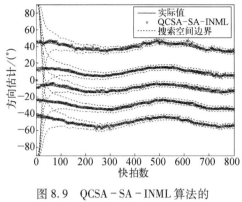

图 8.9　QCSA－SA－INML 算法的
5 信源跟踪

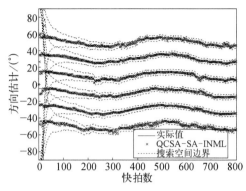

图 8.10　QCSA－SA－INML 算法的
6 信源跟踪

# 8.5　小　　结

　　本章根据特殊非均匀线阵协方差矩阵和均匀线阵或近似均匀线阵协方差矩阵的特点和关系,构造扩展协方差矩阵和扩展导向矢量,把较少天线的特殊非均匀线阵虚拟成更多个天线的均匀线阵或近似均匀线阵,设计基于文化鸽群最大似然测向方法可以在高斯噪声环境下可以扩展测向天线阵列的阵列孔径,同时也实现了对非独立信源测向。为了进一步解决冲击噪声下的动态测向难题,构造了动态更新的扩展无穷范数低阶矩阵和扩展导向矢量,得到基于量子猫群算法的无穷范数极大似然测向方法,实现了冲击噪声背景下对独立信源有效测向和同时实现天线阵阵列孔径扩展,大幅度提高系统性能,突破了已有算法的应用局限。

## 参 考 文 献

［1］　王永良.空间谱估计理论与算法[M].北京:清华大学出版社,2004,11.

［2］　陈辉,王永良.秩-1子空间跟踪算法[J].电子与信息学报,2002,24(5):626-630.

［3］　Zhao D Y, Gao H Y, Diao M, et al. Direction finding of maximum likelihood algorithm using artificial bee colony in the impulsive noise [C]. International Conference on Artificial Intelligence and Computational Intelligence, 2010:102-105.

［4］　Gao H Y, Xu C Q, Li C W. Quantum-inspired cultural bacterial foraging algorithm for direction finding of impulse noise [J]. International Journal of Innovative Computing and Applications, 2014, 6(1):44-54.

［5］　高洪元,刁鸣.重构分数低阶协方差的子空间拟合测向算法[J].电波科学学报,2009,24(4):729-734.

［6］　Gao H Y, Zhao Z K, Wang W. Direction finding of weighted signal subspace fitting based on cultural shuffled frog leaping[J]. Journal of Computational Information Systems, 2010, 6(3):

847 - 854.

[ 7 ] 赵大勇,袁熹,高洪元. 应用粒子群算法的动态目标 DOA 估计[J]. 哈尔滨工程大学学报, 2009,30(7): 843 - 846.

[ 8 ] 刁鸣,袁熹,高洪元,等. 一种新的基于粒子群算法的 DOA 跟踪方法[J]. 系统工程与电子 技术,2009,31(9): 2046 - 2049.

[ 9 ] Gao H Y, Li J, Du Y N. Direction tracking of multiple moving targets using quantum particle swarm optimization [ C ]. Hong Kong: International Conference on Frontiers of Sensors Technologies, 2016, 59: 07002.

[10] Goel S. Pigeon optimization algorithm: A novel approach for solving optimization problems [ C ]. Delhi: IEEE International Conference on Data Mining and Intelligent Computing, 2014: 1 - 5.

[11] Duan H B, Qiao P X. Pigeon-inspired optimization: A new swarm intelligence optimizer for air robot path planning[J]. International Journal of Intelligent Computing & Cybernetics, 2014, 7 (1): 24 - 37.

[12] 段海滨,叶飞. 鸽群优化算法研究进展[J]. 北京工业大学学报,2017,43(1): 1 - 7.

[13] 刁鸣,李晓刚,王冰. 文化算法的最大似然测向方法研究[J]. 哈尔滨工程大学学报,2008, 29(5): 509 - 513.

[14] Chu S C, Tsai P, Pan J S. Cat swarm optimization[J]. Lecture Notes in Computer Science, 2006, 6: 854 - 858.

[15] Tsai P W, Pan J S, Chen S M, et al. Parallel cat swarm optimization[ C ]. International Conference on Machine Learning and Cybernetics, 2008: 3328 - 3333.

[16] Ram G, Mandal D, Kar R, et al. Cat swarm optimization as applied to time-modulated concentric circular antenna array: Analysis and comparison with other stochastic optimization methods [ J ]. IEEE Transactions on Antennas & Propagation, 2015, 63(9): 4180 - 4183.

[17] Diao M, Li L, Gao H Y. DOA tracking based on MIMO radar in impulsive noise background [ C ]. International Conference on Signal Processing, IEEE, 2015: 262 - 266.

[18] 赵大勇,刁鸣,杨丽丽,等. 冲击噪声背景下的动态 DOA 跟踪[J]. 山东大学学报(工学 版),2010,40(1): 133 - 138.

# 第 9 章 基于量子群智能的 MIMO 雷达测向

MIMO 技术并非雷达的专用技术,而是源于通信领域,是为了抑制通信系统的信道衰落而提出的一种技术[1-3]。相比于相控阵雷达,MIMO 雷达探测目标的精度更高,因此在参数估计方面极具优势。为了对目标实现精确定位,测向则是 MIMO 雷达获取目标位置信息的重要环节,一直以来都是科研人员关注的重点。然而,在 MIMO 雷达测向方面,仍然有诸多问题尚未解决,如冲击噪声环境下 MIMO 雷达的高精度鲁棒测向问题。由于雷达工作的环境日益复杂,基于高斯白噪声的经典测向理论在非高斯噪声环境下迅速恶化,将无法在恶劣的噪声环境下进行测向。现有的 MIMO 雷达测向算法大多属于子空间类算法,这类算法只有在高信噪比和大快拍采样的条件下才能够获得较好的测向性能,而且对于相干信源还需要额外的解相干处理。最大似然算法[4]和加权信号子空间拟合算法[5-6]能够有效地解决上述问题,不但在低信噪比和小快拍数的情况下测向性能良好,而且还可测相干信源,可以进一步提高测向精度,但有运算速度过慢的缺点。在处理器运算能力迅猛发展的今天,在恶劣噪声环境下,基于极大似然算法和加权信号子空间拟合算法进行高精度测向也将成为一种新趋势。

在利用常用的低阶矩(如共变矩和分数低阶矩)抑制冲击噪声时,通常需要预先获得特征指数 $\alpha$ 的先验信息,从而来确定低阶矩合适的阶数,然而,对特征指数 $\alpha$ 进行有效的估计在实际工程应用中是很难达到的,这将严重限制一些低阶矩的应用,因此,需要一种盲处理方式来避免阶数的选取。对此,可以利用无穷范数 (infinite norm, IN)归一化的方法进行处理,这种方法不需要参数的设置,不仅避免了阶数的选取,还提高了抑制冲击噪声的性能,不但在弱冲击噪声 $(1 < \alpha < 2)$ 下具备优异的性能,而且在更加恶劣的强冲击噪声 $(0 < \alpha < 1)$ 下也能够有效地抑制冲击噪声,一定程度上克服了一些低阶矩在强冲击噪声下失效的弱点。

考虑到加权信号子空间拟合(weighted signal subspace fitting, WSSF)算法拥有更高的估计精度,而且在小快拍数和低信噪比的情况下测向性能优异,也不需要额外的解相干处理即可处理相干信源,因此,本章介绍了基于无穷范数归一化的加权信号子空间拟合算法。为了求解该算法的目标函数,还设计了量子灰狼算法 (quantum-inspired grey wolf algorithm, QGWA)进行迭代优化。Monte – Carlo 仿真实验证了基于量子灰狼算法的加权信号子空间拟合测向方法(记作 QGWA – IN –

WSSF 方法)在不同情形下的有效性和鲁棒性。

另外,如何进行高精度无量化误差的算法替代求解 MUSIC 类和 PM 类算法的谱峰搜索算法是经典的测向理论难题。以 MUSIC 算法为代表的子空间类双基地 MIMO 雷达测向算法能够利用所构造的空间谱函数对多个信源同时进行估计,而且估计的精度较高[7],然而,该类算法大多需要对二维空间谱函数进行网格式的谱峰搜索,而且还需要对协方差矩阵进行特征分解或奇异值分解,运算量巨大。考虑到传播算子方法(propagator method, PM)[8-9]在求解信号子空间与噪声子空间时,不需要进行特征分解或者奇异值分解,只需要进行线性运算,可以有效地降低计算量,因此,在冲击噪声环境下设计基于无穷范数归一化的传播算子算法。另外,为了对所构造的二维空间谱函数进行多峰优化,提出了多峰量子布谷鸟搜索算法(multimodal quantum-inspired cuckoo search algorithm, MQCSA),能够极大地降低运算复杂度,同时避免了网格式谱峰搜索时的量化误差,也能够满足高精度实时性的测向需求,而且容易拓展到多维的情况。

## 9.1　双基地 MIMO 雷达的信号模型

双基地 MIMIO 雷达的发射端和接收端均由均匀线阵构成,发射阵元数为 $M$,接收阵元数为 $N$,而且均处于同一相位中心。为方便分析,忽略多普勒频率所引起的相位变化。在发射端,阵元发射 $M$ 路同中心频率同带宽的窄带信号,则发射信号矢量为 $s(k) = [s_1(k), s_2(k), \cdots, s_M(k)]^T$,且阵元发射相互正交的信号,即:

$$\frac{1}{K} \sum_{k=1}^{K} s_i(k) s_j^*(k) = \begin{cases} 1, & i = j \\ 0, & i \neq j \end{cases} \tag{9.1}$$

其中,$s_i(k)$ 和 $s_j(k)$ 分别为第 $i$ 个和第 $j$ 个发射阵元所发射的信号,$i = 1, 2, \cdots, M$; $j = 1, 2, \cdots, M$; $k = 1, 2, \cdots, K$; $K$ 为最大快拍数。

假设空间中存在 $P$ 个远场信源,则信源的 DOD 为 $\boldsymbol{\theta} = [\theta_1, \theta_2, \cdots, \theta_P]$,相应的 DOA 为 $\boldsymbol{\varphi} = [\varphi_1, \varphi_2, \cdots, \varphi_P]$,且散射强度为 $\boldsymbol{\beta} = [\beta_1, \beta_2, \cdots, \beta_P]^T$,其中散射强度服从标准正态分布,则接收到的信号可以表示为

$$r(k) = A_r(\boldsymbol{\varphi}) \Lambda_\beta A_t^T(\boldsymbol{\theta}) s(k) + \tilde{n}(k) \tag{9.2}$$

其中,$A_r(\boldsymbol{\varphi}) = [a_r(\phi_1), a_r(\phi_2), \cdots, a_r(\phi_P)]$ 表示 $N \times P$ 维的接收阵列流型,$A_t(\boldsymbol{\theta}) = [a_t(\theta_1), a_t(\theta_2), \cdots, a_t(\theta_P)]$ 表示 $M \times P$ 维的发射阵列流型,$a_r(\phi_p)(p = 1, 2, \cdots, P)$ 表示 $\varphi_p$ 的 $N \times 1$ 维的接收导向矢量,$a_t(\theta_p)(p = 1, 2, \cdots, P)$ 表示 $\theta_p$ 的 $M \times 1$ 维的发射导向矢量,$\Lambda_\beta = \text{diag}(\boldsymbol{\beta})$ 表示散射强度矢量 $\boldsymbol{\beta}$ 构成的对角矩阵,$\tilde{n}(k)$ 表示 $N \times 1$ 维的噪声矢量。

根据双基地 MIMO 雷达的工作原理,为了分离发射信号中的正交分量,$N$ 个接收阵元所接收到的信号需要与 $M$ 路发射信号分别进行匹配滤波,则经过匹配滤波后的输出可以表示为

$$
\begin{aligned}
y(k) &= \sum_{p=1}^{P} \beta_p a_t(\theta_p) \otimes a_r(\phi_p) + n(k) \\
&= C(\boldsymbol{\theta}, \boldsymbol{\varphi}) \boldsymbol{\beta}(k) + n(k)
\end{aligned}
\tag{9.3}
$$

其中,$C(\boldsymbol{\theta}, \boldsymbol{\varphi}) = [a_t(\theta_1) \otimes a_r(\phi_1), a_t(\theta_2) \otimes a_r(\phi_2), \cdots, a_t(\theta_P) \otimes a_r(\phi_P)]$ 表示 $MN \times P$ 维的收发联合阵列流型,$\otimes$ 表示 Kronecker 积,$n(k)$ 表示 $MN \times 1$ 维的冲击噪声矢量。

## 9.2　量子灰狼算法

量子灰狼算法是受到灰狼种群中的等级制度[10-11]以及量子计算的启发,利用量子编码和量子演化方程设计了新的灰狼种群狩猎机制[12],能够有效地避免陷入局部最优,并且加快了原始灰狼算法的收敛速度。通过设计两种量子位置的更新策略,能够更好地平衡全局搜索能力与局部搜索能力,并且加快全局最优量子位置的搜索进程,更加有效地搜寻到全局最优解。

假设灰狼种群中存在 $Q$ 只灰狼,而且每只灰狼均拥有自己的量子位置,待优化的未知参数的个数为 $B$,因此,定义第 $q(q = 1, 2, \cdots, Q)$ 只灰狼的量子位置为 $x_q = [x_{q,1}, x_{q,2}, \cdots, x_{q,B}]$,其中 $0 \leqslant x_{q,b} \leqslant 1 (b = 1, 2, \cdots, B)$,而相应的映射位置为 $\tilde{x}_q = [\tilde{x}_{q,1}, \tilde{x}_{q,2}, \cdots, \tilde{x}_{q,B}]$,则其映射方程定义为

$$
\tilde{x}_{q,b} = \tilde{x}_b^{\text{low}} + x_{q,b} \cdot (\tilde{x}_b^{\text{high}} - \tilde{x}_b^{\text{low}})
\tag{9.4}
$$

其中,$\tilde{x}_{q,b} \in [\tilde{x}_b^{\text{low}}, \tilde{x}_b^{\text{high}}]$,$\tilde{x}_b^{\text{low}}$ 表示第 $b$ 维的下限,$\tilde{x}_b^{\text{high}}$ 表示第 $b$ 维的上限。

根据灰狼种群的社会等级特征,可以将灰狼种群分为四个等级:即当前最优量子位置对应的灰狼为 $\varepsilon$,当前次优的量子位置对应的灰狼为 $\eta$,当前第三优的量子位置对应的灰狼为 $\rho$,而余下其他灰狼为 $\omega$。灰狼种群为了捕获猎物(即搜寻潜在的全局最优解),需要根据灰狼 $\varepsilon$、$\eta$ 和 $\rho$ 的量子位置来迭代更新灰狼 $\omega$ 的量子位置。为此,所提的量子灰狼算法设计了两种量子位置的更新策略,两种策略分别以 50% 的概率进行演化。

首先,第一种更新策略是根据灰狼 $\varepsilon$、$\eta$ 和 $\rho$ 的当前量子位置,通过简化的模拟量子旋转门对灰狼 $\omega$ 的量子位置进行更新,则标号为 $q$ 的灰狼相应的更新方程如下:

$$
\dot{\delta}_{q,b}^{t+1} = \lambda_1 \cdot |c_1 \cdot x_b^t(\varepsilon) - x_{q,b}^t|
\tag{9.5}
$$

$$
\ddot{\delta}_{q,b}^{t+1} = \lambda_2 \cdot |c_2 \cdot x_b^t(\eta) - x_{q,b}^t|
\tag{9.6}
$$

$$\ddot{\delta}_{q,b}^{t+1} = \lambda_3 \cdot \mid c_3 \cdot x_b^t(\rho) - x_{q,b}^t \mid \tag{9.7}$$

$$\dot{x}_{q,b}^{t+1} = \left| x_b^t(\varepsilon) \times \cos(\dot{\delta}_{q,b}^{t+1}) + \sqrt{1 - (x_b^t(\varepsilon))^2} \times \sin(\dot{\delta}_{q,b}^{t+1}) \right| \tag{9.8}$$

$$\ddot{x}_{q,b}^{t+1} = \left| x_b^t(\eta) \times \cos(\ddot{\delta}_{q,b}^{t+1}) + \sqrt{1 - (x_b^t(\eta))^2} \times \sin(\ddot{\delta}_{q,b}^{t+1}) \right| \tag{9.9}$$

$$\dddot{x}_{q,b}^{t+1} = \left| x_b^t(\rho) \times \cos(\dddot{\delta}_{q,b}^{t+1}) + \sqrt{1 - (x_b^t(\rho))^2} \times \sin(\dddot{\delta}_{q,b}^{t+1}) \right| \tag{9.10}$$

$$x_{q,b}^{t+1} = \frac{\dot{x}_{q,b}^{t+1} + \ddot{x}_{q,b}^{t+1} + \dddot{x}_{q,b}^{t+1}}{3} \tag{9.11}$$

其中,$x_b^t(\varepsilon)$、$x_b^t(\eta)$ 和 $x_b^t(\rho)$ 分别表示第 $t$ 代灰狼种群中灰狼 $\varepsilon$、$\eta$ 和 $\rho$ 的量子位置的第 $b$ 维,$\dot{\delta}_{q,b}^{t+1}$、$\ddot{\delta}_{q,b}^{t+1}$ 和 $\dddot{\delta}_{q,b}^{t+1}$ 则表示相应的量子旋转角,$c_\tau = 2 \cdot r_1$,$\lambda_\tau = (2 \cdot r_2 - 1) \cdot \mu$,$\tau = 1, 2, 3$;$r_1$ 和 $r_2$ 均为 $[0, 1]$ 间的均匀随机数,$\mu$ 随着 $t$ 的增加从 2 线性递减至 0。

第二种量子位置的更新策略改变了搜索方向以及步长,标号为 $q$ 的灰狼相应的量子位置更新方程:

$$\delta_{q,b}^{t+1} = r_3 \cdot (x_b^t(\varepsilon) - x_{q,b}^t) + r_4 \cdot (\bar{x}_b^t - x_{q,b}^t) \tag{9.12}$$

$$x_{q,b}^{t+1} = \left| x_{q,b}^t \times \cos(\delta_{q,b}^{t+1}) + \sqrt{1 - (x_{q,b}^t)^2} \times \sin(\delta_{q,b}^{t+1}) \right| \tag{9.13}$$

其中,$r_3$ 为 $[0, 1]$ 间的均匀随机数,$r_4$ 为标准正态随机数,$\bar{x}_b^t = (1/Q) \sum_{q=1}^Q x_{q,b}^t$,$\delta_{q,b}^{t+1}$ 为相应的量子旋转角。

# 9.3 基于量子灰狼算法的加权信号子空间拟合测向方法

## 9.3.1 无穷范数归一化的加权信号子空间拟合算法

冲击噪声环境下基于双基地 MIMO 雷达的测向模型,对于匹配滤波后的输出 $\boldsymbol{y}(k) = [y_1(k), y_2(k), \cdots, y_{MN}(k)]^T$,首先需要进行无穷范数归一化预处理,则经过加权处理后的接收数据可以表示为

$$z(k) = \frac{\boldsymbol{y}(k)}{\max\{\mid y_1(k) \mid, \mid y_2(k) \mid, \cdots, \mid y_{MN}(k) \mid\}} \tag{9.14}$$

经过上述无穷范数归一化处理过后,即将不存在二阶及以上矩的冲击噪声成功转化为功率有限的噪声,完成去冲击过程。进而,考虑有限次数的快拍,则相应的加权信号协方差矩阵的估计可以表示为

$$\hat{\pmb{R}}_z = \frac{1}{K} \sum_{k=1}^{K} \pmb{z}(k) \pmb{z}^{\mathrm{H}}(k) \tag{9.15}$$

其中,上标$(\cdot)^{\mathrm{H}}$表示共轭转置。

然后,对加权信号协方差矩阵的估计$\hat{\pmb{R}}_z$进行特征分解,即:

$$\hat{\pmb{R}}_z = \hat{\pmb{U}}_s \hat{\pmb{\Lambda}}_s \hat{\pmb{U}}_s^{\mathrm{H}} + \hat{\pmb{U}}_n \hat{\pmb{\Lambda}}_n \hat{\pmb{U}}_n^{\mathrm{H}} \tag{9.16}$$

其中,$\hat{\pmb{\Lambda}}_s$表示由较大的特征值构成的对角阵,$\hat{\pmb{\Lambda}}_n$表示由较小的特征值构成的对角阵,$\hat{\pmb{U}}_s$表示由属于较大特征值对应的特征向量所构成的信号子空间,$\hat{\pmb{U}}_n$表示由属于较小特征值对应的特征向量所构成的噪声子空间。

因此,基于加权信号子空间拟合算法的相关理论,可以通过如下的基于无穷范数加权子空间拟合方程得到信源 DOD 与 DOA 的估计值:

$$\{\hat{\pmb{\theta}}, \hat{\pmb{\varphi}}\} = \arg \max_{\theta, \varphi} \mathrm{tr}[\pmb{P}_{C(\theta, \varphi)} \hat{\pmb{U}}_s \hat{\pmb{W}} \hat{\pmb{U}}_s^{\mathrm{H}}] \tag{9.17}$$

其中,$\mathrm{tr}[\cdot]$表示矩阵的迹,$\pmb{P}_{C(\theta, \varphi)} = \pmb{C}(\pmb{\theta}, \pmb{\varphi})[\pmb{C}^{\mathrm{H}}(\pmb{\theta}, \pmb{\varphi})\pmb{C}(\pmb{\theta}, \pmb{\varphi})]^{-1}\pmb{C}^{\mathrm{H}}(\pmb{\theta}, \pmb{\varphi})$表示$\pmb{C}(\pmb{\theta}, \pmb{\varphi})$的投影矩阵,$\hat{\pmb{W}}$表示加权矩阵,最优加权矩阵由下式给出:

$$\hat{\pmb{W}}_{\mathrm{opt}} = (\hat{\pmb{\Lambda}}_s - \hat{\sigma}_n^2 \pmb{I})^2 \hat{\pmb{\Lambda}}_s^{-1} \tag{9.18}$$

其中,$\hat{\sigma}_n^2$表示噪声方差的估计,$\pmb{I}$表示单位矩阵。

通过上述内容,双基地 MIMO 雷达的测向问题将转化为一个多维变量非线性联合最优化问题。然而,随着广义信噪比或特征指数的降低,局部最优解的数量也会随之增加,甚至全局最优解的位置也会发生偏移,这都将给整个优化过程带来极大的困难。为了解决这个复杂耗时的全局最优搜索问题,将在下一节中提出量子灰狼算法来解决上述问题。

## 9.3.2　基于量子灰狼算法的 MIMO 雷达测向

若要将量子灰狼算法来求解基于无穷范数的加权信号子空间拟合方程,需要将加权信号子空间拟合方程转化成量子灰狼算法的适应度函数,即将上述的双基地 MIMO 雷达测向问题转化为基于量子灰狼算法的连续优化问题,量子灰狼算法的全局最优量子位置对应的映射态即为信源 DOD 与 DOA 的估计值。因此,在这一最大值优化问题中,可以将相应的适应度函数定义为

$$F(\tilde{\pmb{x}}_q^t) = \mathrm{tr}[\pmb{P}_{C(\tilde{\pmb{x}}_q^t)} \hat{\pmb{U}}_s \hat{\pmb{W}} \hat{\pmb{U}}_s^{\mathrm{H}}] \tag{9.19}$$

其中,灰狼的位置$\tilde{\pmb{x}}_q^t = [\tilde{x}_{q,1}^t, \tilde{x}_{q,2}^t, \cdots, \tilde{x}_{q,B}^t]$相当于一组角度估计值,$B = 2P$,$P$表示信源的数目,则灰狼位置的前 $P$ 维表示 $P$ 个信源的 DOD 估计值,而后 $P$ 维则

表示相应的 DOA 估计值。

综上所述,基于量子灰狼算法的加权信号子空间拟合测向方法(记作 QGWA - IN - WSSF 方法)可以简述如下。

步骤一:初始化量子灰狼算法的参数:如种群规模 $Q,\mu,\lambda_\tau,c_\tau(\tau = 1, 2, 3)$, 最大迭代次数等。

步骤二:随机产生初始种群中灰狼的量子位置,其中量子位置的每一维均为 $[0, 1]$ 间的均匀随机数。

步骤三:将灰狼的初始量子位置映射为灰狼的初始位置,并计算所有初始位置的适应度,进而,根据适应度值确定灰狼 $\varepsilon$、$\eta$ 和 $\rho$ 的初始量子位置。

步骤四:根据两种量子位置的更新策略,分别以 50% 的概率更新量子位置。

步骤五:将灰狼的量子位置映射为灰狼的位置,并计算相应位置的适应度。

步骤六:根据当前灰狼位置的适应度值,以贪婪选择的方式更新灰狼 $\varepsilon$、$\eta$ 和 $\rho$ 的量子位置,并更新参数 $\mu,\lambda_\tau,c_\tau$。

步骤七:判断是否达到最大迭代次数:若未达到,返回步骤四继续迭代;否则,终止迭代,并输出 $\varepsilon$ 的量子位置(即全局最优量子位置),经过映射后的位置即为信源 DOD 与 DOA 的估计值。

## 9.3.3　计算机仿真

为了检验所提的 QGWA - IN - WSSF 方法在冲击噪声下的测向性能,本节将给出一系列仿真实验及其结果分析。考虑双基地 MIMO 雷达的发射端阵元数 $M = 6$, 接收端阵元数 $N = 6$,两端相邻阵元的间距均为半波长。量子灰狼算法的相关参数设置如下:种群规模 $Q = 30$,最大迭代次数为 100。另外,设置 Monte - Carlo 试验次数为 500,相应的结果均为 500 次 Monte - Carlo 试验的均值,并且每组仿真实验均对 QGWA - IN - WSSF 方法、FLOM - MUSIC 方法[13](分数低阶矩的阶数为 1.2) 以及 IN - MUSIC 方法[13]的测向性能进行比较。

1. 实验一

首先,考虑两个独立的信源:$(\theta_1, \phi_1) = (30°, 40°)$、$(\theta_2, \phi_2) = (36°, 46°)$。 为了检验 QGWA - IN - WSSF 方法在不同快拍数下的测向性能,图 9.1 给出了在广义信噪比 GSNR = 20 dB, 噪声特征指数为 $\alpha = 1.5$ 时,两个独立信源在不同快拍数下的均方根误差曲线以及相应的 Cramér - Rao 界。从图 9.1 可以看出,QGWA - IN - WSSF 方法在冲击噪声下能够获得精确的角度估计值,且在如图所示的小快拍情况下其均方根误差就非常接近 Cramér - Rao 界。就估计精度而言,在小快拍数的前提下,所提的 QGWA - IN - WSSF 方法明显优于 FLOM - MUSIC 方法以及 IN - MUSIC 方法。

　　图 9.2 给出了在 GSNR = 20 dB, $\alpha$ = 1.5 时,两个独立信源在不同快拍数下的估计成功概率曲线,本节定义所有角度的估计偏差均不大于 1°为一次成功估计。如图 9.2 所示,QGWA - IN - WSSF 方法几乎在所有的 Monte - Carlo 试验中均能够成功地估计信源的 DOD 与 DOA,即使在如图 9.2 所示在小快拍情形下其估计成功概率也能够达到 100%。就估计成功概率而言,所提的 QGWA - IN - WSSF 方法明显优于 FLOM - MUSIC 方法以及 IN - MUSIC 方法,尤其在小快拍情况下性能较优。因此,该组实验表明了 QGWA - IN - WSSF 方法在小快拍的情况下具备良好的鲁棒性。

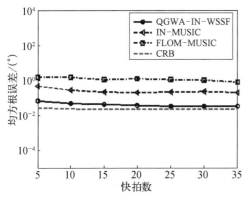

图 9.1　GSNR = 20 dB 且 $\alpha$ = 1.5 时两个独立信源的均方根误差随快拍数变化的曲线

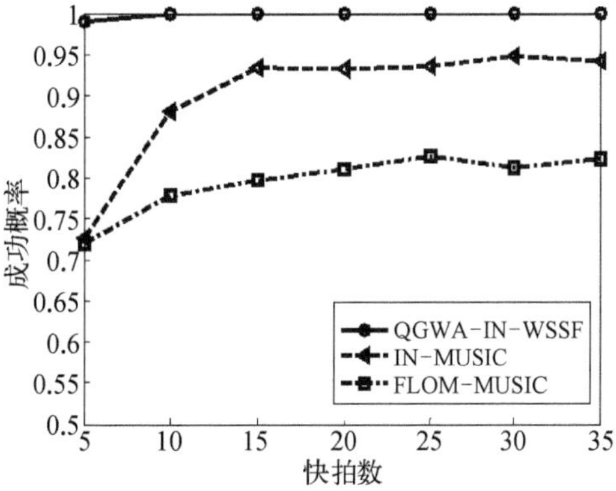

图 9.2　GSNR = 20 dB 且 $\alpha$ = 1.5 时两个独立信源的估计成功概率随快拍数变化的曲线

### 2. 实验二

　　为了检验 QGWA - IN - WSSF 方法在不同广义信噪比和不同特征指数下的测向性能,考虑上述实验一相同的两个独立信源,最大快拍数 $K$ 设置为 20,其他的仿真参数与本节实验一相同。

　　为了检验 QGWA - IN - WSSF 方法在不同广义信噪比下的测向性能,图 9.3 显示了特征指数 $\alpha$ = 1.5 时,两个独立信源的均方根误差随广义信噪比变化的曲线以及相应的 Cramér - Rao 界。从图 9.3 中可以看出,QGWA - IN - WSSF 方法在冲击噪声下能够获得精确的角度估计,且在广义信噪比较大的区域其均方根误差渐进收敛于 Cramér - Rao 界。另外,就估计精度而言,所提的 QGWA - IN - WSSF 方法明显优于 FLOM - MUSIC 方法以及 IN - MUSIC 方法。

其次,为了检验 QGWA－IN－WSSF 方法在不同特征指数下的测向性能,图
9.4 显示了 GSNR＝20 dB 时,两个独立信源的估计成功概率随特征指数变化的曲
线。如图 9.4 所示,QGWA－IN－WSSF 方法在弱冲击噪声下估计成功概率能够达
到 100%。随着特征指数的逐渐减小,QGWA－IN－WSSF 方法的估计成功概率明
显优于 FLOM－MUSIC 方法以及 IN－MUSIC 方法的估计成功概率,特别是在强冲
击噪声下,当 FLOM－MUSIC 方法和 IN－MUSIC 方法已经无法进行测向时,
QGWA－IN－WSSF 方法依然具备较高的估计成功概率。

因此,该组实验显示出 QGWA－IN－WSSF 方法具备良好的鲁棒性和应用范围
的广泛性,既适用于弱冲击噪声,又适用于强冲击噪声。

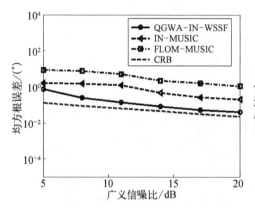
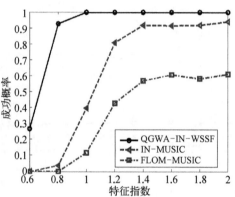

图 9.3　$\alpha$ = 1.5 时两个独立信源的均方根　　图 9.4　GSNR = 20 dB 时两个独立信源的
　　　　误差随广义信噪比变化的曲线　　　　　　估计成功概率随特征指数变化的
　　　　　　　　　　　　　　　　　　　　　　　曲线

### 3. 实验三

为了检验不同角度对所提 QGWA－IN－WSSF 方法测向性能的影响,现考虑两
个不同的独立信源:$(\theta_1, \varphi_1)$ = (30°, 40°)、$(\theta_2, \varphi_2)$ = (40°, 50°),除角度外其他
的仿真参数均与本节实验二相同。进而,分别讨论多种测向方法相应的均方根误
差和估计成功概率的性能优势。

图 9.5 显示了 $\alpha$ = 1.5 时,两个不同的独立信源的均方根误差随广义信
噪比变化的曲线以及相应的 Cramér－Rao 界;而图 9.6 显示了 GSNR＝20 dB
时,两个不同的独立信源的估计成功概率随特征指数变化的曲线。从图 9.5
和图 9.6 中可得出与本节实验二类似的结论,并与实验二仿真结果相比较可
知,两个信源之间的角度差越大,其估计精度和估计成功概率就越高。因此,
该组实验表明了角度的变化不会对所提的 QGWA－IN－WSSF 方法的测向性
能产生较大影响。

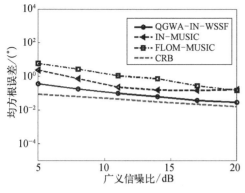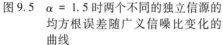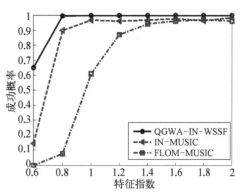

图 9.5　$\alpha = 1.5$ 时两个不同的独立信源的均方根误差随广义信噪比变化的曲线

图 9.6　GSNR = 20 dB 时两个不同的独立信源的估计成功概率随特征指数变化的曲线

**4. 实验四**

上述的几组仿真实验均仅针对两个信源的情况而展开,为了检验 QGWA‐IN‐WSSF 方法的测向性能是否受到信源数目增加的影响,现考虑三个独立信源:$(\theta_1, \varphi_1) = (30°, 40°)$、$(\theta_2, \varphi_2) = (40°, 50°)$、$(\theta_3, \varphi_3) = (50°, 60°)$,除波达和波离角度外其他的仿真参数均与本节实验三相同。

图 9.7 显示了 $\alpha = 1.5$ 时,三个独立信源的均方根误差随广义信噪比变化的曲线以及相应的 Cramér‐Rao 界;而图 9.8 显示了 GSNR = 20 dB 时,三个独立信源的估计成功概率随特征指数变化的曲线。从图 9.7 和图 9.8 中可以看出,即使信源数目增加,所提的 QGWA‐IN‐WSSF 方法仍然能够精确地估计信源的 DOD 与 DOA,而且其他相关结论均与上述仿真实验相同。因此,该组实验显示出所提的 QGWA‐IN‐WSSF 方法具备良好的稳定性。

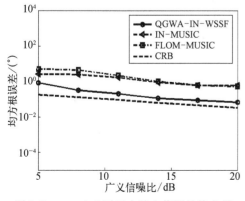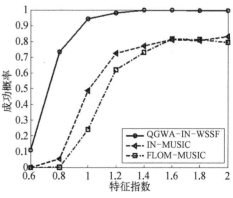

图 9.7　$\alpha = 1.5$ 时三个独立信源的均方根误差随广义信噪比变化的曲线

图 9.8　GSNR = 20 dB 时三个独立信源的估计成功概率随特征指数变化的曲线

### 5. 实验五

上述的几组仿真实验均是基于独立信源的假设,为了检验 QGWA－IN－WSSF 方法处理相干信源时的测向性能,现考虑两个相干信源:$(\theta_1, \varphi_1) = (30°, 40°)$、$(\theta_2, \varphi_2) = (40°, 50°)$,除了信源的相关性外其他的仿真条件均与本节实验三相同。为了与上述两种子空间类测向方法进行比较,均采用双向空间平滑(spatial smoothing, SS)技术对其进行解相干处理,则分别记为 FLOM－SSMUSIC 方法和 IN－SSMUSIC 方法。

图 9.9 显示了 $\alpha = 1.5$ 时,两个相干信源的均方根误差随广义信噪比变化的曲线以及相应的 Cramér－Rao 界;而图 9.10 显示了广义信噪比 GSNR = 20 dB 时,两个相干信源的估计成功概率随特征指数变化的曲线。

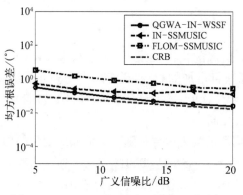
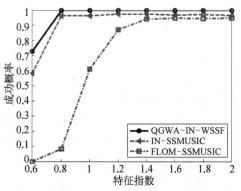

图 9.9 $\alpha = 1.5$ 时两个相干信源的均方根误差随广义信噪比变化的曲线

图 9.10 GSNR = 20 dB 时两个相干信源的估计成功概率随特征指数变化的曲线

图 9.9 和图 9.10 表明了 QGWA－IN－WSSF 方法不需要额外的解相干处理即能够精确估计信源的 DOD 与 DOA,不损失有效阵列孔径,仍然具备优异的测向性能,在估计精度和估计成功概率两个方面均优于 FLOM－SSMUSIC 方法和 IN－SSMUSIC 方法。因此,该组实验证明了相干信源的引入对 QGWA－IN－WSSF 方法的测向性能所产生的影响不大,表现出 QGWA－IN－WSSF 方法的鲁棒性和优越性,由此可以得到更加广泛的应用。

## 9.4 多峰量子布谷鸟搜索算法

由于对原始的布谷鸟搜索算法的研究工作大多集中在搜索全局最优解这一方面[14-15],其最终的结果只能够收敛到一个全局最优解,尽管在这一方面拥有较好的搜索性能,但是从工程应用的角度出发,不仅希望可以获得全局最优解,还希望可以尽可能多地得到局部最优解,即同时优化多个极值点,这样,原始的布谷鸟搜索算法的局限性便凸显出来。

因此,为了有效解决多峰优化问题,本节给出多峰量子布谷鸟搜索算法,该算法是在原始布谷鸟搜索算法的基础上融入了记忆机制,即根据个体间的欧几里得距离,记录潜在的局部最优解;并改变了选择策略,变为选择记忆池中的个体,以加快局部最优解的搜索进程;还设计了净化机制,通过计算记忆池中个体间的欧几里得距离来确定净化比率,从而在迭代的每一阶段结束时,删除记忆池中相似的记忆元素,减少每一阶段的运算量,增强其搜索能力;同时在莱维飞行算子和重筑新巢算子中融入量子计算理论,利用量子编码和模拟量子旋转门设计新的布谷鸟搜索机制,能够加快搜索速度,更有效地进行多峰优化。

假设含有 $Q$ 个量子鸟蛋的种群 $\boldsymbol{X}^t = \{\boldsymbol{x}_1^t, \boldsymbol{x}_2^t, \cdots, \boldsymbol{x}_Q^t\}$($t$ 为迭代次数,其初始值设为 0)从初始代($t = 0$)开始演化,并假设待优化未知参数的个数为 $B$,因此,定义第 $t$ 代第 $q$($q = 1, 2, \cdots, Q$)个量子鸟蛋为 $\boldsymbol{x}_q^t = [x_{q,1}^t, x_{q,2}^t, \cdots, x_{q,B}^t]$,其中 $0 \leqslant x_{q,b}^t \leqslant 1$($b = 1, 2, \cdots, B$),相应的映射鸟蛋为 $\tilde{\boldsymbol{x}}_q^t = [\tilde{x}_{q,1}^t, \tilde{x}_{q,2}^t, \cdots, \tilde{x}_{q,B}^t]$,则其映射方程为

$$\tilde{x}_{q,b}^t = \tilde{x}_b^{\text{low}} + x_{q,b}^t \cdot (\tilde{x}_b^{\text{high}} - \tilde{x}_b^{\text{low}}) \tag{9.20}$$

其中,$\tilde{x}_{q,b} \in [\tilde{x}_b^{\text{low}}, \tilde{x}_b^{\text{high}}]$,$\tilde{x}_b^{\text{low}}$ 表示第 $b$ 维的下限,$\tilde{x}_b^{\text{high}}$ 表示第 $b$ 维的上限。

多峰量子布谷鸟搜索算法包含了五种演化算子:即莱维飞行算子、重筑新巢算子、记忆算子、记忆池选择算子以及净化算子。下面,将对上述五种算子进行详细描述。

### 1. 莱维飞行算子

该算子主要通过莱维飞行来更新量子鸟蛋 $\boldsymbol{x}_q^t$。为了更新量子鸟蛋 $\boldsymbol{x}_q^t$,首先需要产生量子旋转角 $\vartheta_{q,b}^{t+1}$($q = 1, 2, \cdots, Q$; $b = 1, 2, \cdots, B$),则量子旋转角 $\vartheta_{q,b}^{t+1}$ 可以通过下式更新。

$$\vartheta_{q,b}^{t+1} = 0.1 \cdot u_{q,b}^t \cdot (x_b^{\text{best}} - x_{q,b}^t) \tag{9.21}$$

其中,$x_b^{\text{best}}$ 表示种群中当前最优量子鸟蛋的第 $b$ 维,$u_{q,b}^t$ 表示由对称莱维分布所产生的随机步长,可以由 Mantegna 所提出的算法得到[16],即:

$$u_{q,b}^t = \frac{w^t}{|v^t|^{1/\varepsilon}} \tag{9.22}$$

其中,$\varepsilon = 3/2$,$w^t$ 和 $v^t$ 均服从正态分布,即 $w^t \sim N(0, \sigma_w^2)$,$v^t \sim N(0, \sigma_v^2)$,$\sigma_w =$

$\{[\Gamma(1+\varepsilon) \cdot \sin(\pi \cdot \varepsilon/2)]/[\Gamma((1+\varepsilon)/2) \cdot \varepsilon \cdot 2^{(\varepsilon-1)/2}]\}^{1/\varepsilon}, \sigma_v = 1, \Gamma(\cdot)$ 表示伽玛分布。

进而,利用简化的模拟量子旋转门可以对量子鸟蛋进行更新,则第 $q$ 个量子鸟蛋的第 $b$ 维更新公式可以表示为

$$x_{q,b}^{t+1} = \left| x_{q,b}^t \times \cos(\vartheta_{q,b}^{t+1}) + \sqrt{1-(x_{q,b}^t)^2} \times \sin(\vartheta_{q,b}^{t+1}) \right| \qquad (9.23)$$

### 2. 重筑新巢算子

在该算子中,将以发现概率 $p_a \in [0, 1]$ 更新量子旋转角 $\vartheta_{q,b}^{t+1}(q = 1, 2, \cdots, Q; b = 1, 2, \cdots, B)$,即随机产生 $[0, 1]$ 间的均匀随机数 $r_1$,若 $r_1$ 小于发现概率 $p_a$,则量子旋转角更新为

$$\vartheta_{q,b}^{t+1} = r_2 \cdot (x_{\xi_1,b}^t - x_{\xi_2,b}^t) \qquad (9.24)$$

其中,$r_2$ 表示 $[0, 1]$ 间的均匀随机数,$\xi_1$ 和 $\xi_2$ 表示 $[1, Q]$ 间的随机整数。若 $r_1$ 大于发现概率 $p_a$,则量子旋转角 $\vartheta_{q,b}^{t+1} = 0$。

进而,利用简化的模拟量子旋转门对量子鸟蛋进行更新,则第 $q$ 个量子鸟蛋的第 $b$ 维更新公式可以表示为

$$x_{q,b}^{t+1} = \left| x_{q,b}^t \times \cos(\vartheta_{q,b}^{t+1}) + \sqrt{1-(x_{q,b}^t)^2} \times \sin(\vartheta_{q,b}^{t+1}) \right| \qquad (9.25)$$

### 3. 记忆算子

在该算子中,首先需要定义记忆池 $M = \{m_1, m_2, \cdots, m_L\}$ 用来存储潜在的全局或局部最优量子鸟蛋,其中,$L$ 表示记忆池中当前量子鸟蛋的个数。该记忆机制可以分为初始化和更新两个阶段。

在整个演化的过程中,初始化操作仅应用一次,需要在迭代开始前完成。在初始化阶段,根据初始种群中每个鸟蛋的适应度值,选择其中的最优量子鸟蛋纳入到记忆池中,作为记忆池中的第一个元素。

在更新阶段,需要根据当前鸟蛋的适应度值和彼此之间的欧几里得距离来判断是否可以纳入到记忆池中,而判断的准则包含两种,分别为优适应度准则和劣适应度准则。

(1) 优适应度准则

在这一准则下,若当前鸟蛋 $\tilde{x}_q^t$ 的适应度值优于记忆池中最差鸟蛋 $\tilde{m}^{worst}$ 的适应度值,则相应的量子鸟蛋 $x_q^t$ 可以被认为是潜在的全局或局部最优量子鸟蛋。

接下来,需要决定当前的量子鸟蛋 $x_q^t$ 是否可以纳入到记忆池中或替代记忆池中的相似个体。为此,需要计算当前量子鸟蛋 $x_q^t$ 与记忆池中所有量子鸟蛋的欧几

里得距离,则计算公式可以表示为

$$\delta_{q, l}^t = \sqrt{(x_{q, 1}^t - m_{l, 1})^2 + (x_{q, 2}^t - m_{l, 2})^2 + \cdots + (x_{q, B}^t - m_{l, B})^2} \quad (9.26)$$

其中, $\boldsymbol{m}_l = [m_{l, 1}, m_{l, 2}, \cdots, m_{l, B}], l \in \{1, 2, \cdots, L\}$。

进而,需要定义接受概率为

$$P_{\text{accept}}^q(\delta_{q, l'}^t, s) = (\delta_{q, l'}^t)^s \quad (9.27)$$

其中, $\delta_{q, l'}^t$ 表示当前量子鸟蛋 $\boldsymbol{x}_q^t$ 与记忆池中所有量子鸟蛋的最小欧几里得距离, $s$ 表示演进过程的当前阶段,且 $s = 1, 2, 3$。

为了决定当前量子鸟蛋 $\boldsymbol{x}_q^t$ 是否可以纳入到记忆池中或替代记忆池中相似的量子鸟蛋,将产生一个在 $[0, 1]$ 间服从均匀分布的随机数 $r_3$:若 $r_3$ 小于接受概率 $P_{\text{accept}}^q$,则当前量子鸟蛋 $\boldsymbol{x}_q^t$ 纳入到记忆池中;否则,认为当前量子鸟蛋 $\boldsymbol{x}_q^t$ 与记忆池中的量子鸟蛋 $\boldsymbol{m}_{l'} (l' = \arg\min_{l \in \{1, 2, \cdots, L\}} \delta_{q, l})$ 相似,进而,若相应鸟蛋 $\tilde{\boldsymbol{x}}_q^t$ 的适应度值优于鸟蛋 $\tilde{\boldsymbol{m}}_{l'}$ 的适应度值,则当前量子鸟蛋 $\boldsymbol{x}_q^t$ 替代量子鸟蛋 $\boldsymbol{m}_{l'}$。因此,优适应度准则可以由下式进行表述。

$$\boldsymbol{M} \Leftarrow \begin{cases} \boldsymbol{m}_{L'+1} = \boldsymbol{x}_q^t, \ r_3 < P_{\text{accept}}^q \\ \boldsymbol{m}_{l'} = \boldsymbol{x}_q^t, \ r_3 \geqslant P_{\text{accept}}^q \ \text{且} \ F(\tilde{\boldsymbol{x}}_q^t) > F(\tilde{\boldsymbol{m}}_{l'}) \end{cases} \quad (9.28)$$

其中, $L' \geqslant L$。 $\Leftarrow$ 的含义代表把量子鸟蛋 $\boldsymbol{m}_{L'+1}$ 加入记忆集合或用量子鸟蛋 $\boldsymbol{m}_{l'}$ 更新值替换记忆集合相应元素。

（2）劣适应度准则

不同于优适应度准则,劣适应度准则是在当前鸟蛋 $\tilde{\boldsymbol{x}}_q^t$ 的适应度值劣于记忆池中最差鸟蛋 $\tilde{\boldsymbol{m}}^{\text{worst}}$ 的适应度值的情况下,即 $F(\tilde{\boldsymbol{x}}_q^t) < F(\tilde{\boldsymbol{m}}^{\text{worst}})$ 时进行的操作。

首先,需要判断当前量子鸟蛋 $\boldsymbol{x}_q^t$ 是否可以代表潜在的局部最优解,然后才考虑其是否可以纳入至记忆池中。为此,需要定义概率:

$$P_{\text{local}}^q = \begin{cases} \dfrac{F(\tilde{\boldsymbol{x}}_q^t) - F(\tilde{\boldsymbol{x}}^{\text{worst}})}{F(\tilde{\boldsymbol{x}}^{\text{best}}) - F(\tilde{\boldsymbol{x}}^{\text{worst}})}, & 0.5 \leqslant \dfrac{F(\tilde{\boldsymbol{x}}_q^t) - F(\tilde{\boldsymbol{x}}^{\text{worst}})}{F(\tilde{\boldsymbol{x}}^{\text{best}}) - F(\tilde{\boldsymbol{x}}^{\text{worst}})} \leqslant 1 \\ 0, & 0 \leqslant \dfrac{F(\tilde{\boldsymbol{x}}_q^t) - F(\tilde{\boldsymbol{x}}^{\text{worst}})}{F(\tilde{\boldsymbol{x}}^{\text{best}}) - F(\tilde{\boldsymbol{x}}^{\text{worst}})} < 0.5 \end{cases} \quad (9.29)$$

其中, $\tilde{\boldsymbol{x}}^{\text{best}}$ 表示种群中当前最优鸟蛋, $\tilde{\boldsymbol{x}}^{\text{worst}}$ 表示种群中当前最差鸟蛋。

为了判断当前量子鸟蛋 $\boldsymbol{x}_q^t$ 是否可以代表新的局部最优量子鸟蛋,将产生一个在 $[0, 1]$ 间服从均匀分布的随机数 $r_4$:若 $r_4$ 小于概率 $P_{\text{local}}^q$,则当前量子鸟蛋 $\boldsymbol{x}_q^t$ 可以被认为是新的局部最优量子鸟蛋;否则,不做任何操作。

进而,为了决定当前量子鸟蛋 $x_q^t$ 是否可以纳入至记忆池中,将产生一个在$[0,1]$间服从均匀分布的随机数 $r_5$,相应的过程类似于优适应度准则:若 $r_5$ 小于接受概率 $P_{\text{accept}}^q$,则将当前量子鸟蛋 $x_q^t$ 纳入至记忆池中;否则,记忆池不做改变。因此,劣适应度准则可以由下式进行表述。

$$M \Leftarrow \begin{cases} m_{L'+1} = x_q^t, & r_5 < P_{\text{accept}}^q \\ M, & r_5 \geq P_{\text{accept}}^q \end{cases} \tag{9.30}$$

### 4. 记忆池选择算子

原始的布谷鸟搜索算法的选择策略主要是贪婪选择策略,用于选择当前种群中的最优个体,而这一选择策略只能使算法收敛于一个全局最优解,而对于多峰优化问题,这种选择策略将不再适用。因此,为了加快潜在局部最优量子鸟蛋的搜索进程,可以采用记忆池选择策略对量子鸟蛋进行选择:若记忆池中量子鸟蛋的数量多于 $Q$,则选择记忆池中前 $Q$ 个较优量子鸟蛋作为更新后的种群 $X^{t+1}$;若记忆池中量子鸟蛋的数量不足 $Q$,则不足的部分由更新后较优的量子鸟蛋进行补充。

### 5. 净化算子

在演化过程中,由于记忆池中可能存储了相同的局部最优解,则需要在每一阶段 $(s = 1, 2, 3)$ 结束时,利用净化算子来删除相似的记忆元素。这一过程不仅可以减少每一阶段的运算量,还可以增强算法的搜索能力。

净化算子的主要思想是通过计算记忆池中量子鸟蛋间的欧几里得距离来确定净化比率,从而删除其中的记忆元素(最优量子鸟蛋除外)。在这一过程中,首先需要得到记忆池中的最优量子鸟蛋 $m^{\text{best}}$。然后,分别计算记忆池中的其他量子鸟蛋 $m_l (l = 1, 2, \cdots, L)$ 与最优量子鸟蛋 $m^{\text{best}}$ 的欧几里得距离,进而,根据欧几里得距离从小到大的顺序逐个比对:若最优鸟蛋 $\tilde{m}^{\text{best}}$ 与鸟蛋 $\tilde{m}_l$ 两者中值的适应度值 $F[(\tilde{m}^{\text{best}} + \tilde{m}_l)/2]$ 介于两者适应度值之间,则认为量子鸟蛋 $m_l$ 与最优量子鸟蛋 $m^{\text{best}}$ 相似;若两者适应度值均优于 $F[(\tilde{m}^{\text{best}} + \tilde{m}_l)/2]$,则认为量子鸟蛋 $m_l$ 属于另一个局部最优区域。

从而,可以得到第一个与 $m^{\text{best}}$ 属于不同局部最优区域的量子鸟蛋 $m_l$,则将两个量子鸟蛋的欧几里得距离定义为净化比率,即:

$$\eta = \lambda \cdot \| m^{\text{best}} - m_l \| \tag{9.31}$$

其中,$\lambda$ 表示伸缩因子,可以避免错误删除。

确定了净化比率后,便需要移除在这一净化比率内的所有记忆元素。此外,完整的净化过程是一个迭代的过程,每次均需要确定新的净化比率。

# 9.5　基于量子布谷鸟搜索算法的传播算子测向方法

## 9.5.1　无穷范数归一化的传播算子算法

基于双基地 MIMO 雷达的测向模型,对匹配滤波后的输出 $y(k)$ 进行无穷范数归一化预处理,则经过处理后的数据可以表示为

$$z(k) = \frac{y(k)}{\max\{|y_1(k)|, |y_2(k)|, \cdots, |y_{MN}(k)|\}} \tag{9.32}$$

进而,考虑有限次数的快拍采样,则可以得到相应的加权信号协方差矩阵的估计为

$$\hat{R}_z = \frac{1}{K} \sum_{k=1}^{K} z(k) z^{\mathrm{H}}(k) \tag{9.33}$$

其中,上标 $(\cdot)^{\mathrm{H}}$ 表示共轭转置。

从而,对获得的加权信号协方差矩阵的估计进行分块为

$$\hat{R}_z = [G, U] \tag{9.34}$$

其中,$G$ 和 $U$ 分别为 $MN \times P$ 维矩阵和 $MN \times (MN-P)$ 维矩阵。

通过最小化代价函数 $J(\hat{B}) = \| U - G\hat{B} \|^2$ 可以得到传播算子的估计为

$$\hat{B} = (G^{\mathrm{H}}G)^{-1} G^{\mathrm{H}} U \tag{9.35}$$

其中,$\| \cdot \|$ 表示 Frobenius 范数。

利用传播算子的唯一性,则传播算子的估计 $\hat{B}$ 满足:

$$[\hat{B}^{\mathrm{H}}, -I_{MN-P}] C(\theta, \varphi) = B_0^{\mathrm{H}} C(\theta, \varphi) = 0_{(MN-P) \times P} \tag{9.36}$$

其中,$I_{MN-P}$ 表示 $(MN-P) \times (MN-P)$ 维的单位矩阵。$B_0$ 的列向量所张成的空间为噪声子空间,则利用收发联合阵列流型 $C(\theta, \varphi)$ 的导向矢量与 $B_0$ 的正交性,可以得到空间谱函数为

$$F(\theta, \varphi) = -[a_t(\theta) \otimes a_r(\phi)]^{\mathrm{H}} B_0 B_0^{\mathrm{H}} [a_t(\theta) \otimes a_r(\phi)] \tag{9.37}$$

## 9.5.2　基于量子布谷鸟的传播算子的 MIMO 雷达测向

通过对上述空间谱函数进行二维谱峰搜索即可得到信源 DOD 与 DOA 的高精

度估计值,然而,对于该目标函数所涉及的二维谱峰搜索问题,若采用网格式的搜索方式,必将产生巨大计算量;若采用传统智能计算的搜索方式,由于其最终结果只能够收敛到一个全局最优解,无法同时得到多个局部最优解,则无法进行多峰优化,其局限性便凸显出来。因此,为了解决谱峰搜索这一多峰优化问题,下一节中将提出量子布谷鸟搜索算法来解决上述问题。

要利用多峰量子布谷鸟搜索算法可以对基于无穷范数归一化的空间谱函数进行多峰优化,需将双基地 MIMO 雷达测向问题转化为基于量子布谷鸟搜索算法的多峰优化问题,则记忆池中所有的量子鸟蛋经过映射后即为信源 DOD 与 DOA 的估计值。因此,在这一多峰优化问题中,可以将相应的适应度函数定义为

$$F(\tilde{x}_q^t) = -\left[a_t(\tilde{x}_{q,1}^t) \otimes a_r(\tilde{x}_{q,2}^t)\right]^H B_0 B_0^H \left[a_t(\tilde{x}_{q,1}^t) \otimes a_r(\tilde{x}_{q,2}^t)\right]$$

$$(9.38)$$

其中,鸟蛋 $\tilde{x}_q^t = [\tilde{x}_{q,1}^t, \tilde{x}_{q,2}^t, \cdots, \tilde{x}_{q,B}^t]$ 相当于一组角度估计值,由于对空间谱函数需要进行 DOD 与 DOA 的二维搜索,则维数 $B = 2$,则鸟蛋的第一维 $\tilde{x}_{q,1}^t$ 表示信源的 DOD 估计值,而鸟蛋的第二维 $\tilde{x}_{q,2}^t$ 表示相应的 DOA 估计值。

综上所述,基于量子布谷鸟搜索算法的传播算子测向方法(记作 MQCSA-IN-PM 方法)可以简述如下。

步骤一:初始化量子布谷鸟搜索算法的相关参数,如种群规模 $Q$、发现概率 $p_a$、伸缩因子 $\lambda$、最大迭代次数和每个阶段的迭代次数等参数。

步骤二:随机产生初始种群中的量子鸟蛋,其中量子鸟蛋的每一维均为 $[0,1]$ 间的均匀随机数。

步骤三:将初始量子鸟蛋映射到初始鸟蛋,并计算所有初始鸟蛋的适应度,进而,根据初始种群中每个鸟蛋的适应度值选择最优量子鸟蛋纳入记忆池中,作为记忆池中的第一个元素。

步骤四:利用莱维飞行算子更新量子鸟蛋,将量子鸟蛋映射为鸟蛋,并计算当前所有鸟蛋的适应度。

步骤五:利用记忆算子更新记忆池,并利用记忆池选择算子对量子鸟蛋进行选择。

步骤六:利用重筑新巢算子更新量子鸟蛋,将量子鸟蛋映射为鸟蛋,并计算当前所有鸟蛋的适应度。

步骤七:利用记忆算子更新记忆池,并利用记忆池选择算子对量子鸟蛋进行选择。

步骤八:判断是否达到当前阶段的迭代次数。若达到,则利用净化算子删除记忆池中相似的记忆元素,并进入下一阶段;否则,执行下一步骤。

步骤九：判断是否达到最大迭代次数。若未达到,则返回步骤四继续迭代;否则,终止迭代,输出记忆池中所有的量子鸟蛋,经过映射后即为信源 DOD 与 DOA 的估计值。

## 9.5.3　计算机仿真

为了评估 MQCSA - IN - PM 方法在冲击噪声下的测向性能,本节给出一系列仿真实验及其结果分析。考虑双基地 MIMO 雷达的发射端阵元数 $M = 6$,接收端阵元数 $N = 6$,两端相邻阵元的间距均为半波长,最大快拍数 $K = 1\ 000$。另外,量子布谷鸟搜索算法[17]的参数如下: $Q = 10, p_a = 0.25, \lambda = 0.85$,最大迭代次数为100,并将演化过程分为三个阶段,第一阶段($s = 1$)为最大迭代次数的0到50%,第二阶段($s = 2$)为最大迭代次数的50%到75%,第三阶段($s = 3$)为最大迭代次数的75%到100%,这使全局搜索在演化过程的开始占主导地位,而在后期局部搜索发挥作用。为了使仿真结果更加具备可靠性和说服力,将设置 Monte - Carlo 试验次数为500,相应结果均为500次 Monte - Carlo 试验的均值,并且每组实验均与 FLOM - MUSIC 方法[13](分数低阶矩的阶数为1.2)进行比较。

### 1. 实验一

首先,考虑两个独立的信源: $(\theta_1, \phi_1) = (30°, 40°)$、$(\theta_2, \phi_2) = (38°, 48°)$。为了检验 MQCSA - IN - PM 方法在不同广义信噪比下的测向性能,图9.11给出了在 $\alpha = 1.5$,两个独立信源的均方根误差随广义信噪比变化的曲线以及相应的 Cramér - Rao 界。从图中可以看出,MQCSA - IN - PM 方法在冲击噪声下能够获得精确的角度估计,且在广义信噪比较大的区域,MQCSA - IN - PM 方法的均方根误差渐进收敛于 Cramér - Rao 界。就估计精度而言,所提的 MQCSA - IN - PM 方法明显优于 FLOM - MUSIC 方法。

其次,为了检验 MQCSA - IN - PM 方法在不同特征指数下的测向性能,图9.12显示了当 GSNR = 20 dB 时,两个独立信源的估计成功概率随特征指数变化的曲线,本节定义所有角度的估计偏差均不大于1°为一次成功估计。如图9.12所示,MQCSA - IN - PM 方法在弱冲击噪声下估计成功概率基本能够达到100%。随着特征指数的逐渐减小,MQCSA - IN - PM 方法的估计成功概率明显优于 FLOM - MUSIC 方法的估计成功概率,当 FLOM - MUSIC 方法已经完全无法进行测向时,MQCSA - IN - PM 方法依然具备较高的估计成功概率。因此,该组实验显示出 MQCSA - IN - PM 方法具备良好的有效性和鲁棒性。

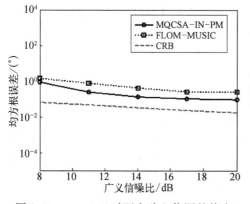
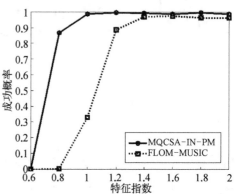

图 9.11　$\alpha = 1.5$ 时两个独立信源的均方根误差随广义信噪比变化的曲线

图 9.12　GSNR = 20 dB 时两个独立信源的估计成功概率随特征指数变化的曲线

## 2. 实验二

为了检验不同角度对所提的 MQCSA-IN-PM 方法测向性能的影响,现考虑两个不同的独立信源:$(\theta_1, \phi_1) = (30°, 40°)$、$(\theta_2, \phi_2) = (40°, 50°)$,除角度外其他仿真参数均与本节实验一相同。进而,分别讨论相应的均方根误差和估计成功概率两种性能。

图 9.13 显示了 $\alpha = 1.5$ 时,两个不同独立信源的均方根误差随广义信噪比变化的曲线以及相应的 Cramér-Rao 界;而图 9.14 显示了 GSNR = 20 dB 时,两个不同独立信源的估计成功概率随特征指数变化的曲线。从上述两幅图中可得出与本节实验一类似的结论,并与实验一相比可知,两个信源之间的角度差越大,则相应

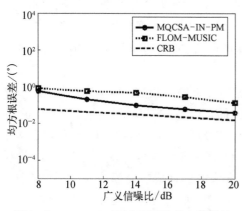
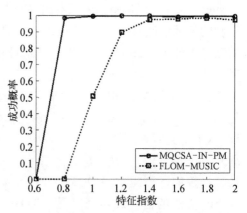

图 9.13　$\alpha = 1.5$ 时两个不同的独立信源的均方根误差随广义信噪比变化的曲线

图 9.14　GSNR = 20 dB 时两个不同的独立信源的估计成功概率随特征指数变化的曲线

的估计精度和估计成功概率就越高。因此,该组实验表明了角度的变化不会对所提的 MQCSA - IN - PM 方法的测向性能产生较大影响。

3. 实验三

上述两组仿真实验均仅针对两个信源而展开,为了检验 MQCSA - IN - PM 方法的测向性能是否受到信源数目增加的影响,现考虑三个独立信源:$(\theta_1, \phi_1) = (20°, 40°)$、$(\theta_2, \phi_2) = (40°, 60°)$、$(\theta_3, \phi_3) = (60°, 20°)$,其他仿真参数均与本节实验二相同。图 9.15 显示了 $\alpha = 1.5$ 时,三个独立信源的均方根误差随广义信噪比变化的曲线以及相应的 Cramér - Rao 界;而图 9.16 显示了 GSNR = 20 dB 时,三个独立信源的估计成功概率随特征指数变化的曲线。从仿真结果可知,即使信源数增加,所提的 MQCSA - IN - PM 方法仍然能够精确地定位信源的 DOD 与 DOA,而其他相关结论与上述仿真实验相同。因此,该组实验显示出所提的 MQCSA - IN - PM 方法具备良好的稳定性。

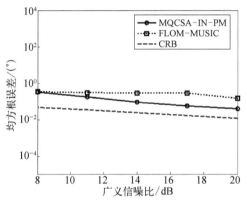

图 9.15　$\alpha = 1.5$ 时三个独立信源的均方根误差随广义信噪比变化的曲线

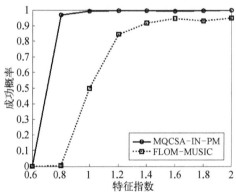

图 9.16　GSNR ＝ 20 dB 时三个独立信源的估计成功概率随特征指数变化的曲线

# 9.6　小　　结

本章首先介绍了基于量子灰狼算法的无穷范数加权信号子空间拟合测向方法,Monte - Carlo 仿真实验表明,该方法通过对匹配滤波后的输出进行无穷范数归一化处理能够有效地抑制冲击噪声,并且利用加权信号子空间拟合算法能够以较小的快拍数准确地定位信源的 DOD 与 DOA,具备更高的估计精度和估计成功概率,另外,不需要额外的解相干处理即可进行相干信源的波达方向估计,显示了该方法的有效性和鲁棒性,且具备广泛的应用前景。

　　然后介绍了基于量子布谷鸟搜索算法的无穷范数传播算子测向方法,该方法通过无穷范数归一化预处理能够有效地抑制冲击噪声,利用传播算子方法能够对多个信源波达角和波离角进行同时估计,且不需要进行特征分解或奇异值分解,只需要进行线性运算,有效地降低了计算复杂度,并针对运算量巨大的二维谱峰搜索问题,提出了量子布谷鸟搜索算法进行多峰优化,极大地降低了运算量,同时避免了网格式谱峰搜索时的量化误差,而且容易拓展到多维的情况。Monte－Carlo仿真实验验证了该测向方法的有效性和鲁棒性,具备较高的估计精度和估计成功概率,且能够极大地降低运算量,可以满足实时性的测向要求,拥有着广泛的应用前景。

## 参 考 文 献

[ 1 ]　Zhu H D, Farhang-Boroujeny B, Schlegel C. Pilot embedding for joint channel estimation and data detection in MIMO communication systems[J]. IEEE Communications Letters, 2003, 7 (1): 30－32.

[ 2 ]　Bliss D W, Forsythe K W, Hero A O, et al. Environmental issues for MIMO capacity[J]. IEEE Transactions on Signal Processing, 2015, 50(9): 2128－2142.

[ 3 ]　Chen Z T, Li Z J, Chen C L P. Adaptive neural control of uncertain MIMO nonlinear systems with state and input constraints[J]. IEEE Transactions on Neural Networks & Learning Systems, 2017, 28(6): 1318－1330.

[ 4 ]　Gao H Y, Li J, Diao M, et al. Direction finding based on cat swarm optimization for bistatic MIMO radar[C]. Beijing: IEEE International Conference on Digital Signal Processing, 2016: 58－61.

[ 5 ]　Hu N, Ye Z F, Xu D Y, et al. A sparse recovery algorithm for DOA estimation using weighted subspace fitting[J]. Signal Processing, 2012, 92(10): 2566－2570.

[ 6 ]　黄磊,张林让,吴顺君.一种低复杂度的信号子空间拟合的新方法[J].电子学报,2005,33 (6): 982－986.

[ 7 ]　刁鸣,李永潮,高洪元.酉求根 MUSIC 算法在双基地 MIMO 雷达中的应用[J].哈尔滨工程大学学报,2016,37(9): 1292－1296.

[ 8 ]　刘剑,王延伟,黄知涛,等.共轭传播算子测向算法[J].通信学报,2008,29(5): 13－18.

[ 9 ]　刘剑,黄知涛,周一宇.基于扩展传播算子的非圆信号测向方法[J].信号处理,2008,24 (4): 556－560.

[10]　Mirjalili S, Mirjalili S M, Lewis A. Grey wolf optimizer[J]. Advances in Engineering Software, 2014, 69(3): 46－61.

[11]　Saremi S, Mirjalili S Z, Mirjalili S M. Evolutionary population dynamics and grey wolf optimizer[J]. Neural Computing & Applications, 2015, 26(5): 1257－1263.

[12]　Gao H Y, Li J, Diao M. Direction finding of bistatic MIMO radar based on quantum-inspired grey wolf optimization in the impulse noise[J]. EURASIP Journal on Advances in Signal Processing, 2018, 75: 1－14.

[13]　王鞠庭,江胜利,何劲,等.冲击噪声下基于子空间的 MIMO 雷达 DOA 估计研究[J].宇航

学报,2009,30(4):1653－1657.

[14]　Yang X－S, Deb S. Engineering optimisation by cuckoo search[J]. International Journal of Mathematical Modelling and Numerical Optimisation, 2010, 1(4):330－343.

[15]　Nguyen T T, Vo D N. Modified cuckoo search algorithm for short-term hydrothermal scheduling [J]. International Journal of Electrical Power & Energy Systems, 2015, 65:271－281.

[16]　Mantegna R N. Fast, accurate algorithm for numerical simulation of Lévy stable stochastic processes[J]. Physical Review E, 1994, 49(5):4677－4683.

[17]　李佳.基于智能计算的 MIMO 雷达测向方法研究[D].哈尔滨工程大学硕士学位论文,2018.

# 第10章　量子智能计算在频谱分配中的应用

随着无线通信技术的发展,无线频谱资源的短缺成为制约无线通信持续发展的一个瓶颈。认知无线电是一种可解决无线频谱资源短缺的有效技术,该技术使认知用户在不对授权用户和其他认知用户产生干扰的情况下,利用空闲频谱。认知用户通过感知其周围的频谱环境,搜索可利用频谱资源,进行动态的频谱接入,从而提高无线通信系统的系统容量和频谱利用率,缓解了频谱资源短缺与日益增长的无线接入需求之间的矛盾,成为无线通信领域的重要研究方向[1]。频谱分配,是在频谱检测[2]完成后,在认知用户之间合理的分配空闲频谱资源。它作为认知无线电网络很重要的一个关键技术,决定能否公平而有效地为认知无线电系统分配频谱资源,使系统性能得到改善或逼近最优状态。

如今许多分配模型被提出,如图论着色模型[3-4]、干扰温度模型[5]、定价拍卖模型和博弈论模型[6]。图论着色模型因可以根据应用需要选择不同的效用函数,近年来得到广泛的关注和研究[3,4,7-9]。认知无线电中基于图论着色模型的频谱分配问题可以看作为 NP 难解的组合优化问题,在高维的情况下很难在有限的时间内寻得最优解。若用穷尽搜索求解频谱分配效果最好,但计算量巨大,不可实时实现;若用敏感图论着色理论求解,求解速度快但分配结果差[3]。为了在有限时间获得高性能频谱分配方案,粒子群算法、遗传算法[7]、量子遗传算法[8]、免疫克隆选择算法[9]、非支配解排序量子粒子群算法[10]和膜量子蜂群优化算法[11]等智能计算方法被用来求解认知无线电频谱分配难题。但这些已有优化算法都面临维数灾问题,在解决低维问题时,收敛性能和速度一般能满足要求,但对于认知无线电频谱分配这个高维离散工程优化问题,经典离散优化算法的收敛性能受到严重挑战,这些频谱分配算法的速度和性能不能满足认知无线电发展的要求,需要考虑智能计算的新进展去设计新算法去解决这个问题[12-14]。针对敏感图论着色模型这个离散优化问题,本章先介绍了基于量子蛙跳算法的频谱分配方法解决上述问题。

在过去十几年中,无线通信技术取得了飞速的发展,针对不同应用场景和目标用户的各种无线接入网(radio access network, RAN)陆续投入商用,例如 GSM、CDMA2000、TD-LTE 等,这在满足用户不同服务需求的基础上,极大丰富了人们的通信体验。然而,应用不同无线接入技术(radio access technology, RAT)的无线接入网都采用固定的频谱分配方式,它们之间存在着互不兼容,大面积重叠覆盖等问题,这必将导致频谱资源的极大浪费。异构无线网络(heterogeneous wireless networks, HWNs)能够融合不同无线接入网,可增加信号覆盖范围,提高用户服务质量,让人们享受到更加便捷的网络通信服务,是未来移动通信发展新趋势。同时,异构无线网络可充分利用认知技术,使无线接入网具有感知、决策和重构等智能化功能,进而动态管理资源以提高频谱利用效率。因此,探索一种更好的认知异构无线网络频谱分配方案变得很有必要。

智能计算方法因其能行之有效地解决动态频谱分配这个 NP 难题,引起学界的研究热潮。一些经典的智能计算方法例如蚁群算法[15]、贪婪选择算法[16]和克隆选择算法[17]等都已被应用到解决认知无线电系统中的频谱分配问题。但认知无线电系统中分配的频谱考虑的是带宽相同且正交的信道资源,这无法满足认知异构网络不同接入网对不同带宽信道的差异性需求。

经典的基于智能计算的频谱分配方法存在收敛速度慢和易于陷入局部最优解的不足,无法在有限的时间内寻找到最优的频谱分配方案。因此,针对现有认知异构无线网络频谱分配方法求解精度不高的缺点,将量子计算理论与智能计算进行有机结合,本章给出了一种采用单链编码方式、可以解决单目标优化问题的量子和声搜索算法,并将其应用到认知异构无线网络动态频谱分配。

# 10.1 量子蛙跳算法

蛙跳算法是近年来兴起的群智能算法,在解决连续问题的优化时具有较快的收敛精度[18-19],但是该算法复杂、控制参数多、并行性差、解决离散优化问题时通用性不强,因而不能有效解决认知无线电频谱分配问题。因此在蛙跳算法中引入量子计算,使得蛙跳算法量子化,得到量子蛙跳算法,可有效求解离散优化问题,具有好的并行性。基于量子蛙跳算法的认知无线电频谱分配方法,相对于经典的敏感图论着色方法及经典的智能优化算法,具有优越性和高效性。

## 10.1.1 量子蛙跳算法的量子位置

量子青蛙的量子位置是由一串量子比特表示,在第 $t$ 代第 $i$ 只量子青蛙的量子位置定义为

$$v_i^t = \left[ v_{i1}^t, \ v_{i2}^t, \ \cdots, \ v_{il}^t \right] = \begin{bmatrix} \alpha_{i1}^t & \alpha_{i2}^t & \cdots & \alpha_{il}^t \\ \beta_{i1}^t & \beta_{i2}^t & \cdots & \beta_{il}^t \end{bmatrix} \tag{10.1}$$

其中,量子比特为最小信息单位,$|\alpha_{ij}^t|^2 + |\beta_{ij}^t|^2 = 1$ $(j = 1, \ 2, \ \cdots, \ l)$。为了使得所设计量子蛙跳算法更简洁和有效,将量子比特 $\alpha_{ij}^t$ 和 $\beta_{ij}^t$ 定义在区间 $0 \leqslant \alpha_{ij}^t \leqslant 1$,

$0 \leqslant \beta_{ij}^t \leqslant 1^{[14]}$。量子蛙群的演进过程也就是量子位置的更新过程。若量子旋转角

为 $\theta_{ij}^{t+1}$,量子旋转门定义为 $\boldsymbol{U}(\theta_{ij}^{t+1}) = \begin{bmatrix} \cos\theta_{ij}^{t+1} & -\sin\theta_{ij}^{t+1} \\ \sin\theta_{ij}^{t+1} & \cos\theta_{ij}^{t+1} \end{bmatrix}$,第 $i$ 只量子青蛙的第 $j$

个量子比特 $\boldsymbol{v}_{ij}^t = [\alpha_{ij}^t, \beta_{ij}^t]^T$ 用量子旋转门 $\boldsymbol{U}(\theta_{ij}^{t+1})$ 更新,更新过程如下:

$$\boldsymbol{v}_{ij}^{t+1} = \mathrm{abs}(\boldsymbol{U}(\theta_{ij}^{t+1})\boldsymbol{v}_{ij}^t) = \mathrm{abs}\left(\begin{bmatrix} \cos\theta_{ij}^{t+1} & -\sin\theta_{ij}^{t+1} \\ \sin\theta_{ij}^{t+1} & \cos\theta_{ij}^{t+1} \end{bmatrix}\boldsymbol{v}_{ij}^t\right) \tag{10.2}$$

如果量子旋转角 $\theta_{ij}^{t+1} = 0$,量子比特 $\boldsymbol{v}_{ij}^t$ 用量子非门 $\boldsymbol{N}$ 以某种较小的概率进行更新,使用量子非门的更新方程为

$$\boldsymbol{v}_{ij}^{t+1} = \boldsymbol{N}\boldsymbol{v}_{ij}^t = \begin{bmatrix} 0 & 1 \\ 1 & 0 \end{bmatrix}\boldsymbol{v}_{ij}^t \tag{10.3}$$

## 10.1.2 量子蛙跳算法

量子蛙跳算法(QSFL)包括由多只量子青蛙组成的量子青蛙群体,每一只量子青蛙量子位置的测量态代表了问题的一个潜在解,并用适应度函数对解的性能进行优劣评价,对于最大值优化,适应度大的解性能优;对于最小值优化,适应度值小的解性能优。量子青蛙族群中量子青蛙按照一定策略执行量子状态空间的局部搜索和全局信息交换,向着全局最优的方向进行。

在 QSFL 中,每只量子青蛙的位置代表一个解,其由青蛙的量子位置决定。量子青蛙群体被分成了多个子群,每一个子群包含一定数量的量子青蛙,称为一个量子青蛙族群。在每个青蛙族群中,每只量子青蛙都有自己的演进行为,并且还受其他量子青蛙位置的影响,通过量子旋转门的演进来更新量子位置。每个量子青蛙经过一定量子进化及跳跃过程,并通过这些操作觅食信息就在各个青蛙族群中传播开来。然后,往复继续局部搜索和跳跃,直到满足收敛准则为止。

量子蛙群先产生 $h$ 只量子青蛙的量子位置和位置,每个量子青蛙的量子位置和位置都有 $l$ 维,则量子青蛙的位置集合可以表示为 $\boldsymbol{x} = \{\boldsymbol{x}_1, \boldsymbol{x}_2, \cdots, \boldsymbol{x}_h\}$。第 $t$ 次迭代第 $i$ 个量子青蛙的量子位置为 $\boldsymbol{v}_i^t = [\boldsymbol{v}_{i1}^t, \boldsymbol{v}_{i2}^t, \cdots, \boldsymbol{v}_{il}^t] = \begin{bmatrix} \alpha_{i1}^t, & \alpha_{i2}^t, & \cdots, & \alpha_{il}^t \\ \beta_{i1}^t, & \beta_{i2}^t, & \cdots, & \beta_{il}^t \end{bmatrix}$。

位置可由量子位置测量得到 $\boldsymbol{x}_i^t = [x_{i1}^t, x_{i2}^t, \cdots, x_{il}^t]$ $(i = 1, 2, \cdots, h)$。量子蛙群中每只量子青蛙通过全局极值和局部极值的指引来更新自己的量子位置,进而经过对量子态测量确定自己的位置。第 $i$ 只量子青蛙的局部极值可以记作 $\boldsymbol{p}_i^t = [p_{i1}^t, p_{i2}^t, \cdots, p_{il}^t]$ $(i = 1, 2, \cdots, h)$,是到该迭代为止量子青蛙所经历过的最优位置。

所有量子青蛙到第 $t$ 次迭代为止找到的全局极值,可被记作 $\boldsymbol{p}_g^t = [\, p_{g1}^t,\ p_{g2}^t,\ \cdots,$ $p_{gl}^t\,]$,即第 $t$ 次迭代所有局部极值中的最优解。量子青蛙按其局部极值的适应度值降序排列,使用混洗规则将量子蛙群分成 $q(q = h/r)$ 个族群。在第 $k(k = 1,\ 2,\ \cdots,$ $q)$ 个族群中最差的量子青蛙的量子旋转角和量子比特位置更新函数为

$$\theta_{ij}^{t+1} = e_1(p_{ij}^t - x_{ij}^t) + e_2(p_{gj}^t - x_{ij}^t) \tag{10.4}$$

$$\boldsymbol{v}_{ij}^{t+1} = \begin{cases} N\boldsymbol{v}_{ij}^t, & \text{如果 } p_{ij}^t = x_{ij}^t = p_{gj}^t \text{ 且 } \eta_{ij}^{t+1} < c_1 \\ \mathrm{abs}(\boldsymbol{U}(\theta_{ij}^{t+1})\boldsymbol{v}_{ij}^t), & \text{其他} \end{cases} \tag{10.5}$$

其中,$j = 1,\ 2,\ \cdots,\ l$;$e_1$ 和 $e_2$ 是跳跃步长参数,表示了个体局部极值和全局极值对量子旋转角旋转大小的影响程度;$\eta_{ij}^{t+1}$ 为 $[0, 1]$ 间满足均匀分布的随机数;$c_1 \leqslant 1/l$ 是旋转角为 0 的量子位变异概率。量子青蛙的量子旋转角是由局部极值和全局极值的综合作用形成的。若 $\boldsymbol{g}_k^t = [\, g_{k1}^t,\ g_{k2}^t,\ \cdots,\ g_{kl}^t\,]$ 是第 $k$ 个族群到第 $t$ 代为止找到的最好位置,在第 $k$ 个族群中非最差量子青蛙的量子旋转角和量子位置更新为

$$\theta_{ij}^{t+1} = e_3(p_{ij}^t - x_{ij}^t) + e_4(g_{kj}^t - x_{ij}^t) \tag{10.6}$$

$$\boldsymbol{v}_{ij}^{t+1} = \begin{cases} N\boldsymbol{v}_{ij}^t, & \text{如果 } p_{ij}^t = x_{ij}^t = g_{kj}^t \text{ 且 } \eta_{ij}^{t+1} < c_2 \\ \mathrm{abs}(\boldsymbol{U}(\theta_{ij}^{t+1})\boldsymbol{v}_{ij}^t), & \text{其他} \end{cases} \tag{10.7}$$

其中,$j = 1,\ 2,\ \cdots,\ l$;$e_3$ 和 $e_4$ 是跳跃步长参数,表示了个体局部极值和族群极值对量子旋转角旋转大小的影响程度;$c_2 \leqslant 1/l$ 是旋转角为 0 量子位变异概率。

量子青蛙的位置可以通过式(10.8)对量子位置量子比特的测量得到。

$$x_{ij}^{t+1} = \begin{cases} 1, & \text{如果 } \gamma_{ij}^{t+1} > (\alpha_{ij}^{t+1})^2 \\ 0, & \text{如果 } \gamma_{ij}^{t+1} \leqslant (\alpha_{ij}^{t+1})^2 \end{cases} \tag{10.8}$$

其中,$\gamma_{ij}^{t+1}$ 为 $[0, 1]$ 间满足均匀分布的随机数,$(\alpha_{ij}^{t+1})^2$ 为量子态 $\boldsymbol{v}_{ij}^{t+1}$ 出现 0 的概率。

# 10.2　基于量子蛙跳算法的频谱分配

## 10.2.1　认知无线电的频谱分配模型

认知无线电的频谱分配模型可以由可用频谱矩阵、效益矩阵、干扰矩阵和无干扰分配矩阵构成。假设在一个认知网络中有 $N$ 个认知用户(标号为 1 到 $N$)来竞争 $M$ 个正交频道(标号为 1 到 $M$)的使用权。

可用频谱矩阵 $\boldsymbol{L} = \{\, l_{n,\,m} \mid l_{n,\,m} \in \{0,\,1\} \,\}_{N \times M}$ 是一个 $N$ 行 $M$ 列的矩阵,认知用户 $n$ 通过检测邻居授权用户的信号判断邻居授权用户当前是否占有频道 $m$ 决定频

道是否可用。若认知用户使用频道 $m$ 不会对任何授权用户造成干扰,则该频道对于认知用户 $n$ 可用,则 $l_{n,m}=1$;否则,认知用户 $n$ 不可以使用频道 $m$,$l_{n,m}=0$。$l_{n,m}$ 值确定可参考文献[3]。

效益矩阵 $\boldsymbol{B}=\{b_{n,m}\}_{N\times M}$ 是 $N$ 行 $M$ 列的矩阵,代表了认知用户 $n$ 使用频道 $m$ 所能得到的效益,效益可以用频谱利用率、最大流量、吞吐量等来描述。不同的认知用户采用的发射功率以及调制方式等不同,使得不同的认知用户使用同一频道会得到不同的效益。效益正比于认知用户的通信覆盖面积:

$$b_{n,m} \propto d_s(n,m)^2, \quad d_{\min} \leq d_s(n,m) \leq d_{\max} \tag{10.9}$$

其中,$d_s(n,m)$ 代表认知用户的通信覆盖范围的半径,其最小值和最大值分别为 $d_{\min}$ 和 $d_{\max}$,假设信噪比为 $d_s(n,m)$ 的函数,根据香农定理,也可将效益定义为最大传输带宽:

$$b_{n,m} = \log(1+f(d_s(n,m))), \quad d_{\min} \leq d_s(n,m) \leq d_{\max} \tag{10.10}$$

显然,如果 $l_{n,m}=0$,则 $b_{n,m}=0$。

干扰矩阵 $\boldsymbol{C}=\{c_{n,k,m} \mid c_{n,k,m} \in \{0,1\}\}_{N\times N\times M}$ 是一个 $N\times N\times M$ 的三维矩阵,描述认知用户 $n$ 和 $k$ 使用频道 $m$ 的干扰情况。如果 $c_{n,k,m}=1$,则认知用户 $n$ 和 $k$ 在同时使用频道 $m$ 时会产生干扰。干扰矩阵和可用频谱矩阵也有制约关系,即 $c_{n,k,m} \leq l_{n,m} \times l_{k,m}$。当 $n=k$ 时,$c_{n,k,m}=1-l_{n,m}$,仅由可用频谱矩阵 $\boldsymbol{L}$ 决定。

无干扰分配矩阵 $\boldsymbol{A}=\{a_{n,m} \mid a_{n,m} \in \{0,1\}\}_{N\times M}$ 是 $N$ 行 $M$ 列的矩阵,描述了一种可行的频谱分配方案:如果将频道 $m$ 分配给认知用户 $n$,则 $a_{n,m}=1$。无干扰分配矩阵必须满足干扰约束条件:

$$a_{n,m}+a_{k,m} \leq 1, \quad c_{n,k,m}=1, \quad \forall 1 \leq n,k \leq N; \ 1 \leq m \leq M \tag{10.11}$$

每个认知用户获得的效益定义为 $r_n=\sum_{m=1}^{M} a_{n,m}b_{n,m}$,所有认知用户的效益组成效益矩阵 $\boldsymbol{R}=\left\{r_n=\sum_{m=1}^{M} a_{n,m}b_{n,m}\right\}_{N\times 1}$。所有可行频谱分配方案的集合为 $\Lambda(\boldsymbol{L},\boldsymbol{C})_{N\times M}$,则认知无线电频谱分配的任务就是从所有可行方案中找到能够使某种网络效益函数达到最大值的频谱分配方案。

基于上述频谱分配模型,频谱分配过程就是寻找使得效用函数 $U(\boldsymbol{R})$ 取最大值的方法,并且基于不同目标有不同的优化函数。定义 $\boldsymbol{A}^*$ 为满足要求的最优解,则 $\boldsymbol{A}^*=\arg\max_{\boldsymbol{A}\in\Lambda(\boldsymbol{L},\boldsymbol{C})_{N\times M}} U(\boldsymbol{R})$。采用三种不同的网络效益函数:

1) 基于最大和网络效益,网络效益 $U(\boldsymbol{R})$ 定义为

$$U_{MSR}(\boldsymbol{R}) = \frac{1}{N}\sum_{n=1}^{N}\sum_{m=1}^{M} a_{n,m}b_{n,m} \tag{10.12}$$

其目标是使平均的网络效益和达到最大而不考虑用户之间的公平性。

2）基于最大比例公平网络效益,网络效益 $U(\boldsymbol{R})$ 定义为

$$U_{MPF}(\boldsymbol{R}) = \Big( \prod_{n=1}^{N} \Big( \sum_{m=1}^{M} a_{n,m} b_{n,m} + 1E - 6 \Big) \Big)^{\frac{1}{N}} \tag{10.13}$$

这意味着每个用户都有初始效益 1E-6。

3）基于最大化最小网络效益,网络效益 $U(\boldsymbol{R})$ 定义为

$$U_{MMR}(\boldsymbol{R}) = \min_{1 \leqslant n \leqslant N} r_n = \min_{1 \leqslant n \leqslant N} \sum_{m=1}^{M} a_{n,m} b_{n,m} \tag{10.14}$$

## 10.2.2　基于量子蛙跳算法的认知无线电的频谱分配

由于无干扰频谱分配矩阵 $\boldsymbol{A}$ 需要满足可用频谱矩阵 $\boldsymbol{L}$ 的约束,$\boldsymbol{L}$ 中为 0 的元素位置对应 $\boldsymbol{A}$ 中元素位置必为 0,为降低计算量,仅与 $\boldsymbol{L}$ 中值为 1 的元素位置对应 $\boldsymbol{A}$ 中元素构成量子青蛙的位置,就可得到所需的优化结果。量子蛙跳算法量子位置中所有量子比特均被初始化为 $1/\sqrt{2}$。量子青蛙位置的适应度对应为网络效益,对于此最大值优化问题,适应值最大的位置为最优位置,则基于量子蛙跳算法的频谱分配方法就是找到使适应度值最大的分配方案,优化的过程可以表述为

步骤一:给出可用频谱矩阵 $\boldsymbol{L} = \{l_{n,m} \mid l_{n,m} \in \{0,1\}\}_{N \times M}$,效益矩阵 $\boldsymbol{B} = \{b_{n,m}\}_{N \times M}$,干扰矩阵 $\boldsymbol{C} = \{c_{n,k,m} \mid c_{n,k,m} \in \{0,1\}\}_{N \times N \times M}$,确定该优化问题的维数为 $l = \sum_{n=1}^{N} \sum_{m=1}^{M} l_{n,m}$,记录 $\boldsymbol{L}$ 中为 1 的元素于 $\boldsymbol{L}_1 = \{(n,m) \mid l_{n,m} = 1\}$,其中的元素按 $n$ 递增 $m$ 递增的方式排列。$\boldsymbol{L}_1$ 中元素的个数即为 $l$ 的值。

步骤二:初始化量子蛙群。初始化 $h$ 只量子青蛙的量子位置,测量得到量子青蛙的位置,同时得到初始的局部极值。

步骤三:首先把量子青蛙位置的第 $j$ 位映射到 $a_{n,m}$ 中,其中 $(n,m)$ 是 $\boldsymbol{L}_1$ 中第 $j$ 个元素,且 $1 \leqslant j \leqslant \sum_{n=1}^{N} \sum_{m=1}^{M} l_{n,m}$。然后对于所有的 $m$,寻找所有的 $(n,k)$ 满足 $c_{n,k,m} = 1$ 且 $n \neq k$,然后检查 $\boldsymbol{A}$ 矩阵的第 $n$ 行第 $m$ 列的元素和第 $k$ 行第 $m$ 列的元素是否都为 1,如果是,则随机的将其中一个变为 0。

步骤四:计算量子青蛙所在位置的适应度,确定量子蛙群的全局最优位置,同时确定每个族群的量子青蛙到现在所找到的最优位置。

步骤五:将量子蛙群内的量子青蛙个体按局部极值适应度值降序排列。然后将整个量子蛙群按混洗蛙跳算法的混洗规则分成 $q$ 个族群,每个族群包含 $r$ 只量子青蛙,满足关系 $h = q \times r$。

步骤六：更新每个族群最差量子青蛙的量子位置和位置，更新每个族群非最差量子青蛙的量子位置和位置。

步骤七：对量子青蛙的量子位置进行测量，得到量子青蛙的位置。

步骤八：重复步骤三，把位置调整为可行解，计算量子青蛙所在位置的适应度，更新量子青蛙个体的局部极值，更新整个蛙群全局最优位置，根据局部极值的适应度按照混洗的规则重新划分族群，更新每个族群的局部极值的最优位置。

步骤九：如果演进没有终止（通常由预先设定的最大迭代次数确定），返回步骤六；否则，算法终止，输出量子蛙群的全局最优位置。

### 10.2.3　实验仿真

在仿真过程中，遗传算法（GA）、量子遗传算法（QGA）和粒子群算法（PSO）的参数设置分别参考文献[7]和文献[8]。对于量子蛙跳算法，在仿真过程中，把量子蛙群分成 5 个族群，$c_1 = c_2 = 0.01/l$；前 3 个族群影响因子设置为 $e_1 = e_3 = 0.06, e_2 = e_4 = 0.03$；后两个族群的影响因子设置为 $e_1 = e_3 = 0.06\pi, e_2 = e_4 = 0.03\pi$。敏感图论着色（CSGC）的标号方法为非合作式（NSUM）[3]。所有智能优化算法的种群所含个体数为 20，迭代终止次数为 1 000，仿真试验次数为 200 次，实验结果作统计平均。

#### 1. 基于最大和网络效益的性能仿真

图 10.1 设置频谱池中可用频道和授权用户的数目为 14，认知用户的数目为 14。从图 10.1 可以看出，CSGC 算法效果极差，遗传算法、量子遗传算法和粒子群算法明显容易陷入局部收敛，量子蛙跳算法的收敛精度和收敛速度相对于其他三种算法比较优越。

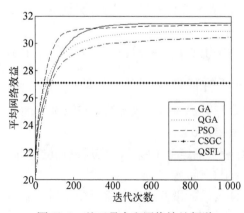

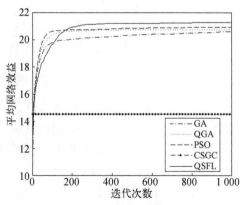

图 10.1　基于最大和网络效益频谱
分配算法性能比较

图 10.2　基于最大比例公平性的频谱
分配算法性能比较

使频谱池中频道的数目逐渐增多,授权用户数目等于频道数目,但认知用户(认知用户数目为 10)保持不变,研究网络效益的变化情况,仿真结果如表 10.1 所示。随着频道用户数目的增多,认知用户的可用频道数目增多,能够从其中获得更多的网络效益。因而,随着频道数目的增多,网络效益增大。同时可以看出,量子蛙跳算法在频道数目增多的情况下依旧优于其他认知无线电频谱分配的算法。设置认知用户数目增多,而频谱池中的频道数目和授权用户的数目保持不变(频道数目为 10,授权用户数目为 10),研究最大网络效益的变化情况,如表 10.2 所示。随着认知用户数目的增多,认知用户之间的竞争更为激烈,邻居用户之间产生的干扰也更多,因而,平均网络效益随认知用户的增多而减小。同时,从表 10.2 也可以看出,QSFL 方法在认知用户变化时其性能也优于其他三种基于智能计算的频谱分配算法。

表 10.1　随着频道数目增多网络效益的变化情况

| 算　法 | 频道数目 | | | | | |
| --- | --- | --- | --- | --- | --- | --- |
| | 10 | 12 | 14 | 16 | 18 | 20 |
| CSGC | 25.124 | 30.198 | 34.985 | 40.848 | 46.449 | 49.864 |
| GA | 28.069 | 34.037 | 39.229 | 46.162 | 50.734 | 56.105 |
| QGA | 28.38 | 34.25 | 39.316 | 46.41 | 50.885 | 56.53 |
| PSO | 28.49 | 34.474 | 39.673 | 46.741 | 51.403 | 56.911 |
| QSFL | 28.558 | 34.528 | 39.825 | 46.906 | 51.57 | 57.139 |

表 10.2　随着认知用户数目增多网络效益的变化情况

| 算　法 | 认知用户数目 | | | | | |
| --- | --- | --- | --- | --- | --- | --- |
| | 10 | 12 | 14 | 16 | 18 | 20 |
| CSGC | 25.172 | 21.906 | 19.297 | 17.939 | 16.02 | 15.012 |
| GA | 28.628 | 24.779 | 22.302 | 21.157 | 19.049 | 17.655 |
| QGA | 28.875 | 24.923 | 22.484 | 21.239 | 19.072 | 17.632 |
| PSO | 28.971 | 25.118 | 22.732 | 21.46 | 19.318 | 17.943 |
| QSFL | 29.048 | 25.199 | 22.799 | 21.554 | 19.442 | 18.072 |

**2. 基于最大比例公平网络效益的性能仿真**

图 10.2 设置频谱池中可用频道的数目为 9,授权用户的数目为 9,认知用户的数目为 9。从图 10.2 可以看出,尽管遗传算法、粒子群算法和量子遗传算法具有较快的收敛速度,但是,都陷入了局部收敛。而量子蛙跳算法,具有较高的收敛精度,能够更好地找到全局最优解。

使得频谱池中频道的数目逐渐增多,授权用户数目等于频道数目,但认知用户数目保持不变(认知用户数目为 10),研究最大比例公平性网络效益的变化情况。仿真结果如表 10.3 所示。可以看出,QSFL 算法在频道数目增多的情况下依旧优于其他解决认知无线电频谱分配的算法。

设置认知用户数增多,而频谱池中的频道数目和授权用户的数目保持不变(频道数目为 10,授权用户数目为 10)。从表 10.4 可以看出,QSFL 方法的最大比例公平网络效益优于其他已有的频谱分配算法,平均网络效益随认知用户的增多而减小。

**表 10.3 随着频道数目增多网络效益的变化情况**

| 算 法 | 频道数目 | | | | | |
| --- | --- | --- | --- | --- | --- | --- |
| | 10 | 12 | 14 | 16 | 18 | 20 |
| CSGC | 14.904 | 21.95 | 27.768 | 31.589 | 36.142 | 40.407 |
| GA | 20.936 | 25.616 | 30.979 | 34.709 | 39.535 | 44.211 |
| QGA | 21.204 | 25.898 | 31.225 | 34.964 | 39.622 | 44.355 |
| PSO | 21.368 | 26.098 | 31.508 | 35.207 | 40.023 | 44.66 |
| QSFL | 21.812 | 26.558 | 31.871 | 35.708 | 40.515 | 45.193 |

**表 10.4 随着认知用户数目增多网络效益的变化情况**

| 算 法 | 认知用户数目 | | | | | |
| --- | --- | --- | --- | --- | --- | --- |
| | 10 | 12 | 14 | 16 | 18 | 20 |
| CSGC | 14.553 | 8.672 | 5.023 1 | 2.410 4 | 1.572 8 | 0.979 5 |
| GA | 20.628 | 16.982 | 14.22 | 11.672 | 9.902 7 | 7.836 |
| QGA | 20.971 | 17.374 | 14.434 | 11.853 | 10.163 | 8.167 6 |
| PSO | 21.133 | 17.524 | 14.774 | 12.199 | 10.495 | 8.511 4 |
| QSFL | 21.61 | 18.002 | 15.121 | 12.562 | 10.953 | 9.126 2 |

### 3. 基于最大化最小网络效益的性能仿真

设置频谱池中可用频道的数目为 15,授权用户的数目为 15,认知用户的数目为 15,仿真图如图 10.3。可以看出,与经典遗传算法、量子遗传算法和粒子群算法等智能计算算法相比较,量子蛙跳算法具有更快的收敛速度和更高的收敛精度。

增加频谱池中频道的数目,授权用户数目等于频道数目,但认知用户数目保持 10 不变,研究最大化最小网络效益的变化情况。仿真结果如表 10.5 所示。可以看出,基于 QSFL 算法的频谱分配

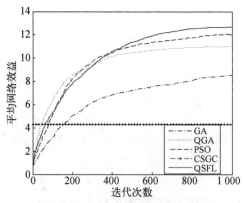

图 10.3 基于最大化最小网络效益的频谱分配算法性能比较

方法在频道数目增多的情况下依旧优于其他认知无线电频谱分配算法。

设置认知用户数增多,而频谱池中的频道数目和授权用户的数目保持不变(频道数目为 20,授权用户数目为 20),研究基于最大化最小网络效益的变化情况。网络效益随认知用户的增多而减小。从表 10.6 也可以看出,基于 QSFL 算法的频谱分配方法在认知用户变化时性能也优于已有的经典智能频谱分配方法。

**表 10.5　随着频道数目增多网络效益的变化情况**

| 算　法 | 频道数目 | | | | | |
|---|---|---|---|---|---|---|
| | 10 | 12 | 14 | 16 | 18 | 20 |
| CSGC | 5.131 | 9.973 2 | 13.729 | 15.295 | 19.038 | 21.017 |
| GA | 11.716 | 15.77 | 18.443 | 20.58 | 25.877 | 29.564 |
| QGA | 11.984 | 15.94 | 18.295 | 20.885 | 26.256 | 29.962 |
| PSO | 12.909 | 16.466 | 19.55 | 22.065 | 27.856 | 31.198 |
| QSFL | 13.738 | 17.035 | 19.878 | 22.853 | 28.391 | 31.604 |

**表 10.6　随着认知用户数目增多网络效益的变化情况**

| 算　法 | 认知用户数目 | | | | | |
|---|---|---|---|---|---|---|
| | 10 | 12 | 14 | 16 | 18 | 20 |
| CSGC | 21.471 | 16.658 | 15.026 | 12.079 | 7.784 5 | 4.229 0 |
| GA | 29.242 | 23.040 | 18.128 | 14.558 | 10.804 | 4.590 8 |
| QGA | 29.947 | 23.575 | 18.379 | 15.631 | 13.380 | 8.976 2 |
| PSO | 31.408 | 25.090 | 19.623 | 16.196 | 14.229 | 9.306 8 |
| QSFL | 31.758 | 25.187 | 19.643 | 17.097 | 14.727 | 11.494 |

## 10.3　量子和声算法

和声搜索(harmony search,HS)算法是 Geem 等受到音乐家创作最优美和声过程的启发,而设计出的一种新型智能算法[20]。该算法控制参数少、易于实现,自提出后受到国际学界的关注,尤其是在工程优化领域的应用更为广泛[21-23]。本节将其与量子计算结合,每个量子和声采用单链编码方式,量子旋转角在全局最优和声与和声记忆库中和声的影响下协同进化。同时为了通过变异扩大量子和声的多样性,随机生成 Tent 混沌序列[24],混沌序列产生的混沌数据是为了配合量子旋转门的演化,产生的混沌数用于配合量子演化机制形成一个新量子和声。设计的量子和声搜索算法[25]解决了经典和声搜索算法容易出现早熟收敛,并且只能解决连续优化问题的缺点。

在量子和声搜索算法中,在第 $t$ 次迭代量子和声库 $v^t = \{v_1^t, v_2^t, \cdots, v_P^t\}$ 中第 $i$ 个量子和声 $v_i^t$ 的编码形式为

$$\boldsymbol{v}_i^t = \begin{bmatrix} v_{i1}^t & v_{i2}^t & \cdots & v_{iQ}^t \end{bmatrix} \tag{10.15}$$

其中，$i = 1, 2, \cdots, P$，定义 $0 \leqslant v_{ij}^t \leqslant 1$，$| v_{ij}^t |^2$ 代表对量子音调 $v_{ij}^t$ 测量后等于 0 的概率；$j = 1, 2, \cdots, Q$，$P$ 为量子和声库所包含量子和声的个数，$Q$ 是每个量子和声所包含的量子音调个数。

对量子和声库 $\boldsymbol{v}^t = \{ \boldsymbol{v}_1^t, \boldsymbol{v}_2^t, \cdots, \boldsymbol{v}_P^t \}$ 中每一个量子和声 $\boldsymbol{v}_i^t$ 进行测量得到初始和声记忆库 $\boldsymbol{x}^t = \{ \boldsymbol{x}_1^t, \boldsymbol{x}_2^t, \cdots, \boldsymbol{x}_P^t \}$，测量公式为

$$x_{ij}^t = \begin{cases} 1, \eta_{ij}^t > | v_{ij}^t |^2 \\ 0, \eta_{ij}^t \leqslant | v_{ij}^t |^2 \end{cases} \tag{10.16}$$

其中，$i = 1, 2, \cdots, P$，$j = 1, 2, \cdots, Q$，$\eta_{ij}^t \in [0, 1]$ 是满足均匀分布的随机数；然后对和声记忆库中每一个和声进行适应度评价，并根据适应值大小对和声进行从优到差的排序，将全局最优和声保存在 $\boldsymbol{g}^t$ 中。

新量子和声的量子音调主要有两种产生方式：一是从和声记忆库中学习，利用量子门更新量子音调，二是利用混沌序列即兴创作一个新量子音调。选择哪种方式用概率 HMCR 决定，若 HMCR>rand，rand $\in [0, 1]$ 是满足均匀分布的随机数；则对第 $t$ 代第 $i$ 个量子和声 $\boldsymbol{v}_i^t$ 的第 $j$ 个量子音调 $v_{ij}^t$ 采用从和声记忆库中学习的方式进行更新，其量子旋转角 $\theta_{ij}^t$ 更新公式为

$$\theta_{ij}^{t+1} = c_1(g_j^t - x_{ij}^t) + c_2(x_{nj}^t - x_{ij}^t) + c_3(x_{mj}^t - x_{ij}^t) \tag{10.17}$$

其中，$g_j^t$ 为全局最优和声的第 $j$ 个音调，$x_{nj}^t$ 和 $x_{mj}^t$ 分别为从和声库记忆库中随机选取的第 $n$ 个和第 $m$ 个和声的第 $j$ 个音调，$n \in [0, P/2]$，$m \in (P/2, P)$；$c_1$、$c_2$ 和 $c_3$ 是常数，分别表示全局最优和声、和声记忆库中前一半较优和声与后一半较差和声对量子音调演化的影响程度。

量子旋转角为零的量子音调 $v_{ij}^t$ 依照小概率用量子非门进行更新，其他情况使用简化的模拟量子旋转门更新量子音调，其公式为

$$v_{ij}^{t+1} = \begin{cases} \sqrt{1 - (v_{ij}^t)^2}, \ \theta_{ij}^{t+1} = 0 \ 且 \ \gamma_{ij}^{t+1} < c \\ \mathrm{abs}(v_{ij}^t \times \cos\theta_{ij}^{t+1} - \sqrt{1 - (v_{ij}^t)^2} \times \sin\theta_{ij}^{t+1}), \ 其他 \end{cases} \tag{10.18}$$

其中，$\gamma_{ij}^{t+1} \in [0, 1]$ 是满足均匀分布的随机数；abs(·) 表示取绝对值，保证所有量子音调在其定义区间；$c$ 是在量子旋转角为 0 时的变异概率，其值为 $[0, 1/Q]$ 间的一个常数。

若 rand $\geqslant$ HMCR，通过随机生成一个 Tent 伪混沌数来即兴创作一个量子音调，Tent 映射关系和新量子音调的生成公式为

$$\begin{cases} v_{i1}^{t+1} = \text{rand}_i^{t+1} \\ v_{i(j+1)}^{t+1} = 1 - 2 \mid v_{ij}^{t+1} - 0.5 \mid \end{cases} \tag{10.19}$$

其中, $\text{rand}_i^{t+1} \in (0, 1)$ 是满足均匀分布的随机数,且 $\text{rand}_i^{t+1}$ 不可等于 0.25、0.5 和 0.75。

## 10.4 基于量子和声的认知异构网络的频谱分配

### 10.4.1 认知异构网络的频谱分配模型

本节主要明确认知异构无线网络频谱资源分配问题中的基础概念,然后把其建立为一个带约束的离散多目标组合优化问题。

定义 1 基站集合

假设有 $K$ 种不同的无线接入网组成一个异构无线网络,第 $k$ 种接入网由 $\text{RNRM}_k(k = 1, 2, \cdots, K)$ 模块管理,其需要分配频谱资源的基站个数为 $N_k$,故整个异构无线网络中需要分配频谱资源的基站总个数为 $N = \sum_{k=1}^{K} N_k$。 第 $n$ 个基站及其属于第 $k$ 种接入网的基站用 $\text{BS}_n^k$ 表示,则基站集合可以表示为 $\{\text{BS}_1^1, \text{BS}_2^1, \cdots, \text{BS}_n^k, \cdots, \text{BS}_N^K\}$。

定义 2 频谱需求与效益集合

基站集合中每一个基站通过 RMC 模块感知无线网络信息,获得频谱需求集合 $\boldsymbol{B} = \{b_n; n = 1, 2, \cdots, N\}$,其中, $b_n$ 表示第 $n$ 个基站需求的信道数;然后,再预测频谱资源效益,获得频谱效益集合 $\boldsymbol{R} = \{r_{nm}; n = 1, 2, \cdots, N; m = 1, 2, \cdots, M\}$,其中, $r_{nm}$ 表示第 $n$ 个基站使用第 $m$ 个信道的频谱资源效益。

定义 3 信道集合

考虑系统带宽为 $F$,第 $k$ 种接入网对应使用的无线通信技术所支持的信道带宽为 $W_k(k = 1, 2, \cdots, K)$。 如图 10.4 为不同接入网信道划分示意图,待分配的频谱资源被多粒度划分,第 $k$ 种接入网可用的信道数为 $M_k = \lfloor F/W_k \rfloor$,其中 $\lfloor \cdot \rfloor$ 是向

图 10.4 不同接入网信道划分示意图

下取整函数,则异构无线网络系统中可使用的总信道数为 $M = \sum\limits_{k=1}^{K} M_k$,用信道集合 $\{\boldsymbol{\Phi}_1, \boldsymbol{\Phi}_2, \cdots, \boldsymbol{\Phi}_K\}$ 进行表示,其中,$\boldsymbol{\Phi}_k = \left\{ \sum\limits_{y=0}^{k-1} M_y + 1, \sum\limits_{y=0}^{k-1} M_y + 2, \cdots, \sum\limits_{y=0}^{k} M_y \right\}$ $(k = 1, 2, \cdots, K)$ 表示 $k$ 种接入网可使用的信道,$M_0 = 0$。

定义 4　基站干扰矩阵

$$\boldsymbol{I}_{N \times N}^{\mathrm{BS}} = \begin{bmatrix} \boldsymbol{I}_{N_1 \times N_1} & \boldsymbol{I}_{N_1 \times N_2} & \cdots & \boldsymbol{I}_{N_1 \times N_K} \\ \boldsymbol{I}_{N_2 \times N_1} & \boldsymbol{I}_{N_2 \times N_2} & \cdots & \boldsymbol{I}_{N_2 \times N_K} \\ \vdots & \vdots & \ddots & \vdots \\ \boldsymbol{I}_{N_K \times N_1} & \boldsymbol{I}_{N_K \times N_2} & \cdots & \boldsymbol{I}_{N_K \times N_K} \end{bmatrix}$$ 是基站干扰矩阵,其中,子块矩阵 $\boldsymbol{I}_{N_{k_1} \times N_{k_2}} =$

$(\delta_{j_1 j_2})_{N_{k_1} \times N_{k_2}}$ 表示属于第 $k_1$ 种接入网的第 $j_1$ 个基站 $\mathrm{BS}_{j_1}^{k_1}$($j_1 = 1, 2, \cdots, N_{k_1}$, $k_1 \in \{1, 2, \cdots, K\}$)与属于第 $k_2$ 种接入网的第 $j_2$ 个基站 $\mathrm{BS}_{j_2}^{k_2}$($j_2 = 1, 2, \cdots, N_{k_2}$, $k_2 \in \{1, 2, \cdots, K\}$)之间的干扰关系;$\delta_{j_1 j_2} = 1$ 表示会产生干扰,此时两个基站不可以同时使用同一个或相互重叠的信道,而 $\delta_{j_1 j_2} = 0$ 表示不会产生干扰。当 $k_1 = k_2$ 时,按照接入技术规定的频谱复用系数确定 $\delta_{j_1 j_2}$ 的值,且当 $j_1 = j_2$ 时,考虑到每个基站不能被分配相互重叠的信道,则需设置 $\delta_{j_1 j_2} = 1$;当 $k_1 \neq k_2$ 时,若 $\mathrm{BS}_{j_1}^{k_1}$ 与 $\mathrm{BS}_{j_2}^{k_2}$ 的覆盖范围产生重叠,则判断两个基站产生干扰,设置 $\delta_{j_1 j_2} = 1$,否则设置 $\delta_{j_1 j_2} = 0$。

定义 5　信道干扰矩阵

$\boldsymbol{I}_{M \times M}^{\mathrm{Channel}} = (\alpha_{m_1 m_2})_{M \times M}$ 是信道干扰矩阵,当 $m_1 \neq m_2$ 时,$\alpha_{m_1 m_2} = 1$ 表示信道 $m_1$ 和信道 $m_2$ 相互重叠;否则 $\alpha_{m_1 m_2} = 0$;当 $m_1 = m_2$ 时,$\alpha_{m_1 m_2} = 1$。

定义 6　频谱分配矩阵

$\boldsymbol{A}_{N \times M} = (a_{nm})_{N \times M}$ 是频谱分配矩阵,它代表着一种切实可行的频谱分配方案,$a_{nm} = 1$ 表示 $\mathrm{BS}_n^k$ 得到信道 $m$,否则 $a_{nm} = 0$。一个切实可行的频谱分配矩阵要考虑产生干扰的基站不可以分配到相同或重叠信道,即需满足 $\boldsymbol{I}^{\mathrm{BS}}(n_1, n_2) \times \boldsymbol{I}^{\mathrm{Channel}}(m_1, m_2) \times a_{n_1 m_1} \times a_{n_2 m_2} = 0$;同时分配给第 $k$ 种接入网的 $\mathrm{BS}_n^k$ 的信道只能来自 $\boldsymbol{\Phi}_k$,即 $a_{nm} \times 1_{m \notin \boldsymbol{\Phi}_k} = 0$,而且实际分配到的信道数 $e_n = \sum\limits_{m=1}^{M} a_{nm}$ 应小于或等于其需求的信道数 $b_n$ 和可用信道数 $M_k$,即 $e_n \leqslant \min\{b_n, M_k\}$。其中,指示函数 $1_{m \notin \boldsymbol{\Phi}_k} = \begin{cases} 1, & \text{如果 } m \notin \boldsymbol{\Phi}_k \\ 0, & \text{其他情况} \end{cases}$ 表示信道 $m$ 是否属于集合 $\boldsymbol{\Phi}_k$。

基于以上对相关概念的定义,认知异构无线网络中频谱资源分配被建模为

$$\max_{A = (a_{nm})_{N \times M}} U_i(A)$$

$$\text{s. t.} \quad \text{C1:} \ a_{nm} \times 1_{m \notin \Phi_k} = 0, \ \forall n, m$$

$$\text{C2:} \ \sum_{m=1}^{M} a_{nm} \leqslant \min\{b_n, M_k\}, \ \forall n$$

$$\text{C3:} \ \boldsymbol{I}^{\text{BS}}(n_1, n_2) \times \boldsymbol{I}^{\text{Channel}}(m_1, m_2) \times a_{n_1 m_1} \times a_{n_2 n_2} = 0, \ \forall n_1, n_2, m_1, m_2$$

$$(10.20)$$

根据不同的网络要求,适应度函数 $U_i(A)$ 可以在如下 4 个函数中选取,即 $i \in \{\text{R, DS, SU, RSU}\}$。

1) 网络效益(revenue, R): $U_R = \sum_{m=1}^{M} \sum_{n=1}^{N} r_{nm} a_{nm}$,其中,$r_{nm}$ 为相应频谱效益,$M$ 为信道总数,$N$ 为接入网总数。

2) 频谱需求满足率(demand satisfactory, DS): $U_{DS} = \dfrac{1}{N} \sum_{n=1}^{N} \dfrac{e_n}{b_n}$,其中,$e_n$ 为第 $n$ 个接入网最终分配得到的频谱数,$b_n$ 为第 $n$ 个接入网实际提出的频谱需求。

3) 频谱利效率(spectrum utilization, SU): $U_{SU} = \sum_{n=1}^{N} e_n \times W_k$,表示所有接入网实际使用的带宽长度;其中,$W_k$ 为第 $k$ 种接入网的信道粒度。

4) 相对频谱利效率(relative spectrum utilization, RSU): $U_{RSU} = \dfrac{U_{SU}}{F}$,表示系统实际利用的带宽与系统所分配带宽的比率;其中,$U_{SU}$ 为频谱利用率,$F$ 为系统所分配的频谱资源宽度。

## 10.4.2　基于量子和声算法的认知异构网络频谱分配

认知异构无线网络中基于量子和声搜索算法的单目标频谱分配方法[26]流程图如图 10.5 所示。

则基于量子和声算法的认知异构无线网络频谱分配具体步骤如下。

步骤一:对量子和声库 $\boldsymbol{v}^t$、和声记忆库 $\boldsymbol{x}^t$ 初始化。设置初始迭代次数 $t = 0$,计算每个量子和声所包含的量子音调个数 $Q = \sum_{n=1}^{N} D_n, D_n = M_k$ 表示 $\text{BS}_n^k$ 可能得到的最大信道数,然后将量子和声中所有量子音调初始化为 $1/\sqrt{2}$,接着对量子和声库 $\boldsymbol{v}^t$ 进行测量得到初始和声记忆库 $\boldsymbol{x}^t$。和声记忆库 $\boldsymbol{x}^t$ 中每一个和声 $\boldsymbol{x}_i^t = [X_{i1}^t, X_{i2}^t, \cdots, X_{iN}^t]$ 表示有 $N$ 个接入网的认知异构网络的一种频谱分配结果,其中

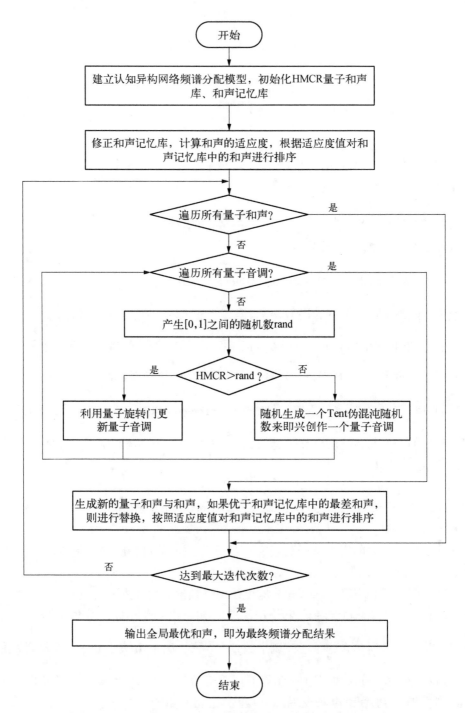

图 10.5　基于量子和声搜索算法的频谱分配方法流程图

$X_{in} = [x^t_{i, \sum_{j=1}^{n-1} D_j + 1}, x^t_{i, \sum_{j=1}^{n-1} D_j + 2}, \cdots, x^t_{i, \sum_{j=1}^{n} D_j}]$ $(n = 1, 2, \cdots, N)$ 是第 $n$ 个接入网用长度

为 $D_n$ 的和声片段表示 $BS^k_n$ 得到的相应信道编号。

步骤二：和声记忆库 $\boldsymbol{x}^t$ 修正操作。为满足频谱分配的约束条件，对和声记忆库中每个和声个体进行修正，其详细步骤如下：

1）设置一个全零矩阵 $\boldsymbol{A}_{N \times M}$，即初始的频谱分配矩阵；

2）从和声 $\boldsymbol{x}^t_i = [x^t_{i1}, x^t_{i2}, \cdots, x^t_{iQ}]$ 中对应信道 $BS^k_n$ 分配状态的片段，得到频谱分配矩阵 $\boldsymbol{A}$ 的第 $n$ 行元素；

3）为使频谱分配矩阵 $\boldsymbol{A}$ 满足约束条件 C3，需要对其进行修正操作，假如 $BS^{k_1}_{n_1}$ 与 $BS^{k_2}_{n_2}$ 相互干扰，即 $I^{BS}(n_1, n_2) = 1$，则找出谱分配矩阵 $\boldsymbol{A}$ 的第 $n_1$ 行非零元素 $a_{n_1 m_1}$ 与第 $n_2$ 行非零元素 $a_{n_2 m_2}$，确定信道 $m_1$ 与 $m_2$ 是否为同一个或相互重叠的信道，若 $I^{Channel}(m_1, m_2) = 1$，则随机设置 $a_{n_1 m_1}$ 或 $a_{n_2 m_2}$ 为 0；

4）为使频谱方案满足约束条件 C2，则计算 $BS^k_n$ 得到的信道数为 $e_n = \sum_{m=1}^{M} a_{nm}$，若 $e_n$ 大于 $BS^k_n$ 的需求信道数 $b_n$，则从分配矩阵 $\boldsymbol{A}$ 的第 $n$ 行元素中随机选取 $(e_n - b_n)$ 个已分配的信道并置零，最后再将修正后的分配矩阵映射为和声；

5）重复第 1）步至第 4）步骤修正和声库中所有的和声。

根据不同的网络目标要求，对修正后的每个和声进行适应度评价，得到和声记忆库适应值向量 $\widetilde{\boldsymbol{F}}^t$，并选取全局最优和声保存在 $\boldsymbol{g}^t$ 中。根据 $\widetilde{\boldsymbol{F}}^t$ 中每个和声适应度值的大小，对和声记忆库中的和声与对应的适应度值进行降序排列。

步骤三：创作新的和声。创造新的量子和声，对新量子和声进行测量得到新和声，按照步骤二对新和声个体进行修正，再将修正后的频谱分配矩阵映射为和声，对修正后的和声进行适应度评价。

步骤四：更新和声记忆库。对于每个新产生的和声，如果新创作和声的适应度比和声记忆库中最差的一个和声的适应度值大，那么就用此新的和声来取代它，同时也更改其对应适应度值。然后对新产生和声记忆库 $\boldsymbol{x}^{t+1}$ 中和声和对应适应度向量 $\widetilde{\boldsymbol{F}}^{t+1}$ 中对应适应度值重新进行排列，更新全局最优和声 $\boldsymbol{g}^{t+1}$。

步骤五：优化迭代终止判断。如果没有达到最大迭代次数，则令 $t = t + 1$，返回步骤三；否则，迭代终止，输出全局最优和声，将全局最优和声映射为最优频谱分配矩阵 $\boldsymbol{A}^*$。

## 10.4.3　实验仿真

移动通信网络经过第一代到第四代的发展，不同代之间采用不同的无线通信

技术,但它们会提供相似的服务且将长期共存。因此考虑一个由第二代无线通信技术 GSM 和第三代无线通信技术 CDMA2000、WCDMA 三种不同制式接入网组成的认知异构无线网络。假设有 5 个 GSM 基站、4 个 CDMA2000 基站和 6 个 WCDMA 基站均匀分布在 100×100 的空间内,所有基站的覆盖半径相同,且均为 10。各接入网基站频谱需求分别服从[0,100]、[0,16]和[0,4]的均匀分布,频谱资源效益分别服从[0.2,2]、[1.25,1.25]和[5,50]的均匀分布[27]。不同制式的基站拥有不同带宽需求,其分别是 0.5 MHz、1 MHz 和 2 MHz。

为了验证基于量子和声搜索算法 QHS 的认知异构网络单目标动态频谱分配方法(DSA)的性能,与量子遗传算法(QGA)[8]、克隆选择优化算法(CSA)[17]进行对比。对于量子和声搜索算法的单目标动态频谱分配方法,设置 $c_1 = 0.01$,$c_2 = 0.06$,$c_3 = 0.01$,$c = 0.001/Q$,$HMCR = 1 - 0.01/Q$。图 10.6 和图 10.7 分别为系统网络效益 $R$ 和频谱需求满足率 DS 随系统带宽 $F$ 从 10 MHz 增加到 30 MHz 的变化曲线。从仿真图观察出,在每个频谱分配周期中,各接入网基站的频谱需求不变,系统带宽 $F$ 的递增使得越来越多基站的需求得到满足,所以系统网络效率 $R$ 也明显提高。

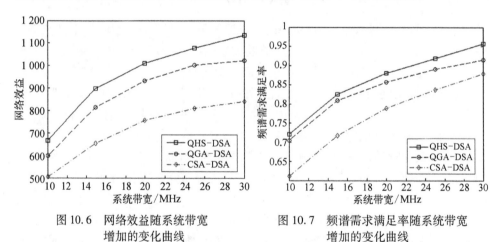

图 10.6　网络效益随系统带宽　　图 10.7　频谱需求满足率随系统带宽
　　　　增加的变化曲线　　　　　　　　　　增加的变化曲线

图 10.8 和图 10.9 分别为频谱利用率 SU 和相对频谱利用率 RSU 随系统带宽 $F$ 从 10 MHz 增加到 30 MHz 的变化曲线。从仿真图观察出,系统带宽 $F$ 的递增也使得频谱利用率 SU 直线上升,但对应的相对频谱利用率 RSU 一直下降。对比三种频谱分配算法,QHS 的寻优能力明显强于 QGA 和 CSA,但 CSA 性能表现最差。这是由于频谱分配为 0—1 整数优化问题,而 CSA 是整数优化算法,其局部搜索能力较 QHS、QGA 等 0—1 整数优化算法弱,且不适合该类型问题。

图 10.10 是 $F = 20$ MHz 时三种算法迭代次数与系统平均网络效率的关系曲线,图 10.11 是 $F = 25$ MHz 时三种算法迭代次数与系统平均频谱需求满足率的关系曲线,仿真曲线均为进行 200 次独立试验的平均结果。从图中可以看出

QHS 比 QGA 和 CSA 具有更快的搜索速度和搜索精度,证明了 QHS 的有效性。

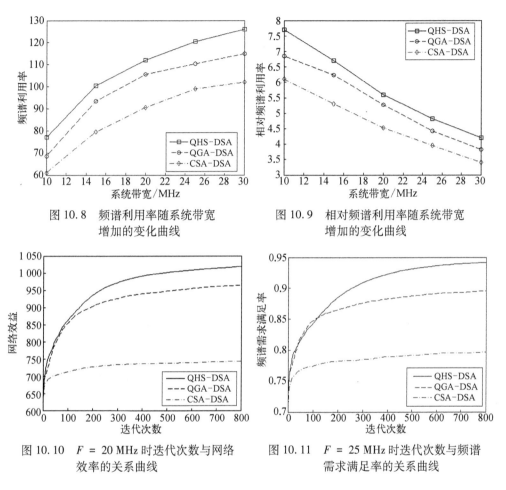

图 10.8 频谱利用率随系统带宽
增加的变化曲线

图 10.9 相对频谱利用率随系统带宽
增加的变化曲线

图 10.10 $F = 20\,MHz$ 时迭代次数与网络
效率的关系曲线

图 10.11 $F = 25\,MHz$ 时迭代次数与频谱
需求满足率的关系曲线

# 10.5 小 结

无线电频谱作为一种不可再生的自然资源,随着用户数量的急剧增长和各种无线电新技术的发展而变得越来越稀缺。基于量子蛙跳算法,将其用于解决认知无线电的三种不同认知要求的频谱分配问题。为了解决认知异构无线网络中频谱分配难题,考虑异构无线网络中各接入网的频谱需求,接入网之间的重叠覆盖干扰和对应不同接入技术的多粒度重叠信道干扰等约束条件,基于量子计算理论和和声搜索算法,设计了量子和声搜索算法。量子和声搜索算法采用单链编码方式,设计的演化方程简单实用,有效利用优秀和声信息,可有效解决认知异构网络中动态频谱分配这个离散多约束优化问题。

# 参 考 文 献

[ 1 ] Haykin S. Cognitive radio: Brain-empowered wireless communications[J]. IEEE Journal on Selected Areas in Communications, 2005, 23(2): 201 – 220.

[ 2 ] Cabric D, Mishra S M, Brodersen R W. Implementation issues in spectrum sensing for cognitive radios[C]. California: Thirty – Eighth Asilomar Conference on Signals, Systems and Computers, 2004, 1: 772 – 776.

[ 3 ] Peng C, Zheng H, Zhao B Y. Utilization and fairness in spectrum assignment for opportunistic spectrum access[J]. ACM Mobile Networks and Applications (MONET), 2006, 11(4): 555 – 576.

[ 4 ] Zheng H, Peng C. Collaboration and fairness in opportunistic spectrum access[C]. Seoul Korea: Proc. 40th annual IEEE International Conference on Communications(ICC), 2005: 3132 – 3136.

[ 5 ] Kolodzy P J. Interference temperature: A metric for dynamic spectrum utilization [J]. International Journal of Network Management, 2006, 16(2): 103 – 113.

[ 6 ] Wang B B, Wu Y L, Ray Liu K J. Game theory for cognitive radio networks: An overview [J]. Computer Networks, 2010, 54(14): 2537 – 2561.

[ 7 ] Zhao Z J, Peng Z, Zheng S L, et al. Cognitive radio spectrum allocation using evolutionary algorithms[J]. IEEE Transactions on Wireless Communications, 2009, 8(9): 4421 – 4425.

[ 8 ] 赵知劲,彭振,郑仕链,等. 基于量子遗传算法的认知无线电频谱分配[J]. 物理学报, 2009,52(2): 1358 – 1363.

[ 9 ] 柴争义,刘芳. 基于免疫克隆选择优化的认知无线网络频谱分配[J]. 通信学报,2010,31 (11): 92 – 100.

[10] Gao H Y, Cao J L. Non-dominated sorting quantum particle swarm optimization and its application in cognitive radio spectrum allocation[J]. Journal of Central South University, 2013, 20(7): 1878 – 1888.

[11] 高洪元,李晨琬. 膜量子蜂群优化的多目标频谱分配[J]. 物理学报. 2014, 63 (12): 128802.

[12] 高洪元,曹金龙. 量子蜂群算法及其在认知频谱分配中的应用[J]. 中南大学学报,2012, 43(12): 4743 – 4749.

[13] Gao H Y, Cao J L. Membrane-inspired quantum shuffled frog leaping algorithm for spectrum allocation[J]. Journal of Systems Engineering and Electronics, 2012, 23(5): 679 – 688.

[14] 高洪元,曹金龙. 认知无线电中的量子蛙跳频谱分配算法[J]. 应用科学学报,2014, 32 (1): 19 – 26.

[15] 张婧怡,向新,王锋,等. 多态蚁群算法的认知无线电频谱分配[J]. 空军工程大学学报(自然科学版),2016,17(2): 58 – 63.

[16] Subramanian A P, Al – Ayyoub M, Gupta H, et al. Near-optimal dynamic spectrum allocation in cellular networks[C]. Chicago: IEEE Symposium on New Frontiers in Dynamic Spectrum Access Networks, 2008: 1 – 11.

[17] 石华,李建东,李钊. 认知异构网络中基于克隆选择算法的动态频谱分配[J]. 通信学报,

2012,33(7):59-66.

[18] Eusuff M, Lansey K, Pasha F. Shuffled frog-leaping algorithm: A memetic meta-heuristic for discrete optimization[J]. Engineering Optimization. 2006, 38(6):129-154.

[19] Amiri B, Fathian M, Maroosi A. Application of shuffled frog-leaping algorithm on clustering [J]. International Journal of Advanced Manufacturing Technology, 2009, 42(1-2): 199-209.

[20] Zong W G, Kim J H, Loganathan G V. A new heuristic optimization algorithm: Harmony search[J]. Simulation Transactions of the Society for Modeling & Simulation International, 2001, 76(2):60-68.

[21] Kang S L, Zong W G. A new meta-heuristic algorithm for continuous engineering optimization: Harmony search theory and practice [J]. Computer Methods in Applied Mechanics & Engineering, 2005, 194(36):3902-3933.

[22] Zhang J, Wu Y, Guo Y, et al. A hybrid harmony search algorithm with differential evolution for day-ahead scheduling problem of a microgrid with consideration of power flow constraints [J]. Applied Energy, 2016, 183:791-804.

[23] Mashayekhi M, Salajegheh E, Dehghani M. Topology optimization of double and triple layer grid structures using a modified gravitational harmony search algorithm with efficient member grouping strategy[J]. Computers & Structures, 2016, 172(C):40-58.

[24] Khan M K, Zhang J. Investigation on pseudorandom properties of chaotic stream ciphers[C]. IEEE International Conference on Engineering of Intelligent Systems Islamabad Pakistan, 2006:1-5.

[25] Gao H Y, Liang Y S, Chen M H, et al. Dynamic spectrum assignment based on quantum harmony search algorithm for cognitive heterogeneous wireless networks[C]. Chongqing: 2018 18th IEEE International Conference on Communication Technology, 2018, 2:673-677.

[26] 梁炎松.异构网络中频谱分配与能耗控制技术研究[D].哈尔滨工程大学硕士学位论文,2018.

[27] 石华.异构无线网络中频谱资源动态分配[D].西安电子科技大学博士学位论文,2013.

# 第11章 文化细菌觅食算法在频谱感知中的应用

频谱感知作为认知无线电的一项关键技术,它的主要功能在于检测可供认知用户使用的频谱空穴,同时监测主用户信号活动情况,保证主用户再次使用频谱时,认知用户能够快速退出相应频段[1-2]。目前已提出的频谱感知方法主要包括匹配滤波器检测、能量检测、周期平稳特征检测以及多分辨率频谱感知等[3],但是这些频谱感知方法均为单节点感知方法。然而,在阴影和深度衰落情况下,单个节点的感知结果并不可靠,因此,需要对多个节点的感知结果进行融合,以提高其检测可靠性,即协作频谱感知技术[4]。

文献[5]提出了一种线性协作感知框架,文献[6]设计了一种神经网络频谱感知方法。频谱感知技术需要可靠地检测到各种形式的认知用户的微弱信号[7]。鉴于此,上述的一些单点检测方法由于易受到阴影和深度衰落的影响而使得结果并不可靠[8]。为了解决上述问题,线性协作频谱感知模型被提出,并构建了一种认知用户之间的分布式合作检测模式[9-10]。

使用经典算法对频谱感知问题进行求解时,收敛速度慢,收敛精度低,而且容易陷入局部收敛,无法获得最优的频谱感知结果。由于频谱感知是一种连续优化问题,因此改进蛙跳算法[11]、文化蛙跳算法[12]和量子细菌觅食算法[13]等智能计算算法都可用来设计频谱感知方法。

本章介绍文化机制[14]和细菌觅食算法相结合的一种文化细菌觅食算法(cultural bacterial foraging algorithm, CBFA)[15],使细菌觅食算法的收敛性能有所提升,并使用文化细菌觅食算法对频谱感知问题进行高效求解[16]。

## 11.1 文化细菌觅食算法

经典的细菌觅食算法(bacterial foraging optimization algorithm, BFOA)具有优化过程较为复杂、计算量较大、收敛速度较慢和收敛精度低的缺点。因此可根据文化搜索机制和细菌觅食优化理论设计文化细菌觅食算法(cultural bacterial foraging algorithm, CBFA)来解决上述问题。

对于一个 $M$ 维的最小值优化问题,在文化细菌觅食算法的开始阶段,随机产生初始细菌,细菌总数为 $H$。第 $q(q = 1, 2, \cdots, H)$ 个细菌在第 $j$ 次趋向性操作的

位置为 $\boldsymbol{x}_q^j = [x_{q1}^j, x_{q2}^j, \cdots, x_{qM}^j]$。在文化细菌觅食算法中,仅使用两种知识源:规范知识和形势知识。定义信仰空间为 $\{\boldsymbol{G}_i^j, s^j, i = 1, 2, \cdots, M\}$,其中用 $\boldsymbol{G}_i^j$ 和 $s^j$ 分别表示第 $j$ 次趋向性操作信仰空间中的规范知识和形势知识。用 $\langle \boldsymbol{I}_i^j, L_i^j, U_i^j \rangle$ 来定义 $\boldsymbol{G}_i^j$,其中规范知识 $\boldsymbol{I}_i^j = [l_i^j, u_i^j]$ 表示第 $i$ 个参量的规范知识变化范围,上边界 $u_i^j$ 和下边界 $l_i^j$ 在初始化时被设置为给定的定义域边界值,细菌个体在演化过程中可以根据接受函数和更新规则来完成更新过程。$L_i^j$ 和 $U_i^j$ 分别表示 $l_i^j$ 和 $u_i^j$ 的评价值。对于极小值优化问题,$L_i^j$ 和 $U_i^j$ 在初始时被设置为 $+\infty$。

通过接受函数选择可以直接影响当前信仰空间前 20%的优秀位置,用于去更新规范知识和形势知识。形势知识的更新方式为

$$s^{j+1} = \begin{cases} \boldsymbol{x}_{\text{best}}^{j+1}, & \text{如果 } f(\boldsymbol{x}_{\text{best}}^{j+1}) < f(s^j) \\ s^j, & \text{其他} \end{cases} \tag{11.1}$$

其中,$\boldsymbol{x}_{\text{best}}^{j+1}$ 表示第 $j+1$ 次趋化性操作后的最优位置,$f(\ )$ 代表适应度函数,对于最小值优化,其值越小代表细菌越健康。

量子规范知识根据式(11.2)~(11.5)进行更新。假设第 $d$ 个细菌影响第 $i$ 个规范知识的下边界,式(11.2)和式(11.3)分别给出下边界和它的性能得分:

$$l_i^{j+1} = \begin{cases} x_{di}^{j+1}, & x_{di}^{j+1} \leq l_i^j \text{ 或 } f(\boldsymbol{x}_d^{j+1}) < L_i^j \\ l_i^j, & \text{其他} \end{cases} \tag{11.2}$$

$$L_i^{j+1} = \begin{cases} f(\boldsymbol{x}_d^{j+1}), & x_{di}^{j+1} \leq l_i^j \text{ 或 } f(\boldsymbol{x}_d^{j+1}) < L_i^j \\ L_i^j, & \text{其他} \end{cases} \tag{11.3}$$

其中,$l_i^j$ 表示在第 $j$ 次趋向性操作中第 $i$ 个规范知识的下边界,$L_i^j$ 表示它的评价值。

假设第 $a$ 个细菌影响第 $i$ 个规范知识的上边界,式(11.4)和式(11.5)分别给出上边界和它的性能得分:

$$u_i^{j+1} = \begin{cases} x_{ai}^{j+1}, & x_{ai}^{j+1} \geq u_i^j \text{ 或 } f(\boldsymbol{x}_a^{j+1}) < U_i^j \\ u_i^j, & \text{其他} \end{cases} \tag{11.4}$$

$$U_i^{j+1} = \begin{cases} f(\boldsymbol{x}_a^{j+1}), & x_{ai}^{j+1} \geq u_i^j \text{ 或 } f(\boldsymbol{x}_d^{j+1}) < U_i^j \\ U_i^j, & \text{其他} \end{cases} \tag{11.5}$$

其中,$u_i^j$ 表示在第 $j$ 次趋向性操作中第 $i$ 个规范知识的上边界,$U_i^j$ 表示它的评价值。

按照如下的趋化性操作来调整第 $q$ 个细菌的位置:

$$x_{qi}^{j+1} = x_{qi}^j + r_1 \cdot (s_i^j - x_{qi}^j) + N(0, 1) \cdot |z_i^j - x_{qi}^j| \tag{11.6}$$

其中,$i = 1, 2, \cdots, M$;$r_1$ 是一个取值区间为 $[0, 1]$ 的均匀随机数;$N(0, 1)$ 是满足均值为 0,方差为 1 的标准正态分布的随机数;$z^j$ 是所有 $H$ 个细菌的细菌位置的平均值。

$$z^j = [z_1^j, z_2^j, \cdots, z_M^j] \tag{11.7}$$

第 $q$ 个细菌的位置可以利用规范知识根据以下操作进行调整:

$$x_{qi}^{j+1} = \begin{cases} x_{qi}^j + \mid N(0, 1) \cdot \text{size}(\boldsymbol{I}_i^j) \mid, & \text{如果 } x_{qi}^j < l_i^j \\ x_{qi}^j - \mid N(0, 1) \cdot \text{size}(\boldsymbol{I}_i^j) \mid, & \text{如果 } x_{qi}^j > u_i^j \\ x_{qi}^j + \eta \cdot N(0, 1) \cdot \text{size}(\boldsymbol{I}_i^j), & \text{其他} \end{cases} \tag{11.8}$$

其中,$i = 1, 2, \cdots, M$;$N(0, 1)$ 是一个满足均值为 0 方差为 1 的高斯随机数;$\eta = 0.06$;$\text{size}(\boldsymbol{I}_i^j) = u_i^j - l_i^j$ 表示在信仰空间内第 $i(i = 1, 2, \cdots, M)$ 个规范知识的调整变化范围。

对于最小值优化问题,健康值越小细菌越健康。为了模拟自然界中细菌的繁殖过程,将所有的细菌进行排列,为了方便起见,假设 $H$ 为正偶数。根据健康值将 $H$ 个细菌划分为两部分,第一部分包括前 $H/2$ 个较健康的细菌,第二部分包括后 $H/2$ 个不健康的细菌。对第一部分的细菌进行无变异分裂,即第一部分中的每个细菌都分裂为与父代相同的两个细菌,第二部分的细菌则被遗弃和删除。为了简化算法,细菌的数量在整个过程中保持不变。

为了提高算法的全局搜索能力,在 $N_{re}$ 次复制操作后进行迁徙操作。根据概率 $P_{ed}$ 将细菌删除并随机分散到优化域中。迁徙操作有助于细菌避免陷入局部最优,迁徙操作的次数为 $N_{ed}$。

在进行一定数量的趋向性操作之后,采用类似于 BFOA 的复制操作,即具有较低健康值的 $H/2$ 个不健康的细菌被删除,其他 $H/2$ 个健康的细菌进行分裂。

## 11.2　频谱感知模型

若要得到频谱和主用户信号的可靠信息,则要求所使用的频谱感知技术能有效地感知主用户的微弱信号。一些单点感知方法在感知过程中受阴影和深度衰落的影响较大,这使得感知结果的可靠性较低。为了解决上述问题,图 11.1 给出了线性协作频谱感知框架,通过使用此模型可实现不同认知用户之间的协作感知。在此协作认知模型中,假设共有 $M$ 个本地认知用户,在第 $k$ 个时刻第 $i$ 个本地认知用户的二元假设检验模型可表示为

$$\begin{cases} H_0 : x_i(k) = v_i(k) \\ H_1 : x_i(k) = h_i s(k) + v_i(k) \end{cases} \tag{11.9}$$

其中，$s(k)$ 表示主用户所发射的信号，并且任意一个认知用户都可接收到此信号；$h_i$ 表示信道衰减，在整个感知过程中认为信道衰减始终为常数；$x_i(k)$ 为第 $i$ 个本地认知用户接收到的信号，$x_i(k)$ 容易受加性高斯白噪声 $v_i(k)$ 的影响；使用 $\sigma = [\sigma_1^2, \sigma_2^2, \cdots, \sigma_M^2]^T$ 表示所有 $v_i(k)$ 的方差向量。

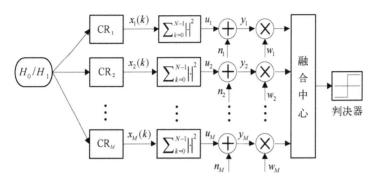

图 11.1　线性协作频谱感知框图

使用能量检测的方式来实现各个本地认知用户的感知，在采样间隔周期内完成 $N$ 点的采样后，所获得的判决统计量表示为

$$u_i = \sum_{k=0}^{N-1} |x_i(k)|^2 \tag{11.10}$$

由于判决统计量在传输过程中受控制信道噪声的影响，因此在融合中心所收到的判决统计量为

$$y_i = u_i + n_i \tag{11.11}$$

其中，$n_i$ 为控制信道引入的噪声，假设其服从均值为 0 的高斯分布，控制信道噪声的方差向量用 $\boldsymbol{\delta} = [\delta_1^2, \delta_2^2, \cdots, \delta_M^2]^T$ 表示。在融合中心中，根据接收到的信号 $y_i$，式(11.12)给出了全局判决统计量的计算方法：

$$y_c = \sum_{i=1}^{M} w_i y_i \tag{11.12}$$

其中，$\boldsymbol{w} = [w_1, w_2, \cdots, w_M]$ 表示控制判决的权重向量，$\boldsymbol{w}$ 反映了特定的本地认知用户对全局感知的贡献。

融合中心将全局判决统计量 $y_c$ 与特定检测门限 $\gamma_c$ 相比较，进而完成判决。如果 $y_c \geqslant \gamma_c$，则授权用户的信号存在；否则，授权用户的信号不存在。在此模型中，根据式(11.13)计算虚警概率：

$$P_f = Q\left[\frac{\gamma_c - N\boldsymbol{\sigma}^T\boldsymbol{w}^T}{\sqrt{\boldsymbol{w}A\boldsymbol{w}^T}}\right] \tag{11.13}$$

根据式(11.14)计算检测概率:

$$P_d = Q\left[\frac{\gamma_c - (N\boldsymbol{\sigma} + E_s\boldsymbol{h})^{\mathrm{T}}\boldsymbol{w}^{\mathrm{T}}}{\sqrt{\boldsymbol{w}\boldsymbol{B}\boldsymbol{w}^{\mathrm{T}}}}\right] \tag{11.14}$$

其中,$Q(x) = \int_x^{+\infty} \frac{1}{\sqrt{2\pi}} \mathrm{e}^{\frac{-t^2}{2}} \mathrm{d}t$, $E_s = \sum_{k=0}^{N-1} |s(k)|^2$, $\boldsymbol{A} = 2N\mathrm{diag}^2(\boldsymbol{\sigma}) + \mathrm{diag}(\boldsymbol{\delta})$, $\boldsymbol{B} = 2N\mathrm{diag}^2(\boldsymbol{\sigma}) + \mathrm{diag}(\boldsymbol{\delta}) + 4E_s\mathrm{diag}(\boldsymbol{h})\mathrm{diag}(\boldsymbol{\sigma})$, $\boldsymbol{h} = [|h_1|^2, |h_2|^2, \cdots, |h_M|^2]^{\mathrm{T}}$。

在虚警概率 $P_f$ 已知的情况下,通过使用频谱感知技术可得到最大的检测概率。式(11.15)给出了用虚警概率 $P_f$ 表示检测门限 $\gamma_c$ 的形式:

$$\gamma_c = N\boldsymbol{\sigma}^{\mathrm{T}}\boldsymbol{w}^{\mathrm{T}} + Q^{-1}(P_f)\sqrt{\boldsymbol{w}\boldsymbol{A}\boldsymbol{w}^{\mathrm{T}}} \tag{11.15}$$

将式(11.15)代入式(11.14),可得检测概率为

$$P_d = Q\left[\frac{Q^{-1}(P_f)\sqrt{\boldsymbol{w}\boldsymbol{A}\boldsymbol{w}^{\mathrm{T}}} - E_s\boldsymbol{h}^{\mathrm{T}}\boldsymbol{w}^{\mathrm{T}}}{\sqrt{\boldsymbol{w}\boldsymbol{B}\boldsymbol{w}^{\mathrm{T}}}}\right] \tag{11.16}$$

由于使用的函数 $Q$ 是单调递减的,所以式(11.16)的最大化就是式(11.17)的最小化:

$$f(\boldsymbol{w}) = \frac{Q^{-1}(P_f)\sqrt{\boldsymbol{w}\boldsymbol{A}\boldsymbol{w}^{\mathrm{T}}} - E_s\boldsymbol{h}^{\mathrm{T}}\boldsymbol{w}^{\mathrm{T}}}{\boldsymbol{w}\boldsymbol{B}\boldsymbol{w}^{\mathrm{T}}} \tag{11.17}$$

## 11.3　基于文化细菌觅食算法的频谱感知

使用 CBFA 优化式(11.17),可通过式(11.18)所给的最小值优化函数求解协作频谱感知方法检测概率最大值优化问题:

$$\boldsymbol{w}^* = \arg\min_{\boldsymbol{w}} \frac{Q^{-1}(P_f)\sqrt{\boldsymbol{w}\boldsymbol{A}\boldsymbol{w}^{\mathrm{T}}} - E_s\boldsymbol{h}^{\mathrm{T}}\boldsymbol{w}^{\mathrm{T}}}{\sqrt{\boldsymbol{w}\boldsymbol{B}\boldsymbol{w}^{\mathrm{T}}}} \tag{11.18}$$

其中,$\boldsymbol{w}^*$ 表示最优权重向量,在给定 $P_f$ 下该 $\boldsymbol{w}^*$ 所对应的检测概率最大。如果 $\boldsymbol{w}^*$ 能够实现式(11.18)的最小化,那么 $\lambda\boldsymbol{w}^*$ 也能够实现式(11.18)的最小化。那么可知,由 $\boldsymbol{w}^*$ 所确定的最优解的个数不计其数,因此,若想得到唯一的最优解,需要做式(11.19)所示的归一化约束处理:

$$\min_{\boldsymbol{w}} f(\boldsymbol{w}), \ \mathrm{s.t.}\ 0 \leqslant w_i \leqslant 1;\ i = 1, 2, \cdots, M;\ \sum_{i=1}^{M} w_i = 1 \tag{11.19}$$

因此可将适应度函数设计为

$$
\begin{cases}
f(\boldsymbol{w}) = \dfrac{Q^{-1}(P_f)\sqrt{\boldsymbol{w}\boldsymbol{A}\boldsymbol{w}^{\mathrm{T}}} - E_s\boldsymbol{h}^{\mathrm{T}}\boldsymbol{w}^{\mathrm{T}}}{\sqrt{\boldsymbol{w}\boldsymbol{B}\boldsymbol{w}^{\mathrm{T}}}} \\
\text{s. t. } 0 \leqslant w_i \leqslant 1;\ i = 1,\ 2,\ \cdots,\ M;\ \displaystyle\sum_{i=1}^{M} w_i = 1
\end{cases}
\tag{11.20}
$$

在优化过程中所得到的最优解是能够使式(11.20)获得最小值的最优的权重向量。在基于 CBFA 的协作频谱感知方法中,设计图 11.2 所示的基于 CBFA 的融合中心。

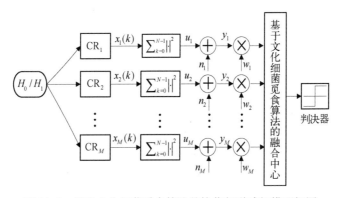

图 11.2　基于文化细菌觅食算法的协作频谱感知模型框图

在 CBFA 中,第 $j$ 次趋向性操作第 $q$ 个细菌的位置为 $\boldsymbol{x}_q^j = [\,x_{q1}^j,\ x_{q2}^j,\ \cdots,\ x_{qM}^j\,](q = 1,\ 2,\ \cdots,\ H)$。在初始迭代,各细菌位置需在定义域区间内随机初始化。其适应度函数可以表示为

$$
\begin{cases}
f(\boldsymbol{x}_q^j) = \dfrac{Q^{-1}(P_f)\sqrt{\boldsymbol{x}_q^j\boldsymbol{A}(\boldsymbol{x}_q^j)^{\mathrm{T}}} - E_s\boldsymbol{h}^{\mathrm{T}}(\boldsymbol{x}_q^j)^{\mathrm{T}}}{\sqrt{\boldsymbol{x}_q^j\boldsymbol{B}(\boldsymbol{x}_q^j)^{\mathrm{T}}}} \\
\text{s. t. } 0 \leqslant x_{qi}^j \leqslant 1,\ i = 1,\ 2,\ \cdots,\ M;\ \displaystyle\sum_{i=1}^{M} x_{qi}^j = 1
\end{cases}
\tag{11.21}
$$

在设计了目标函数相对应于文化细菌觅食算法的适应度函数后,则协作频谱感知问题转化为文化细菌觅食算法的最小值优化问题,通过适应度函数值来评价细菌所在位置的好坏,在频谱感知中,细菌的最优位置表示最优权重向量。基于 CBFA 的协作频谱感知方法的具体步骤如下。

步骤一:初始化参数 $H$、$N_c$、$N_s$、$N_{re}$、$N_{ed}$、$P_{ed}$,及 $\boldsymbol{x}_q^j(q = 1,\ 2,\ \cdots,\ H)$。对细菌的位置进行归一化处理,初始化信仰空间。

步骤二:迁徙操作循环:$l = l + 1, t = 0$。

步骤三:复制操作循环:$t = t + 1, j = 0$。

步骤四：趋向性操作循环：$j = j + 1$

[a] 保存当前细菌 $q$ 的位置 $\boldsymbol{x}_q^j (q = 1, 2, \cdots, H)$，并计算其适应度 $f^q(j, t, l)$，保存当前信仰空间为 $\{\boldsymbol{G}_i^j, \boldsymbol{s}^j, i = 1, 2, \cdots, M\}$。

[b] 计算所有 $H$ 个细菌位置的均值，$\boldsymbol{z}^j = [z_1^j, z_2^j, \cdots, z_M^j]$。

[c] 对于所有的细菌，按照如下方式进行一次趋向性操作，令 $q = 1$。

[d] 令 $f_{\text{last}}^q = f^q(j, t, l)$，保存此值。可通过以下操作找到更健康的细菌。

[e] 移动：根据式 (11.6) 计算新的细菌位置，将细菌 $q$ 的位置进行归一化处理 $\boldsymbol{x}_q^{j+1} = [x_{q1}^{j+1}, x_{q2}^{j+1}, \cdots, x_{qM}^{j+1}]$。

[f] 计算细菌 $q$ 的新位置 $\boldsymbol{x}_q^{j+1}$ 的适应度 $f^q(j + 1, t, l)$。

[g] 游弋：

1）令 $m = 0$

2）当 $m < N_s$ 时，令 $m = m + 1$；如果 $f^q(j + 1, t, l) < f_{\text{last}}^q$，保存 $f_{\text{last}}^q = f^q(j + 1, t, l)$，$\boldsymbol{x}_q^j = \boldsymbol{x}_q^{j+1}$。细菌 $q$ 随机选择式 (11.6) 或式 (11.8) 对其位置进行更新。对第 $j+1$ 次趋向性操作的细菌位置 $\boldsymbol{x}_q^{j+1} = [x_{q1}^{j+1}, x_{q2}^{j+1}, \cdots, x_{qM}^{j+1}]$ 进行归一化处理，用新的位置 $\boldsymbol{x}_q^{j+1}$ 计算适应度 $f^q(j + 1, t, l)$，返回 2）。

3）否则，令 $m = N_s$，$\boldsymbol{x}_q^{j+1} = \boldsymbol{x}_q^j$，结束该细菌游弋操作。

[h] 如果 $q \neq H$，进入 [d] 开始对下一个细菌进行操作。

[i] 根据式 (11.1)~(11.5) 更新信仰空间。

步骤五：如果 $j < N_c$，返回步骤四继续进行趋向性操作。

步骤六：复制操作：

[a] 在给定 $t$ 和 $l$ 的情况下，对于种群中的所有细菌，通过细菌 $q(q = 1, 2, \cdots, H)$ 所对应的健康值 $f_{\text{health}}^q = f^q(N_c, t, l)$ 来表示其健康情况。并采取按健康值升序的方式排列全部细菌（健康值越大，表示细菌越不健康）。

[b] 具有较大健康值的 $H/2$ 个不健康的细菌被消亡，保留的 $H/2$ 个健康的细菌进行分裂。

步骤七：如果 $t < N_{re}$，进入步骤三。

步骤八：迁徙操作：以概率 $P_{ed}$ 对每一个非最健康值的细菌进行变异，如果对某一细菌进行变异，则在定义域内随机产生一个新的细菌。如果 $l < N_{ed}$，则进入步骤二；否则算法终止。

在仿真过程中为了计算和比较，可将 CBFA 的当前迭代次数表示为 $g = N_c \cdot (t - 1) + N_c \cdot N_{re} \cdot (l - 1) + j$。

# 11.4  实 验 仿 真

仿真过程中所使用的认知网络有 $M$ 个本地认知用户，每一个本地认知用户能相互独立的感知目标频谱。在仿真过程中,将文化细菌觅食算法(CBFA)与细菌觅食算法[17](BFOA)、粒子群算法(PSO)[18]和混合蛙跳算法[19](SFLA)相比较。CBFA 参数设置情况如下: $N_c=100,N_s=2,N_{re}=2,N_{ed}=1,P_{ed}=0.1$。BFOA 的参数设置情况如下: $N_c=100,N_{re}=2,N_{ed}=1,P_{ed}=0.1$,单位游弋步长 $c(i)=0.01$。PSO 的参数设置情况:学习因子 $c_1=c_2=2$,全部粒子的速度变化范围限定在定义区间的10%。SFLA 参数设置情况:族群数为10,每个族群青蛙数为5,族群内最大迭代次数为5, $d_j^{max}=0.5,d_j^{min}=-0.5$。所有算法的种群规模设置为50,仿真结果取 200 次独立试验的平均值,算法的终止迭代次数为200。为简单起见,将授权用户发出的信号设置为 $s(k)=1$,采样次数设置为 $N=20$。

图 11.3(a)和图 11.3(b)分别给出了网络中有 15 个本地认知用户且 $P_f=0.08$ 时,目标函数的平均值和检测概率随迭代次数变化的关系曲线。此模型中的其他相关参数 $\boldsymbol{\sigma}=[2.0, 2.5, 0.9, 2.7, 1.3, 3.3, 2.0, 2.5, 0.9, 2.7, 2.0, 2.5,$ $0.9, 2.7, 1.3]^T;\boldsymbol{\delta}=[1.3, 0.8, 2.0, 3.8, 2.3, 0.4, 1.3, 0.8, 2.0, 3.1, 1.3,$ $0.8, 2.0, 3.1, 1.3]^T;\boldsymbol{h}=[0.4, 0.5, 0.7, 0.3, 0.4, 0.3, 0.6, 0.5, 0.2, 0.3,$ $0.4, 0.5, 0.7, 0.3, 0.4]^T$,从中可以看出,CBFA 的收敛速度和收敛精度都优于 BFOA、SFLA 和 PSO。

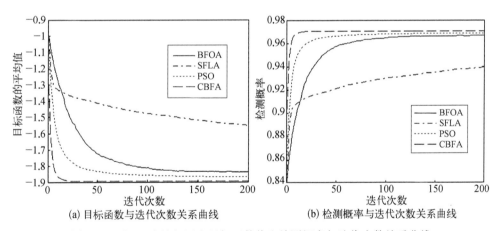

(a) 目标函数与迭代次数关系曲线　　　(b) 检测概率与迭代次数关系曲线

图 11.3　有 15 个认知用户目标函数值和检测概率与迭代次数关系曲线

图 11.4(a)和图 11.4(b)结果表明,所设计的基于文化细菌觅食算法的频谱感知方法相比于现有的频谱感知方法,其对主用户的干扰较小。在解决频谱感知的问题中,CBFA 的性能明显好于 BFOA、SFLA 和 PSO。

从图 11.5(a)和图 11.5(b)可以看出,本地认知用户的数目增加到25。其他参数为 $\boldsymbol{\sigma}=[2.0, 2.5, 0.9, 2.7, 1.3, 3.3, 2.0, 2.5, 0.9, 2.7, 2.1, 2.3, 0.7,$ $2.8, 1.1, 3.6, 2.1, 2.3, 1.9, 2.2, 2.0, 2.7, 1.1, 3.2, 1.5]^T;\boldsymbol{\delta}=[1.3, 0.8,$ $2.0, 3.8, 2.3, 0.4, 1.3, 0.8, 2.0, 3.1, 1.1, 0.6, 2.1, 3.5, 2.5, 0.3, 1.5,$

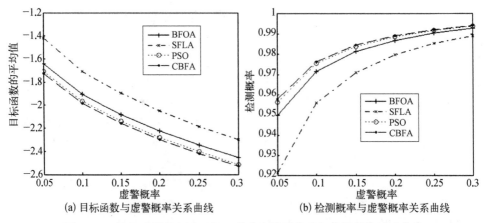

(a) 目标函数与虚警概率关系曲线　　(b) 检测概率与虚警概率关系曲线

图 11.4　有 15 个认知用户目标函数值和检测概率与虚警概率关系曲线

$0.7, 2.2, 3.3, 1.4, 0.6, 2.2, 3.6, 2.2]^\mathrm{T}$; $\boldsymbol{h} = [0.4, 0.5, 0.7, 0.3, 0.4, 0.3,$
$0.6, 0.5, 0.2, 0.3, 0.3, 0.4, 0.4, 0.5, 0.3, 0.4, 0.5, 0.6, 0.1, 0.5, 0.3,$
$0.7, 0.6, 0.5, 0.2]^\mathrm{T}$; $P_f = 0.08$ 时可以看出，CBFA 的性能好于 BFOA、SFLA
和 PSO。

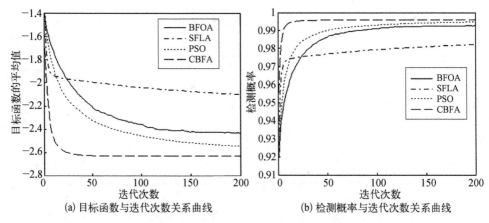

(a) 目标函数与迭代次数关系曲线　　(b) 检测概率与迭代次数关系曲线

图 11.5　有 25 个认知用户目标函数值和检测概率与迭代次数关系曲线

　　图 11.6(a)和图 11.6(b)分别给出了目标函数平均值和 $P_d$ 随 $P_f$ 变化的关系
曲线，也间接的测量了不同 $P_f$ 对主用户的干扰情况。从图 11.6 中可以看出 CBFA
的性能优于其他三种智能优化算法。BFOA、SFLA 和 PSO 的性能较差，这是由算法
的种群规模和迭代次数较少造成的。

　　从图 11.7(a)和图 11.7(b)可以看出，本地认知用户的数目为 35。其他参数
设置为：$\boldsymbol{\sigma} = [2.0, 2.5, 0.9, 2.7, 1.3, 3.3, 2.0, 2.5, 0.9, 2.7, 2.1, 2.3, 0.7,$
$2.8, 1.1, 3.6, 2.1, 2.3, 1.9, 2.2, 2.0, 2.7, 1.1, 3.2, 1.5, 3.3, 2.0, 2.5,$

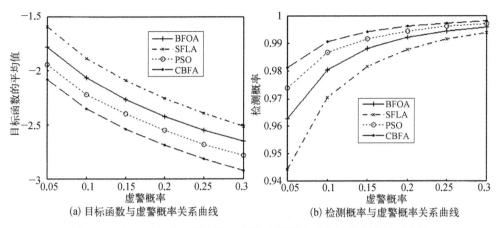

(a) 目标函数与虚警概率关系曲线    (b) 检测概率与虚警概率关系曲线

图 11.6 有 25 个认知用户目标函数值和检测概率与虚警概率关系曲线

$0.9, 2.7, 2.0, 2.5, 0.9, 2.7, 1.3]^{\mathrm{T}}; \boldsymbol{\delta} = [1.3, 0.8, 2.0, 3.8, 2.3, 0.4, 1.3,$
$0.8, 2.0, 3.1, 1.1, 0.6, 2.1, 3.5, 2.5, 0.3, 1.5, 0.7, 2.2, 3.3, 1.4, 0.6,$
$2.2, 3.6, 2.2, 0.4, 1.3, 0.8, 2.0, 3.1, 1.3, 0.8, 2.0, 3.9, 2.3]^{\mathrm{T}}; \boldsymbol{h} = [0.4,$
$0.5, 0.7, 0.3, 0.4, 0.3, 0.6, 0.5, 0.2, 0.3, 0.3, 0.4, 0.4, 0.5, 0.3, 0.4,$
$0.5, 0.6, 0.1, 0.5, 0.3, 0.7, 0.6, 0.5, 0.2, 0.3, 0.6, 0.5, 0.2, 0.3, 0.4,$
$0.5, 0.7, 0.3, 0.4]^{\mathrm{T}}; P_f = 0.08$。无论收敛速度还是收敛性能,文化细菌觅食算法都优于其他三种智能优化算法。

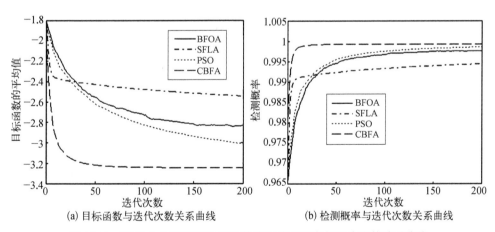

(a) 目标函数与迭代次数关系曲线    (b) 检测概率与迭代次数关系曲线

图 11.7 有 35 个认知用户目标函数值和检测概率与迭代次数关系曲线

图 11.8(a) 和图 11.8(b) 分别给出在本地认知用户的数量为 35 时目标函数平均值和检测概率随虚警概率变化的关系曲线。尽管 BFOA、SFLA 和 PSO 的性能良好,但是其在某些情况下容易陷入局部最优。因此,从图 11.7 和图 11.8 可以看出,在解决频谱感知这个连续优化问题时,CBFA 的性能好于 BFOA、SFLA 和 PSO。

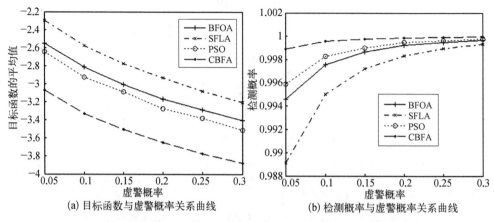

(a) 目标函数与虚警概率关系曲线　　　　(b) 检测概率与虚警概率关系曲线

图 11.8　有 35 个认知用户目标函数值和检测概率与虚警概率关系曲线

## 11.5　小　　结

　　本章主要介绍了文化细菌觅食算法及其在频谱感知中的应用,将文化细菌觅食算法应用于频谱感知这个连续优化问题,可以克服经典算法容易陷入局部收敛的缺点,具有较快的收敛速度和较高的收敛精度,且算法的实时性能良好。本章所介绍的文化细菌觅食算法具有较好的全局搜索能力,也能够应用到其他复杂工程问题的求解过程中,应用范围广泛。

### 参 考 文 献

[ 1 ]　Mitola J. Cognitive radio for flexible mobile multimedia communications[J]. Mobile Networks and Applications, 2001, 4(5): 435 – 441.

[ 2 ]　Haykin S. Cognitive radio: Brain-empowered wireless communications[J]. IEEE Journal on Selected Areas in Communications, 2005, 23(2): 201 – 220.

[ 3 ]　Gu J R, Jang S J, Kim J M. A proactive dynamic spectrum access method against both erroneous spectrum sensing and asynchronous inter-channel spectrum sensing [ J ]. KSII Transactions on Internet and Information Systems, 2012, 6(1): 361 – 378.

[ 4 ]　Cabric D, Mishra S M, Brodersen R. Implementation issues in spectrum sensing for cognitive radios[C]. Pacific Grove: Conference Record – Asilomar Conference on Signals, Systems and Computers, 2004, 1: 772 – 776.

[ 5 ]　Quan Z, Cui S Q, Sayed A H. Optimal linear cooperation for spectrum sensing in cognitive radio networks[J]. IEEE Journal of Selected Topics in Signal Processing, 2008, 2(1): 28 – 40.

[ 6 ]　刁鸣,钱荣鑫,高洪元. 狼群优化的神经网络频谱感知算法[J]. 计算机工程与应用,2016, 52(19): 107 – 110.

[ 7 ]　Yücek T, Arslan H. A survey of spectrum sensing algorithms for cognitive radio applications [ J ]. IEEE Communications Surveys and Tutorials, 2009, 11 ( 1 ) : 116 - 130.

[ 8 ]　Ghasemi A, Sousa E. Collaborative spectrum sensing for opportunistic access in fading environments [ C ]. Baltimore: First IEEE International Symposium on New Frontiers in Dynamic Spectrum Access Networks, DySPAN 2005, 2005: 131 - 136.

[ 9 ]　Chen W B, Yang C K, Huang Y H. Energy-saving cooperative spectrum sensing processor for cognitive radio system [ J ]. IEEE Transactions on Circuits and Systems I : Regular Papers, 2011, 58 ( 4 ) : 711 - 723.

[ 10 ]　Wang X Y, Wong A, Ho P H. Dynamically optimized spatiotemporal prioritization for spectrum sensing in cooperative cognitive radio [ J ]. Wireless Networks, 2010, 16 ( 4 ) : 889 - 901.

[ 11 ]　郑仕链,楼才义,杨小牛. 基于改进混合蛙跳算法的认知无线电协作频谱感知 [ J ]. 物理学报,2010,59 ( 5 ) : 3611 - 3617.

[ 12 ]　高洪元,崔闻. 文化蛙跳算法及其在频谱感知中的应用 [ J ]. 中南大学学报,2013,44 ( 9 ) : 3723 - 3730.

[ 13 ]　Gao H Y, Cui W, Li C W. A quantum bacterial foraging optimisation algorithm and its application in spectrum sensing [ J ]. International Journal of Modelling, Identification and Control, 2013, 18 ( 3 ) : 234 - 242.

[ 14 ]　Chen S H. Construction effective knowledge integration strategy based on culture algorithm framework [ C ]. Xi'an: 2010 International Conference of Information Science and Management Engineering, 2010, 2 : 231 - 234.

[ 15 ]　Gao H Y, Du Y N, Liang Y S. A cultural bacterial foraging algorithm for spectrum sensing of cognitive radio [ C ]. Beijing: IEEE International Conference on Digital Signal Processing ( DSP ) 2016, 2016 : 532 - 536.

[ 16 ]　杜亚男. 基于群智能的绿色认知无线电关键技术研究 [ D ]. 哈尔滨工程大学硕士学位论文,2017.

[ 17 ]　Passino K M. Biomimicry of bacterial foraging for distributed optimization and control [ J ]. IEEE Control Systems Magazine, 2002, 22 ( 3 ) : 52 - 67.

[ 18 ]　Kennedy J, Eberhart R. Particle swarm optimization [ C ]. Perth: Proceedings of IEEE International Conference on Neural Networks, 1995, 4 : 1942 - 1948.

[ 19 ]　Eusuff M, Lansey K. Optimization of water distribution network design using the shuffled frog leaping algorithm [ J ]. Journal of Water Resources Planning and Management, 2003, 129 ( 3 ) : 210 - 225.

# 第12章  量子群智能在绿色认知无线电参数优化中的应用

近年来,随着无线通信技术正在快速地发展,相应的用户对带宽以及服务质量(QoS)的需求也越来越高。当下所面临的一个挑战是如何解决由此带来的过量能量消耗,绿色通信技术的提出旨在减少能量消耗且提高能源利用率,因此使用绿色通信技术可有效缓解这一难题[1-2]。认知无线电能够感知周围无线通信环境且智能调整相应参数以适应不断变化的通信环境,被广大专家和学者认为是实现绿色通信的有效途径。随着人们对认知无线电技术研究的不断深入,旨在实现绿色通信技术的绿色认知无线电将掀起新的研究热潮。

当前,一些专家和学者在如何实现绿色认知无线电方面进行深入的研究,提出多种可实现绿色通信的方法。文献[3]提出一种在输入反馈限制条件下实现绿色认知无线电机会式频谱接入的方法。文献[4]研究旨在最大化能量效率的认知和非认知功率发射机,并在如何配置认知无线电来提高异构网络的感知能力方面有深刻的见解。文献[5]研究在协作认知无线电下行系统中,系统性能和能量高效的均衡问题。文献[6]提出一种适用于下行绿色认知无线电系统网络的功率分配迭代方法。上述研究在一定程度上实现绿色认知无线电技术,但是并没有考虑用户的服务质量需求。为此,文献[7]提出一种基于粒子群算法的绿色认知无线电参数优化方法,该方法在保证可靠通信和快速通信的前提下,降低了发射功率,能够实现能量的高效利用。但是此方法不可避免地受粒子群算法易陷入局部收敛、收敛精度差等缺点的制约,不能对所建立的数学模型进行最优求解,因此,设计更为高效智能的优化算法对此模型进行求解刻不容缓。

现有智能优化算法在解决认知无线系统参数设计这个多目标优化问题时,待求解问题具有待求解参数多、连续和离散变量同时优化和待优化变量定义域不统一等特点,经典智能优化算法难以获得该问题下的最优解。针对此问题,一种可行方法是通过简单的线性加权将多目标优化问题转化为单目标优化问题,均衡考虑用户不同通信需求,设计高性能离散优化算法。

本章研究的重点是绿色认知无线电参数优化问题,该问题是认知决策引擎及其技术的延伸。研究的主要目的是在保证用户服务质量的条件下,通过调整参数来实现绿色通信,而不是盲目地降低发射功率。因此根据不同的通信需求,介绍基于膜量子蜂群算法[8](membrance-inspired quantum bee colony optimization,

MQBCO)的决策引擎和一种基于混沌量子粒子群算法(chaotic quantum particle swarm optimization, CQPSO)的绿色认知无线电参数调整方法,所介绍的方法能够很好地考虑到用户的 QoS 需求,并实现低功耗通信。

## 12.1　基于膜量子蜂群算法的认知无线电决策引擎

### 12.1.1　认知无线电决策引擎模型

认知无线电决策引擎可通过调整系统参数来实现认知无线电系统最优化。认知无线电系统最优化需要综合考虑多方面的实际情况,在满足不同通信指标要求的前提下,使系统的性能能够满足用户的不同需求,而不只是为了满足用户的部分需求而私自的调整相应的参数。认知决策过程是整个认知无线电系统的智能驱动,能够完成模拟、感知、学习和决策,使用认知决策引擎技术能够实现整个认知无线电系统的最优化。图 12.1 给出了通用认知无线电系统的体系结构,认知决策引擎处理单元通过从政策域、政策引擎、用户域、外部环境、射频(RF)信道、无线电域和通信网络等获得所需要的信息,并且利用获取的信息进行智能决策,进而实现整个认知无线电系统的最优化。无线电域包括射频信息和环境数据。政策引擎从政策域获得有关政策信息,这些信息有助于认知决策引擎确定可行的解决方法。

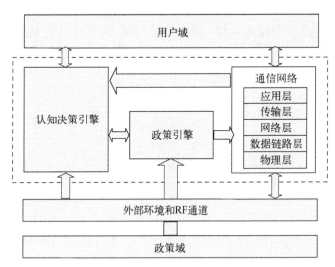

图 12.1　通用认知无线电体系结构

认知无线电能够智能的感知和学习周围环境,并对周围环境加以理解进而自适应调整系统参数,最终实现整个认知无线电系统的最优化,综合各方面因素满足用户的不同需求。认知无线电的系统参数由两部分组成:可写参数和可观测参数。可写参数亦可称为可操作参数,其主要对信道性能和无线电操作产生影响,通过可写参数的调整可完成系统资源的配置。可观测参数为优化无线电系统时能够表征系统性能的极值目标函数。表 12.1 列举了一些常见的可写参数和可观测参数。

**表 12.1  可观测参数与可写参数**

| 可观测参数 | 可写参数 |
|:---:|:---:|
| 比特错误率 | 发射功率 |
| 信噪比 | 调制类型 |
| 数据速率 | 调制阶数 |
| 噪声功率 | 带　宽 |
| 频谱效率 | 符号速率 |
| 干扰功率 | 载波频率 |

认知决策引擎可以根据当前频谱环境自适应的调整系统参数,综合考虑用户的不同通信指标要求,其主要是寻找可写参数的最优组合方式使认知无线电系统性能最优。此过程可看作是一个多目标优化问题,将此过程建立数学模型为

$$\max \boldsymbol{Y} = \max\left[ f_1(\boldsymbol{y}), f_2(\boldsymbol{y}), \cdots, f_n(\boldsymbol{y}) \right] \tag{12.1}$$

其中,$n$ 表示所要优化的目标个数,$\boldsymbol{Y}$ 表示多目标函数向量,$\boldsymbol{y}$ 为输入控制参数构成的向量,$f_i(\boldsymbol{y})(i = 1, 2, \cdots, n)$ 表示第 $i$ 个归一化目标函数。

本章主要考虑三个优化目标:最小化发射功率、最小化比特错误率和最大化数据速率,将三个优化目标均转化为用归一化最大值函数的形式进行表达,具体如下:

$$f_1(\boldsymbol{y}) = 1 - \frac{\overline{p}}{p_{\max}} = 1 - \frac{1}{Np_{\max}} \sum_{i=1}^{N} y_i \tag{12.2}$$

$$f_2(\boldsymbol{y}) = 1 - \frac{\log_{10} 0.5}{\log_{10} \overline{p}_{be}} = 1 - \frac{\log_{10} 0.5}{\log_{10}\left( \dfrac{1}{N} \sum_{i=1}^{N} p_{be}^{i} \right)} \tag{12.3}$$

$$f_3(\boldsymbol{y}) = \frac{\dfrac{1}{N} \sum_{i=1}^{N} \log_2(y_{N+i}) - \log_2 M_{\min}}{\log_2 M_{\max} - \log_2 M_{\min}} = \frac{\dfrac{1}{N} \sum_{i=1}^{N} \log_2(M_i) - \log_2 M_{\min}}{\log_2 M_{\max} - \log_2 M_{\min}} \tag{12.4}$$

其中,$\boldsymbol{y} = (y_1, y_2, \cdots, y_{2N})$ 为待优化的系统参数,$y_i (1 \leqslant i \leqslant N)$ 和 $y_{N+i} = M_i (1 \leqslant i \leqslant N)$ 分别代表第 $i$ 个子载波的发射功率和调制阶数,子载波总数为 $N$,$N$ 个子载波的平均发射功率为 $\overline{p}$,单个子载波所允许的最大发射功率为 $p_{\max}$;比特错误率均

值为 $\bar{p}_{be}$；$M_{\max}$ 为最大调制阶数，$M_{\min}$ 为最小调制阶数。不同调制方式下 $p_{be}^i$ 的计算方式也不同，如在高斯白噪声背景下，对于 $M_i = I \times J$，矩形 $M_i$-QAM 的 $p_{be}^i$ 计算方程如下：

$$p_{be}^i = \frac{1}{\log_2(I \cdot J)}\left[\frac{2M_i - (I + J)}{M_i}\text{erfc}\left(\sqrt{\frac{3\log_2(M_i)}{I^2 + J^2 - 2} \times \frac{E_b^i}{n_0}}\right)\right] \qquad (12.5)$$

在高斯白噪声背景下，对于 $\sqrt{M_i} = I = J$，方形 $M_i$-QAM 的 $p_{be}^i$ 计算方程如下：

$$p_{be}^i = \frac{2\left(1 - \dfrac{1}{\sqrt{M_i}}\right)}{\log_2(M_i)}\text{erfc}\left(\sqrt{\frac{3\log_2(M_i)}{2(M_i - 1)} \times \frac{E_b^i}{n_0}}\right) \qquad (12.6)$$

在高斯白噪声背景下，$M_i$-PSK 的 $p_{be}^i$ 计算方程如下：

$$p_{be}^i = \frac{1}{\log_2 M_i}\text{erfc}\left[\sin\left(\frac{\pi}{M_i}\right)\sqrt{\log_2(M_i) \cdot \frac{E_b^i}{n_0}}\right] \qquad (12.7)$$

其中，$E_b^i$ 表示由第 $i$ 个子载波的发射功率所决定的该载波的比特能量；$n_0$ 为高斯白噪声的功率谱密度，其他误码率计算公式可参考相关文献。

针对上述多目标模型，本应使用多目标优化算法对其进行求解，进而从获得的非支配解集中选择能够合理解决该多目标问题的方案。但是从减少计算量的角度出发，可以通过设置不同的加权系数，将此多目标优化问题转化为单目标最大值优化问题，具体方式如下：

$$f(\boldsymbol{y}) = \sum_{i=1}^{3} w_i f_i(\boldsymbol{y}) , \ w_i \geq 0, \ \sum_{i=1}^{3} w_i = 1 \qquad (12.8)$$

其中，$w_i$ 决定了相应的目标函数 $f_i$ 在认知决策过程中的重要程度。例如在数据传输的通信中，需要着重考虑的通信性能指标是最小比特错误率，因此要将其对应的目标函数赋予较大的权重值，在实际通信中，可根据不同的用户需求对权重值进行设置。以上讨论了认知无线电决策引擎数学模型的建立，在所建立认知决策引擎数学模型的基础上，接下来将介绍基于膜量子蜂群算法的认知引擎决策方法，通过使用性能优异的智能优化算法，完成认知决策引擎的决策过程。

## 12.1.2　膜量子蜂群优化

膜系统是一种受生物细胞结构与功能的启发而得到的分布式并行计算模型，一个膜系统也可称之为 P 系统。图 12.2 所示为一个表层膜内包含有 6 个膜的简单膜结构,可以记作$[_0[_1[_3]_3]_1[_2[_4]_4[_5]_5]_2[_6]_6]_0$。膜系统是由一系列分层排列的膜构成,所有的非表层膜均被嵌在表层膜中[9]。基础膜为内部不包含其他膜的膜,每个膜可被看作一个区间,每个区间又可以组成膜结构的不同部分,也可包含多个目标集、交流规则和转换规则,计算结果可由表层膜输出[10]。

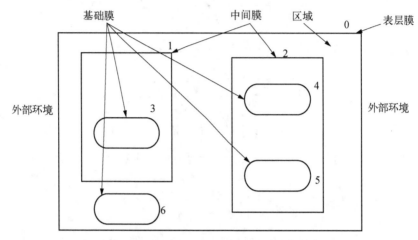

图 12.2　膜结构的示意图

根据文献[8],可以得到膜量子蜂群优化的膜结构为

$$\Pi = (\boldsymbol{V}, \boldsymbol{T}, \boldsymbol{\mu}, \boldsymbol{u}_0, \boldsymbol{u}_1, \cdots, \boldsymbol{u}_m, R_0, R_1, \cdots, R_m, i_0) \qquad (12.9)$$

其中,$\boldsymbol{V}$ 表示一个字母表,它内部的元素可以被称为对象;$\boldsymbol{T} \subseteq \boldsymbol{V}$ 表示输出字母表;$\boldsymbol{\mu}$ 是一个由 $m+1$ 个膜以分层嵌入方式构成的膜结构,每个膜使用标号集$\{0, 1, 2, \cdots, m\}$ 中的某个值代表其标号,$m+1$ 为膜结构的度数;$\boldsymbol{u}_k$ 代表第 $k$ 个区域的多重集,其中 $0 \leqslant k \leqslant m$;$R_k$ 代表第 $k$ 个区域的进化规则有限集;$i_0$ 为 0 到 $m$ 之间的整数,表示了 $\Pi$ 的输出膜序号,选择标号为 0 的表层膜作为输出膜。

膜量子蜂群优化(MQBCO)通过对膜结构进行模拟,对量子蜂群进行分组,利用膜系统中的一些规则和要素,使用量子蜂群演化规则实现并行搜索。设每个基础膜是一个可以任意变化形状的透明弹性膜,因此蜜蜂可在其中到达搜索空间的任何位置。膜结构中字母表的对象为量子比特和二进制比特$\{0, 1\}$,分别组成蜜蜂的量子位置和位置。将膜系统的演进规则进行提取,并在膜系统中使用量子蜂群算法进行演进。

设共有 $h$ 只蜜蜂组成蜂群,每只蜜蜂的量子位置可由一串量子位的组合表示,在第 $t$ 代第 $i$ 只蜜蜂的量子位置可记为

$$\boldsymbol{v}_i^t = \begin{bmatrix} \alpha_{i1}^t & \alpha_{i2}^t & \cdots & \alpha_{iD}^t \\ \beta_{i1}^t & \beta_{i2}^t & \cdots & \beta_{iD}^t \end{bmatrix} \qquad (12.10)$$

其中,$|\alpha_{id}^t|^2 + |\beta_{id}^t|^2 = 1$ $(d = 1, 2, \cdots, D)$,将量子位 $\alpha_{id}^t$ 和 $\beta_{id}^t$ 定义为 $0 \leqslant \alpha_{id}^t \leqslant 1, 0 \leqslant \beta_{id}^t \leqslant 1$。膜量子蜂群优化通过对蜂群中每只蜜蜂的所有量子位进行演化更新完成整个量子蜂群的演化。$\theta_{id}^{t+1}$ 为第 $t+1$ 次迭代的量子旋转角,其对应量子比特

$$v_{id}^t = [\alpha_{id}^t, \beta_{id}^t]^T \text{ 可以用量子旋转门 } U(\theta_{id}^{t+1}) = \begin{bmatrix} \cos\theta_{id}^{t+1} & -\sin\theta_{id}^{t+1} \\ \sin\theta_{id}^{t+1} & \cos\theta_{id}^{t+1} \end{bmatrix} \text{ 或量子非门}$$

$G = \begin{bmatrix} 0 & 1 \\ 1 & 0 \end{bmatrix}$ 进行更新。

在 MQBCO 中,每只蜜蜂都处于一个用 $D$ 维二进制比特所表示的食物源位置。该位置的蜜源含量决定了其优劣,蜜源含量越高,该位置越优秀;反之蜜源含量越低,该位置越差。对于最大值优化问题,蜜源函数值越大代表蜜源含量高,对于最小值优化问题,蜜源函数值越小代表蜜源含量越高,位置越优秀。第 $t$ 代第 $i$ 只蜜蜂的食物源位置为 $x_i^t = [x_{i1}^t, x_{i2}^t, \cdots, x_{iD}^t]$,其代表待求解问题的一个潜在解。定义直到 $t$ 次迭代为止,第 $i$ 只蜜蜂所搜索到最优秀的位置为其局部最优位置 $p_i^t = [p_{i1}^t, p_{i2}^t, \cdots, p_{iD}^t]$ $(i = 1, 2, \cdots, h)$。直到 $t$ 次迭代为止,整个蜂群所搜索到的最优秀位置,定义其为整个蜂群的全局最优位置 $p_g^t = [p_{g1}^t, p_{g2}^t, \cdots, p_{gD}^t]$。

每个膜内的蜜蜂包括工蜂和观察蜂,每种蜜蜂各占一半。每一只工蜂或者观察蜂都对应一个量子位置,对量子位置进行测量可以得到相应的食物源位置。每只蜜蜂根据以往的觅食经验和整个蜂群的信息交流,在可行解区间寻找最优位置。

在 MQBCO 中,$R_k$ 代表第 $k$ 个膜的演进规则,其中 $1 \leqslant k \leqslant m$。则 $m$ 个基础膜中,工蜂和观察蜂的数量相等,每个基础膜内都有 $0.5h/m$ 只工蜂和 $0.5h/m$ 只观察蜂。

工蜂量子旋转角的大小受其局部最优位置和蜂群全局最优位置的影响。即第 $i$ 只工蜂的量子旋转角通过 $p_i^t$ 和 $p_g^t$ 来确定及更新。在第 $k(1 \leqslant k \leqslant m)$ 个基础膜内,式(12.11)和式(12.12)给出每只工蜂的量子旋转角及量子位置的具体更新:

$$\theta_{id}^{t+1} = e_1(p_{id}^t - x_{id}^t) + e_2(p_{gd}^t - x_{id}^t) \tag{12.11}$$

$$v_{id}^{t+1} = \begin{cases} Gv_{id}^t, & \theta_{id}^{t+1} = 0 \text{ 且 } \gamma_{id}^{t+1} < c_1 \\ \text{abs}[U(\theta_{id}^{t+1})v_{id}^t], & \text{其他} \end{cases} \tag{12.12}$$

其中,$i = (k-1)h/m + 1, (k-1)h/m + 2, \cdots, (k-0.5)h/m$;$d = 1, 2, \cdots, D$;$k = 1, 2, \cdots, m$。$e_1$ 和 $e_2$ 是两个常数,分别表示量子旋转角受工蜂局部最优位置和该膜中全局最优位置影响的权重值。$\gamma_{id}^{t+1}$ 为 $[0, 1]$ 之间均匀分布的随机数。$c_1$ 是旋转角为 0 时,量子位的翻转概率,其值可选 $[0, 1/D]$ 之间的常数。

在工蜂寻找蜜源最优位置过程中,观察蜂通过观察工蜂觅食过程进行挑选,并利用工蜂所找到的蜜源位置信息来更新其量子位置。在第 $k(1 \leqslant k \leqslant m)$ 个基础

膜内,式(12.13)和式(12.14)具体给出观察蜂的量子旋转角及量子位置的更新:

$$\theta_{id}^{t+1} = e_3(p_{id}^t - x_{id}^t) + e_4(p_{jd}^t - x_{id}^t) + e_5(g_{kd}^t - x_{id}^t) \tag{12.13}$$

$$\boldsymbol{v}_{id}^{t+1} = \begin{cases} \boldsymbol{G}\boldsymbol{v}_{id}^t, & \theta_{id}^{t+1} = 0 \text{ 且 } \gamma_{id}^{t+1} < c_2 \\ \mathrm{abs}[\boldsymbol{U}(\theta_{id}^{t+1})\boldsymbol{v}_{id}^t], & \text{其他} \end{cases} \tag{12.14}$$

其中,$i = (k-0.5)h/m + 1, (k-0.5)h/m + 2, \cdots, kh/m$;$\boldsymbol{g}_k^t = [g_{k1}^t, g_{k2}^t, \cdots, g_{kD}^t]$ 代表直到第 $t$ 代为止第 $k$ 个膜所搜索到的最优位置,称作该膜的全局最优位置,$e_3$、$e_4$ 和 $e_5$ 代表三个权重系数,$e_3$ 表示量子旋转角受观察蜂的局部最优位置影响的大小,$e_4$ 代表量子旋转角受所选择工蜂的局部最优位置影响的大小,$e_5$ 代表量子旋转角受该膜中的全局最优位置影响的程度。$c_2 \in [0, 1/D]$ 表示量子旋转角等于 $0$ 时,相应量子位使用量子非门进行翻转操作的概率,$\gamma_{id}^{t+1}$ 代表 $[0, 1]$ 间均匀分布的随机数。$\boldsymbol{p}_j^t = [p_{j1}^t, p_{j2}^t, \cdots, p_{jD}^t]$ 代表第 $k$ 个膜内第 $j$ 只工蜂的局部最优位置,其由该膜内第 $i[i = (k-0.5)h/m + 1, (k-0.5)h/m + 2, \cdots, kh/m]$ 只观察蜂使用轮盘赌方式选择得到。若 $f(\boldsymbol{p}_j^t)$ 代表第 $j$ 只工蜂在第 $k$ 个基础膜内局部最优位置的适应度值,构造的适应度函数需大于 $0$ 且值越大其对应位置越优秀,对于极值优化问题,工蜂局部最优位置所对应的适应度函数值越大,它被观察蜂挑选的概率越大,则第 $j(j \in \{(k-1)h/m + 1, (k-1)h/m + 2, \cdots, (k-0.5)h/m\})$ 只工蜂被选择的概率为

$$q_j^{t+1}(k) = \frac{f(\boldsymbol{p}_j^t)}{\sum\limits_{l=(k-1)h/m+1}^{(k-0.5)h/m} f(\boldsymbol{p}_l^t)} \tag{12.15}$$

式(12.16)具体给出如何对第 $i$ 只蜜蜂的各量子位进行测量获得相应的食物源位置:

$$x_{id}^{t+1} = \begin{cases} 1, & \rho_{id}^{t+1} > (\alpha_{id}^{t+1})^2 \\ 0, & \rho_{id}^{t+1} \leqslant (\alpha_{id}^{t+1})^2 \end{cases} \tag{12.16}$$

其中,$d = 1, 2, \cdots, D$,$\rho_{id}^{t+1} \in [0, 1]$ 代表均匀分布的随机数,$(\alpha_{id}^{t+1})^2$ 代表量子位 $\boldsymbol{v}_{id}^{t+1}$ 选择"0"的概率。

基于量子蜂群的膜框架构成如下:

1)有 $m$ 个区域,均存在标号为 $0$ 的表层膜中,将此膜结构记作 $[_0[_1]_1[_2]_2\cdots[_m]_m]_0$;

2)字母表是由可能的量子位置和二进制位置向量构成的集合;

3)输出端字母表 $\boldsymbol{T}$,是由二进制位置向量构成的集合;

4）第 $t$ 代多重集 $\pmb{u}_1^t$，$\pmb{u}_2^t$，$\cdots$，$\pmb{u}_m^t$ 是由多个量子位置集合构成，可记作 $\pmb{u}_1^t = \{\pmb{v}_1^t, \pmb{v}_2^t, \cdots, \pmb{v}_{n_1}^t\}$，$\pmb{u}_2^t = \{\pmb{v}_{n_1+1}^t, \pmb{v}_{n_1+2}^t, \cdots, \pmb{v}_{n_1+n_2}^t\}$，$\cdots$，$\pmb{u}_m^t = \{\pmb{v}_{n_1+n_2+\cdots+n_{m-1}+1}^t, \pmb{v}_{n_1+n_2+\cdots+n_{m-1}+2}^t, \cdots, \pmb{v}_{n_1+n_2+\cdots+n_{m-1}+n_m}^t\}$，其中 $\pmb{v}_i^t (1 \leqslant i \leqslant h)$ 代表第 $i$ 只蜜蜂的量子位置；$n_j = h/m (1 \leqslant j \leqslant m)$ 代表 $\pmb{u}_j$ 中的蜜蜂数；$\sum_{j=1}^m n_j = h$，$h$ 为量子蜂群中的蜜蜂总数；

5）膜结构的规则包括演化规则、测量规则与通信规则。

演化规则：在每个基础膜，每个量子位的更新均采用量子门进行操作，具体更新方式如式（12.11）~（12.14）所示。

测量规则：通过对蜜蜂量子位置的测量，可以得到其食物源的位置，具体测量方式如式（12.16）所示。

通信规则：基础膜和表层膜之间会有量子位置和相应位置信息的交流。对于每个基础膜，将到目前为止其膜内的全局最优位置和最优位置的目标函数值信息传输到表层膜，表层膜再把所得到的全局最优位置信息和目标函数值传输回各基础膜，可为各基础膜的位置演进提供指引。

在演进过程中，在第 $k$ 个基础膜第 $i \left[ \dfrac{h(k-1)}{m} + 1 \leqslant i \leqslant \dfrac{hk}{m} \right]$ 只蜜蜂的 $\pmb{p}_i^t$ 更新如式（12.17）所示：

$$\pmb{p}_i^{t+1} = \begin{cases} \pmb{x}_i^{t+1}, f(\pmb{p}_i^t) < f(\pmb{x}_i^{t+1}) \\ \pmb{p}_i^t, f(\pmb{p}_i^t) \geqslant f(\pmb{x}_i^{t+1}) \end{cases} \tag{12.17}$$

第 $k$ 个基础膜中，全局最优位置更新如式（12.18）所示：

$$\pmb{g}_k^{t+1} = \arg \max_{\pmb{p}_i^{t+1}} \{f(\pmb{p}_i^{t+1})\}, \quad \frac{h(k-1)}{m} + 1 \leqslant i \leqslant \frac{hk}{m} \tag{12.18}$$

然后利用各基础膜的全局最优位置信息，来更新整个蜂群的全局最优位置 $\pmb{p}_g^t$，其具体更新方式为：$\pmb{p}_g^{t+1} = \arg \max_{\pmb{g}_k^{t+1}} \{f(\pmb{g}_k^{t+1})\}$，$1 \leqslant k \leqslant m$。

## 12.1.3　基于膜量子蜂群优化的决策引擎实现步骤

在 MQBCO 算法中，先初始化种群中每只蜜蜂位置和量子位置，初始量子位置的各量子位均被初始化为 $1/\sqrt{2}$，这样初始化量子位置可以使得在对初始量子位进行测量时，可以等概率获得二进制 $\{0, 1\}$，可以通过对初始量子位置进行测量，从而得到初始位置，也可以使用随机初始化的方式产生蜜蜂的初始位置，以使所设计算法和被比较算法在相同的初始解进行演化。算法蜜源含量函数可以设定为由适应度函数通过加权方式将多目标认知决策引擎函数转化得到的单目标函数。对于认知无线电的决策引擎这个最大值优化问题，其求解过程就是通过演化规则寻找蜜源含量值最大的位置。

使用 MQBCO 实现认知决策引擎的具体步骤为

步骤一：确定膜结构。初始化蜜蜂量子位置和二进制位置，并将种群中所有蜜蜂平均分配到各个基础膜上。

步骤二：将每只蜜蜂的二进制位置通过一定的编码方式映射成认知无线电系统的待求解参数。

步骤三：计算每个位置的目标函数值，来评价认知无线电系统参数的优劣，即代表了每只蜜蜂的花蜜含量。然后确定每只蜜蜂各自的初始历史最优位置、根据蜜源含量值获得每个基础膜的初始全局最优位置和整个蜂群的初始最优位置。

步骤四：利用所定义的演化规则和测量规则获得每只蜜蜂的新量子位置并通过测量得到相应的新位置。

步骤五：把每只蜜蜂的二进制新位置根据编码规则映射成认知无线电系统参数，带入蜜源函数获得相应的花蜜含量值。

步骤六：在基础膜内，每只蜜蜂的局部最优位置和每个基础膜的全局最优位置被更新，在基础膜和表层膜之间使用通信规则更新整个蜂群的全局最优位置。

步骤七：判断是否达到最大迭代次数，即 MQBCO 的终止条件，若是，终止MQBCO 的迭代运行从表层膜输出全局最优位置；否则，回到步骤四。

## 12.1.4 实验仿真

把基于膜量子蜂群算法（MQBCO）的认知无线电的决策引擎与基于遗传算法（GA）、量子遗传算法（QGA）[11] 和粒子群算法（PSO）[12] 的决策引擎技术进行实验对比。实验在基于 OFDM 技术的无线通信系统进行，OFDM 中含 32 个子载波，每个子载波使用 $[0, 1]$ 间的随机数来模拟信道的衰落。发射功率为 $0.1 \sim 256.1$ mW。可选调制方式为 4-PSK、64-QAM、32-QAM 和 16-QAM，符号速率为 0.125 Msps。信道是加性高斯白噪声信道，噪声的功率谱密度为 $1.4 \times 10^{-8}$ mW/Hz。四种智能算法的一些关键参数设置为相同的：种群规模设为 20，终止迭代次数设置为 800，每个算法使用相同的初始种群开始演化。设置 GA 的参数：交叉概率采用 0.6，变异概率采用 0.005。QGA 的参数设置主要参考文献[11]，PSO 的参数设置主要参考文献[12]，MQBCO 的参数设置见文献[8]，$m = 2$ ($n_1 = 10$, $n_2 = 10$)；$R_1$: $e_1 = 0.06$, $e_2 = 0.03$, $e_3 = 0.06$, $e_4 = 0.015$, $e_5 = 0.005$, $c_1 = c_2 = 0.01/D$; $R_2$: $e_1 = 0.06$, $e_2 = 0.03$, $e_3 = 0.06\pi$, $e_4 = 0.015\pi$, $e_5 = 0.005\pi$, $c_1 = c_2 = 0.01/D$。

一只量子蜜蜂的比特位置有 256 个二进制数,一个子载波的参数可使用 8 个二进制数进行表示,6 位代表功率,2 位代表调制方式。仿真结果取 200 次实验的平均。

仿真在 3 种通信模式下进行,第 1 种模式被定义为低功耗通信,第 2 种模式被定义为紧急通信,第 3 种模式被定义为多媒体通信。不同的通信方式对应的权重不同,可以根据要求给 3 种目标不同权重,3 种通信模式权重见表 12.2,3 种通信模式下的目标函数值收敛曲线如图 12.3 至图 12.5 所示。

表 12.2　不同通信模式下的权重

| 权　重 | 模式 1 | 模式 2 | 模式 3 |
|---|---|---|---|
| $w_1$ | 0.8 | 0.05 | 0.05 |
| $w_2$ | 0.15 | 0.8 | 0.15 |
| $w_3$ | 0.05 | 0.15 | 0.8 |

从图 12.3~图 12.5 可以看出 GA、PSO、QGA 和 MQBCO 四种算法获得的收敛速度以及收敛精度的情况。低功耗通信模式下,四种算法的收敛性能相近,但是 MQBCO 收敛精度要高于其他三种算法。在紧急通信模式和多媒体通信模式中,MQBCO 所获的收敛精度随着迭代次数增加而显著提升,并且与其他三种算法相比,MQBCO 需要较少的迭代次数便能达到较高的收敛精度,满足了认知决策引擎的实时性要求,仿真结果是 200 次实验的平均,再次说明了 MQBCO 的稳定性和高效性。

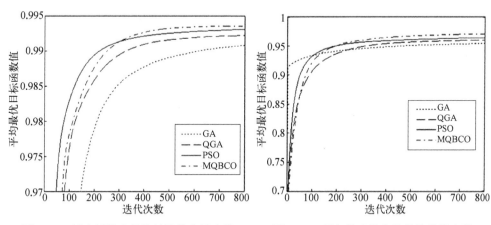

图 12.3　低功耗模式的收敛性能曲线比较　　图 12.4　紧急模式的收敛性能曲线比较

图 12.6~图 12.8 给出了三种通信模式下基于 MQBCO 的认知引擎对每个子载波的比特错误率、发射功率和数据速率的参数调整结果。从图 12.6~图 12.8 的仿真结果可以看出,在低功耗通信模式下,基于 MQBCO 认知决策引擎优化方法能满足系统的低功率要求,即系统的能量消耗具有高效性。在紧急通信模式下,在考虑

用户发射功率和数据速率需求的情况下,比特错误率被控制在较低的范围内。在多媒体通信模式下,整个认知无线电系统的通过量得到提升。通过以上仿真实验,基于MQBCO的认知决策引擎参数优化方法的优越性得以验证。

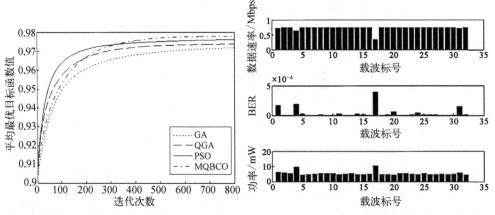

图 12.5　多媒体通信模式的收敛性能曲线比较　　图 12.6　低功耗通信模式的 MQBCO 仿真

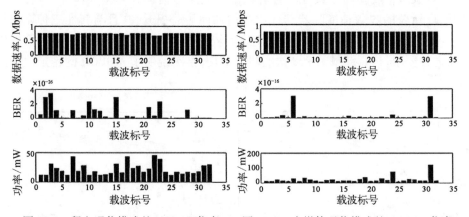

图 12.7　紧急通信模式的 MQBCO 仿真　　图 12.8　多媒体通信模式的 MQBCO 仿真

## 12.2　混沌量子粒子群算法

　　本节将混沌变异引入量子粒子群算法,介绍了一种结合两者各自优点的混沌量子粒子群算法(chaotic quantum particle swarm optimization, CQPSO)。

　　量子粒子的量子速度是由量子比特表示,第 $i$ 个量子粒子的量子速度被简化定义为

$$\boldsymbol{v}_i^t = \left[ v_{i1}^t,\ v_{i2}^t,\ \cdots,\ v_{iD}^t \right] \tag{12.19}$$

其中，$0 \leqslant v_{id}^t \leqslant 1; 1 \leqslant d \leqslant D$。

第 $i$ 个量子粒子量子速度的第 $d$ 个量子比特的更新过程简化如下：

$$v_{id}^{t+1} = \mid v_{id}^t \times \cos\theta_{id}^{t+1} - \sqrt{1-(v_{id}^t)^2} \times \sin\theta_{id}^{t+1} \mid \qquad (12.20)$$

在量子粒子群中，有 $h$ 个量子粒子在 $D$ 维空间中搜寻最优位置。第 $i$ 个量子粒子的位置为 $\boldsymbol{x}_i^t = [x_{i1}^t, x_{i2}^t, \cdots, x_{iD}^t], 1 \leqslant i \leqslant h$。第 $i$ 个量子粒子的量子速度为 $\boldsymbol{v}_i^t = [v_{i1}^t, v_{i2}^t, \cdots, v_{iD}^t]$，并且将第 $i$ 个量子粒子到第 $t$ 代为止所搜到的局部最优位置记为 $\boldsymbol{b}_i^t = [b_{i1}^t, b_{i2}^t, \cdots, b_{iD}^t], 1 \leqslant i \leqslant h$。$\boldsymbol{b}_g^t = [b_{g1}^t, b_{g2}^t, \cdots, b_{gD}^t]$ 为整个量子粒子群第 $t$ 代为止所搜到的全局最优位置。

如果量子旋转角 $\theta_{id}^{t+1} = 0$，量子比特 $v_{id}^t$ 用量子非门以某种较小的概率进行更新，为了获得优秀的性能，使用混沌变异，所使用的混沌方程为

$$v_{id}^{t+1} = \mu v_{id}^t (1 - v_{id}^t) \qquad (12.21)$$

其中，控制参数 $\mu$ 的取值范围为 0~4，当 $\mu$ 为 4 时，具有较好的混沌行为。为了保证混沌演进产生一系列混沌值，混沌方程的初值应在 (0, 1) 间随机产生且应满足约束：$v_{id}^0 \notin \{0.25, 0.5, 0.75\}$。

在每一代，第 $i$ 个量子粒子的量子速度和位置的更新过程可以表示如下：

$$\theta_{id}^{t+1} = e_1(b_{id}^t - x_{id}^t) + e_2(b_{gd}^t - x_{id}^t) + e_3(g_{kd}^t - x_{id}^t) \qquad (12.22)$$

$$v_{id}^{t+1} = \begin{cases} 4v_{id}^t(1 - v_{id}^t), & \theta_{id}^{t+1} = 0 \text{ 且 } \tilde{r}_{id}^{t+1} < c_1 \\ abs(v_{id}^t \times \cos\theta_{id}^{t+1} - \sqrt{1-(v_{id}^t)^2} \times \sin\theta_{id}^{t+1}), & \text{其他} \end{cases}$$

$$\qquad (12.23)$$

$$x_{id}^{t+1} = \begin{cases} 1, & r_{id}^{t+1} > (v_{id}^{t+1})^2 \\ 0, & r_{id}^{t+1} \leqslant (v_{id}^{t+1})^2 \end{cases} \qquad (12.24)$$

其中，$1 \leqslant i \leqslant h, 1 \leqslant d \leqslant D, \boldsymbol{g}_k^t = [g_{k1}^t, g_{k2}^t, \cdots, g_{kD}^t](k = 1, 2, \cdots, K)$ 代表在 $K$ 个最优局部位置集中随机选择的一个局部最优位置；$r_{id}^{t+1}$ 和 $\tilde{r}_{id}^{t+1}$ 都为均匀分布在 $[0, 1]$ 之间的均匀随机数，$c_1$ 为变异概率，一般可设置为 $(0, 0.1/D)$ 的常数，$e_1$、$e_2$ 和 $e_3$ 为 3 个常数，分别决定了量子粒子自己的局部最优位置、整个量子粒子群的全局最优位置和随机选择的局部最优位置对该量子粒子的量子速度和位置的更新过程的影响程度。

每 $m$ 次迭代量子粒子群中一半量子粒子的量子速度和位置使用混沌变异进行混沌操作，对于第 $q(1 + 0.5h \leqslant q \leqslant h)$ 个量子粒子，随机选择 $z(z \in \{1, 2, \cdots, D\})$ 个量子位进行混沌变异，产生的量子速度和位置为分别为 $\boldsymbol{u}_q^{t+1} = [u_{q1}^{t+1}, u_{q2}^{t+1}, \cdots, u_{qD}^{t+1}]$ 和 $\boldsymbol{y}_q^{t+1} = [y_{q1}^{t+1}, y_{q2}^{t+1}, \cdots, y_{qD}^{t+1}]$，其更新方程为

$$u_{qd}^{t+1} = \begin{cases} 4v_{qd}^{t+1}(1 - v_{qd}^{t+1}), & d \in \mathbf{Z}_q \\ v_{qd}^{t+1}, & \text{其他} \end{cases} \qquad (12.25)$$

$$y_{qd}^{t+1} = \begin{cases} 1, & \overline{r}_{qd}^{t+1} > (u_{qd}^{t+1})^2 \\ 0, & \overline{r}_{qd}^{t+1} \leqslant (u_{qd}^{t+1})^2 \end{cases} \qquad (12.26)$$

其中, $\overline{r}_{id}^{t+1}$ 为均匀分布在 $[0, 1]$ 之间的随机数; $\mathbf{Z}_q$ 是第 $q$ 个量子粒子所随机选择的 $z(1 \leqslant z \leqslant D)$ 个量子位的标号集合。对于第 $q(1 + 0.5h \leqslant q \leqslant h)$ 个量子粒子, 使用贪婪选择机制, 若产生的位置 $\mathbf{y}_q^{t+1}$ 的适应度优于 $\mathbf{x}_q^{t+1}$ 的适应度, 则令 $\mathbf{x}_q^{t+1} = \mathbf{y}_q^{t+1}$, $\mathbf{v}_q^{t+1} = \mathbf{u}_q^{t+1}$。

# 12.3  基于混沌量子粒子群算法的
# 绿色认知系统参数优化

## 12.3.1  绿色认知无线电的系统参数优化模型

绿色认知无线电的提出主要是为了提高能量的利用率。在实际通信中, 需要满足用户多方面的通信要求和不同的服务质量需求, 而随着用户的地理位置和通信环境等因素发生改变, 这些需求也相应地发生改变, 因此需要实时地调整系统参数以保证用户服务质量的前提下实现能量消耗的最小化, 进而实现能量高效利用的绿色通信[13]。

基于一个多载波 OFDM 通信系统, 构建可综合考虑不同通信性能的绿色认知无线电参数优化模型。在此模型中可通过调整发射功率、调制类型和调制阶数三个可写参数, 在保证比特错误率最小化和数据速率最大化的前提下实现能量消耗最小化。将此带有约束的参数优化问题建立相应的数学模型:

$$\min \sum_{k=1}^{N} p_k, \text{ st. } \mathrm{BER}_k \leqslant \mathrm{BER}_{\mathrm{tar}}, \mathrm{DR}_k \geqslant \mathrm{DR}_{\mathrm{tar}} \qquad (12.27)$$

其中, $N$ 表示子载波的数目; $\mathrm{BER}_{\mathrm{tar}}$ 和 $\mathrm{DR}_{\mathrm{tar}}$ 分别表示用户的目标比特错误率和目标数据速率; $p_k$、$\mathrm{BER}_k$ 和 $\mathrm{DR}_k$ 分别表示第 $k$ 个子载波的发射功率、比特错误率和数据速率。

为方便计算, 引入惩罚因子将上述有约束的认知参数优化问题转化为无约束的认知无线电系统参数优化问题, 具体过程如下:

$$\max f \qquad (12.28)$$

其中,

$$f = ( N p_{\max} + 1 - \sum_{k=1}^{N} p_k ) \times \overline{f} \left[ \left( \frac{1}{N} \sum_{k=1}^{N} \mathrm{BER}_k \right)^{-1}, \mathrm{BER}_{\mathrm{tar}}^{-1} \right] \times \overline{f} \left( \frac{1}{N} \sum_{k=1}^{N} \mathrm{DR}_k, \mathrm{DR}_{\mathrm{tar}} \right)$$

$$(12.29)$$

其中,$f$ 为可评价算法性能优劣的适应度函数,$f$ 的值越大,表明所设计的认知系统参数能够更好地满足用户需求且实现低能耗通信;$p_{\max}$ 代表每个子载波的最大发射功率;函数 $\overline{f}(y, \alpha)$ 的具体定义如下:

$$\overline{f}(y, \alpha) = \frac{1}{2} (\tanh \{ \sigma [ \log(y/\alpha) - \eta ] \} + 1) \qquad (12.30)$$

其中,设置 $\sigma = 1.65, \eta = 0.9$。通过此种参数设置,可使当 $y/\alpha = 0$ 时,$\overline{f}(y, \alpha)$ 的值趋近于 0,当 $y/\alpha = 1$ 时,$\overline{f}(y, \alpha)$ 的值趋近于 1。$\overline{f}(y, \alpha)$ 的值在 0 到 1 之间。当 $y$ 的值小于 $\alpha$ 时,$\overline{f}(y, \alpha)$ 随 $y$ 的增加而显著增加,当 $y$ 的值接近或大于 $\alpha$ 时,$\overline{f}(y, \alpha)$ 随 $y$ 的增加而缓慢增加并接近 1。因此可将 $\overline{f}(y, \alpha)$ 看作式(12.29)中的惩罚因子,即当 $\mathrm{BER}_k$ 和 $\mathrm{DR}_k$ 与所设计的目标值之间相差较大时,$\overline{f}(y, \alpha)$ 对其相应的惩罚也较大;反之,当 $\mathrm{BER}_k$ 和 $\mathrm{DR}_k$ 接近目标值时,$\overline{f}(y, \alpha)$ 的值接近于 1,此时发挥主要作用的是用户的发射功率。加入 $\overline{f}(y, \alpha)$ 的主要目的在于,可通过计算适应度函数值对系统性能给出评价,即适应度函数值越大,系统的通信性能越优秀。因此,所设计的认知系统参数设计模型在满足比特错误率和数据速率要求的前提下能够对发射功率进行控制。

## 12.3.2　绿色认知无线电系统参数设计的实现步骤

基于混沌量子粒子群算法的绿色认知无线电参数优化方法的实现步骤如下[14]。

步骤一:初始化量子粒子群,包括产生量子粒子的量子速度,测量得到位置,把最初的位置记作初始局部最优位置。

步骤二:对量子粒子进行适应度评价,从而得到全局最优位置。

步骤三:根据混沌方程和量子旋转门更新量子粒子的量子速度和位置。

步骤四:计算每个量子粒子的新位置的适应度值。

步骤五:判断迭代次数是否达到 $m$ 的整倍数,若是,对标号后一半量子粒子采用混沌变异产生量子速度和位置,使用贪婪机制进行选择。

步骤六:更新量子粒子的局部最优位置,同时找到全局最优位置。

步骤七:如果进化并没有终止(通常由预先设定的最大迭代次数决定),返回步骤三,否则,算法终止。

### 12.3.3 实验仿真

为了验证 CQPSO 方法的性能,将 CQPSO 与 PSO 和 QGA 两种经典智能算法进行对比。PSO、QGA 和 CQPSO 的仿真初始条件相同,种群规模和最大迭代次数分别设置为 30 和 800。PSO 的参数设置情况:两种学习因子均被设置为 2,$V_{max} = 4$[12]。QGA 的参数设置情况:量子旋转角从 $0.1\pi$ 线性递减到 0.005[11]。CQPSO 的参数设置情况:$e_1 = 0.06$, $e_2 = 0.01$, $e_3 = 0.03$, $c_1 = 0.1/D$, $K = 5$, $h = 30$, $m = 5$, $D = 256$。仿真结果取 100 次独立试验的平均值。

绿色认知无线电系统参数设计的仿真基于多载波 OFDM 系统。采用 32 个子载波,为了模拟信道衰减,为每个子载波分配一个 $[0, 1]$ 间的随机数来模拟信道衰减。发射功率为 1~64 mW,步进为 1 mW,其编码由 6 位二进制比特组成。调制方式为 4 - PSK、16 - QAM、32 - QAM 和 64 - QAM,编码由 2 位二进制比特组成。噪底为 90 dBm,符号速率为 1 Msps。每个量子粒子的位置由 256 个二进制比特构成,每个子载波的相关参数由 8 个二进制比特构成。

为了证明 CQPSO 的性能以及满足用户不同的 QoS 需求,分别对三种不同的通信模式进行仿真。模式 1 为音频通信,模式 2 为视频通信,模式 3 为低误码率通信。表 12.3 给出了 3 种不同通信模式的 QoS 需求。

表 12.3    3 种不同通信模式的 QoS 需求

| 模 式 | QoS 需求 | |
| --- | --- | --- |
| | $DR_{tar}$(bps) | $BER_{tar}$ |
| 模式 1 | $2.5 \times 10^6$ | $10^{-3}$ |
| 模式 2 | $4.5 \times 10^6$ | $10^{-4}$ |
| 模式 3 | $3.5 \times 10^6$ | $10^{-5}$ |

图 12.9~图 12.11 分别给出了模式 2 下 QGA、PSO 和 CQPSO 三种智能算法所有子载波的数据率、发射功率和比特错误率仿真结果。从图中可知,在相同信道衰减时,CQPSO 能在满足用户需求的前提下实现发射功率最小化,而 PSO 和 QGA 不能有效的调节发射功率和其他通信指标之间的均衡。

图 12.12~图 12.14 分别给出了 3 种不同模式下 QGA、PSO 和 CQPSO 的迭代次数与平均适应度函数值仿真关系对比曲线。从图中可以明显地看出 CQPSO 的全局收敛性能优于 QGA 和 PSO。CQPSO 的适应度函数值随迭代次数的增加稳定增加。在 3 种不同模式下 CQPSO 相较于 QGA 和 PSO 的适应度函数值最大,即 CQPSO 能够在满足用户误码率和传输速率需求的前提下,发射功率最小。这可以

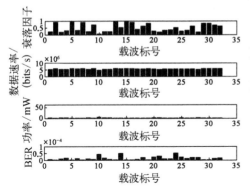

图 12.9　QGA 的绿色认知系统
参数优化结果

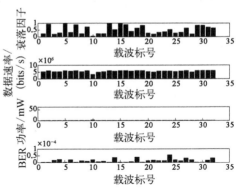

图 12.10　PSO 的绿色认知系统
参数优化结果

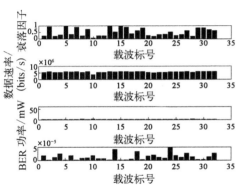

图 12.11　CQPSO 的绿色认知
系统参数优化结果

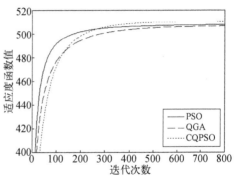

图 12.12　模式 1 下适应度函数值和
迭代次数关系曲线

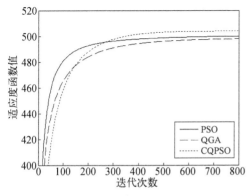

图 12.13　模式 2 下适应度函数值和
迭代次数关系曲线

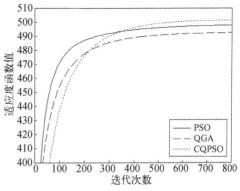

图 12.14　模式 3 下适应度函数值和
迭代次数关系曲线

说明基于混沌量子粒子群算法的绿色认知系统参数是节能的,能够满足不同的用户需求。虽然 PSO 的性能优于 QGA,但是其仍然无法避免地陷入局部收敛。从仿真结果中可知,CQPSO 的性能优于 QGA 和 PSO。

图 12.15 给出了在目标比特错误率为 $10^{-4}$ 时,QGA、PSO 和 CQPSO 在不同目标数据速率下的总发射功率曲线。从图中可以看出,当目标比特错误率保持不变时,总发射功率随着目标比特错误率的增加而增加,CQPSO 获得的总发射功率小于单个子载波所允许的最大总发射功率,能够获得更优的参数调整结果,验证所提方法的优越性。图 12.16 给出了在目标数据速率为 4 Mbps 时,QGA、PSO 和 CQPSO 在不同目标比特错误率下的总发射功率曲线。从图中可以看出当目标数据速率保持不变时,总发射功率随目标比特错误率的增加而减小。仿真结果表明,在不同用户需求下,CQPSO 获得的总发射功率均小于 PSO 和 QGA 所获得的总发射功率,能够更好地满足用户需求,且实现低功耗通信。

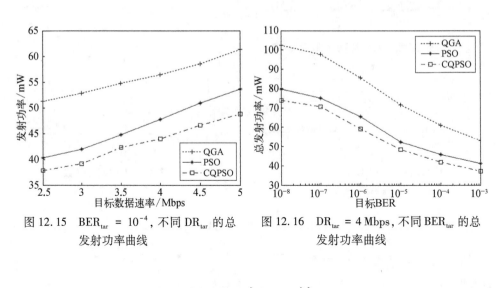

图 12.15　$BER_{tar} = 10^{-4}$,不同 $DR_{tar}$ 的总发射功率曲线

图 12.16　$DR_{tar} = 4\,Mbps$,不同 $BER_{tar}$ 的总发射功率曲线

## 12.4　小　　结

本章主要介绍了膜量子蜂群算法和混沌量子粒子群算法,并将其应用于认知无线电系统参数优化问题的求解,能够有效解决认知无线电系统参数设计中的一些技术难题。基于膜量子蜂群算法的认知无线电决策引擎,能够克服传统认知决策引擎方法易陷入局部最优的缺点,且能够得到更优秀的解。在基于混沌量子粒子群算法的绿色认知无线电系统参数设计中,使用混沌量子粒子群算法对此问题进行高效求解,在满足通信要求的前提下实现能量消耗的最小化。

# 参 考 文 献

［ 1 ］ Naeem M, Illanko K, Karmokar A, et al. Optimal power allocation for green cognitive radio：Fractional programming approach［J］. IET Communications, 2013, 7(12)：1279 - 1286.

［ 2 ］ Grace D, Chen J, Jiang T, et al. Using cognitive radio to deliver 'Green' communications［C］. Hanover Germany：2009 4th IEEE International Conference on Cognitive Radio Oriented Wireless Networks and Communications, 2009：1 - 6.

［ 3 ］ Palicot J, Louët Y, Mroué M. Peak to average power ratio sensor for green cognitive radio［C］. Instanbul：21st Annual IEEE International Symposium on Personal, Indoor and Mobile Radio Communications (PIMRC), 2010：2669 - 2674.

［ 4 ］ Le T M, Lasaulce S, Hayel Y, et al. Green power control in cognitive wireless networks［J］. IEEE Transactions onVehicular Technology, 2013, 62(4)：1741 - 1754.

［ 5 ］ Ramamonjison R, Haghnegahdar A, Bhargava V K. Joint optimization of clustering and cooperative beamforming in green cognitive wireless networks［J］. IEEE Transactions on Wireless Communications 2014, 13(2)：982 - 997.

［ 6 ］ Naeem M, Illanko K, Karmokar A, et al. Iterative power allocation for downlink green cognitive radio network［C］. Anaheim：2012 IEEE Globecom Workshops (GC Wkshps), 2012：163 - 167.

［ 7 ］ 郑仕链,杨小牛. 绿色认知无线电自适应参数调整［J］. 物理学报,2012,61(14)：148402.

［ 8 ］ Gao H Y, Li C W. Membrane-inspired quantum bee colony optimization and its applications for decision engine［J］. Journal of Central South University, 2014, 21(5)：1887 - 1897.

［ 9 ］ 张葛祥,程吉祥,王涛,等. 膜计算：理论与应用［M］. 北京：科学出版社,2015.

［10］ Gao H Y, Cao J L. Membrane-inspired quantum shuffled frog leaping algorithm for spectrum allocation［J］. Journal of Systems Engineering and Electronics, 2012, 23(5)：679 - 688.

［11］ 赵知劲,郑仕链,尚俊娜,等. 基于量子遗传算法的认知无线电决策引擎研究［J］. 物理学报,2007,56(11)：6760 - 6766.

［12］ 赵知劲,徐世宇,郑仕链,等. 基于二进制粒子群算法的认知无线电决策引擎［J］. 物理学报,2009,58(7)：5118 - 5125.

［13］ Gao H Y, Li C W. Quantum-inspired bacterial foraging algorithm for parameter adjustment in green cognitive radio［J］. Journal of Systems Engineering and Electronics, 2015, 26(5)：897 - 907.

［14］ Gao H Y, Liu D D, Du Y N. Parameter optimization based on evolutionary algorithm for green cognitive radio［J］. Smart Computing Review, 2015, 5(5)：388 - 399.